U0316062

光盘界面

视频欣赏

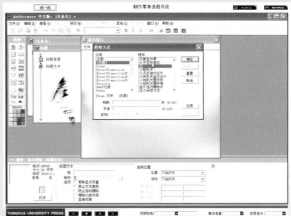

案例欣赏

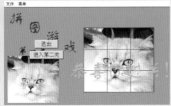

视频文件

1. avi 2. avi 3. avi 4. avi 5. avi 6. avi 7. avi 8. avi 9. avi

10. avi 11. avi 12. avi

素材下载

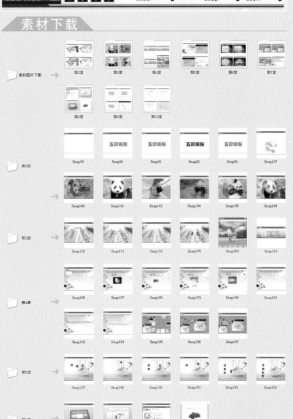

制作生日贺卡

制作图片欣赏

制作教学演示片头

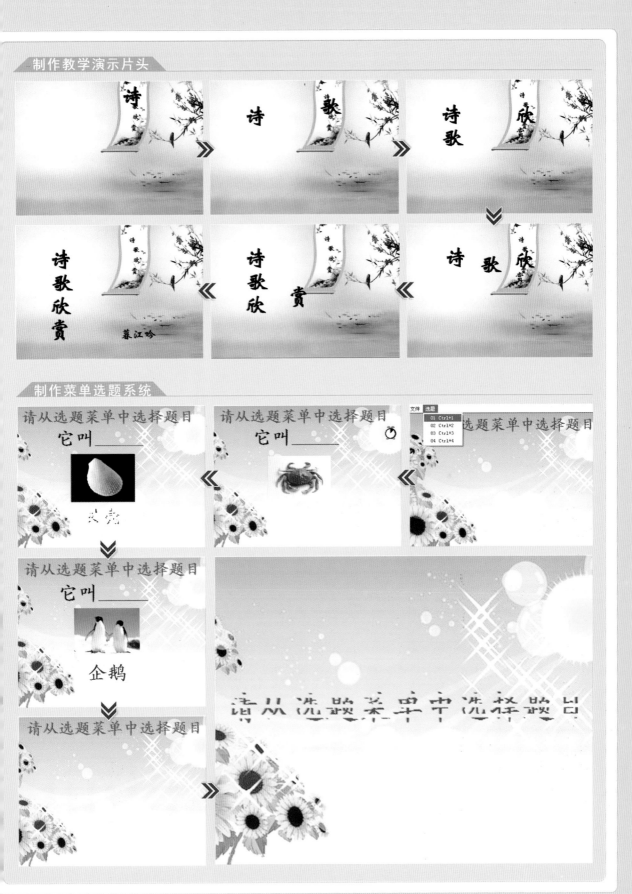

制作菜单选题系统

案例欣赏

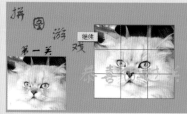

制作诗歌欣赏动画

制作化学测验程序

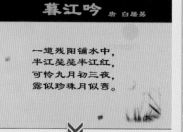

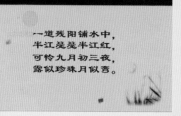

Authorware多媒体制作

标准教程（2013-2015版）

■ 杨继萍 马晓玉 等编著

清华大学出版社

北　京

内 容 简 介

本书通过大量生动的实例，全面讲 Authorware 软件的操作以及制作各种多媒体应用程序的方法。本书主要内容包括 Authorware 入门、了解多媒体开发、图标基本应用、Authorware 基本操作、简单动画制作、应用多媒体、交互与响应、结构化设计、使用库、模块和知识对象、脚本语言编程和发布多媒体程序等。本书结构编排合理、图文并茂，实例丰富，适合作为高校和企业培训教材，也可以作为多媒体设计与开发人员的自学用书。

图书在版编目（CIP）数据

Authorware 多媒体制作标准教程：2013—2015 版/杨继萍，马晓玉等编著. —北京：清华大学出版社，2013.5（2016.9 重印）

（清华电脑学堂）

ISBN 978-7-302-31659-6

Ⅰ. ①A… Ⅱ. ①杨… ②马… Ⅲ. ①多媒体-软件工具-教材 Ⅳ. ①TP311.56

中国版本图书馆 CIP 数据核字（2013）第 040764 号

责任编辑：冯志强
封面设计：柳晓春
责任校对：胡伟民
责任印制：宋　林

出版发行：清华大学出版社

　　网　　　址：http://www.tup.com.cn，http://www.wqbook.com
　　地　　　址：北京清华大学学研大厦 A 座　　　邮　　编：100084
　　社 总 机：010-62770175　　　　　　　　　　邮　　购：010-62786544
　　投稿与读者服务：010-62776969，c-service@tup.tsinghua.edu.cn
　　质 量 反 馈：010-62772015，zhiliang@tup.tsinghua.edu.cn

印 刷 者：清华大学印刷厂

装 订 者：三河市新茂装订有限公司

经　　销：全国新华书店

开　　本：185mm×260mm　　印　张：20.5　插　页：2　　字　数：520 千字
　　　　　（附光盘 1 张）

版　　次：2013 年 5 月第 1 版　　　　　　　　　　印　次：2016 年 9 月第 3 次印刷

印　　数：6001～7200

定　　价：39.80 元

产品编号：049865-01

前　言

随着计算机的普及和发展，办公自动化、教学电子化等新的技术走向了更多的企业与事业机构。无论在教学、培训，还是产品的演示等业务方面，都已经逐渐信息化。

多媒体演示程序的开发成为很多教师、培训师和产品推广师所必需掌握的技能。而 Authorware 可以通过可视化的界面，以非常简单的操作开发出功能强大、效果丰富的多媒体应用程序。

本书主要内容：

本书详细介绍 Authorware 软件的操作，以及制作各种多媒体演示应用程序的方法。全书共分为 11 章，各章的内容概括如下。

第 1 章介绍 Authorware 入门内容，详细介绍 Authorware 概述、安装及配置 Authorware、Authorware 工作界面、Authorware 基本操作等内容。

第 2 章详细介绍多媒体技术理论、多媒体应用开发流程、图形图像基础、与其相关协同软件等内容。

第 3 章介绍图标的基本应用内容，详细介绍用【显示】图标、【显示】图标的属性、导入外部素材、使用【等待】图标、使用【擦除】图标等内容。

第 4 章介绍 Authorware 基本操作内容，详细介绍绘制工具箱、创建图形对象、编辑文本对象、应用文本样式等内容。

第 5 章介绍简单动画制作，详细介绍动画基础知识、Authorware 动画、创建定位动画、创建路径动画等内容。

第 6 章介绍应用多媒体，详细介绍【声音】图标、【数字电影】图标、【DVD】图标、导入其他多媒体对象等内容。

第 7 章介绍交互与响应，详细介绍【交互】图标的使用、按钮响应、热区响应、热对象响应、文本输入响应、下拉菜单响应、目标区域响应、其他交互响应方式等内容。

第 8 章介绍结构化设计，详细介绍【决策】图标、分支结构分类、【框架】图标、【导航】图标等内容。

第 9 章介绍库、模块和知识对象，详细介绍创建库、库操作、打包库、了解模块、创建模块、转换模块、认识知识对象、知识对象属性等内容。

第 10 章介绍脚本语言编程，详细介绍添加【计算】图标、变量、函数、运算符、表达式、语句等内容。

第 11 章介绍发布多媒体程序，详细介绍调试程序、程序打包、作品发布等内容。

本书特色：

本书结合教学、培训等演示方面的需求，详细介绍 Authorware 的应用知识以及一般课件的设计与制作方法，具有以下特色：

❑ **丰富实例**　本书每章以实例形式演示 Authorware 的操作应用知识，便于读者模仿学习操作，同时方便教师组织授课。

- ❑ **彩色插图** 本书提供了大量精美的实例，在彩色插图中读者可以感受逼真的实例效果，从而迅速掌握 Authorware 软件的操作知识。
- ❑ **思考与练习** 扩展练习测试读者对所介绍内容的掌握程度；上机练习理论结合实际，引导读者提高上机操作能力。
- ❑ **配书光盘** 精心制作了功能完善的配书光盘。在光盘中完整地提供了本书实例效果和大量全程配音视频文件，便于读者学习使用。

适合读者对象：

本书定位于各大中专院校、职业院校和各类培训学校的教师在开发多媒体教学演示，以及各种产品推介会所使用的产品展示宣传资料开发，适用于不同层次的教师、培训师、产品推广师等自学，同时也适合各企事业单位在内部培训时作为教材使用。

参与本书编写的除了封面署名人员外，还有王敏、马海军、祁凯、孙江玮、田成军、刘俊杰、赵俊昌、王泽波、张银鹤、刘治国、何方、李海庆、王树兴、朱俊成、康显丽、崔群法、孙岩、倪宝童、王立新、王咏梅、辛爱军、牛小平、贾栓稳、赵元庆、郭磊、杨宁宁、郭晓俊、方宁、王黎、安征、亢凤林、李海峰等人。由于时间仓促，水平有限，疏漏之处在所难免，欢迎读者朋友登录清华大学出版社的网站 www.tup.com.cn 与我们联系，帮助我们改进提高。

目　　录

第1章

Authorware 入门

　　Authorware 是一款多媒体制作软件，它是计算机应用领域中最早、最有名气的多媒体程序编辑工具之一。

　　Authorware 被用于创建互动的程序，其中整合了声音、文本、图形、简单动画，以及数字电影，使不具有编程能力的用户，也能够创作出一些高水平的多媒体作品，是非专业制作人员的最佳选择。

本章学习要点：

> ➢ Authorware 概述
> ➢ 安装及配置 Authorware
> ➢ Authorware 工作界面
> ➢ Authorware 基本操作

1.1 Authorware 概述

Authorware 是一个图标导向式的多媒体制作工具，使非专业人员快速开发多媒体软件成为现实。用户可以通过图标的调用来编辑流程图用以替代传统的计算机语言编程的设计思想。

1.1.1 了解 Authorware

1992 年，Authorware 与 MacroMind-Paracomp 合并，组成了 Macromedia 公司。Authorware 是 Macromedia 公司在多媒体项目和应用程序开发工具中的拳头产品，以使用各种装载不同媒体资源的图标来创建程序流程。在完成不同类型的属性和参数设置后，组织出具有互动功能的应用程序。

Authorware 本身具有丰富的函数命令和系统变量，可以用于程序脚本的编写，然后配合各种功能图标的流程组织，制作出具有强大数据处理能力的应用程序，广泛应用于生产和互动娱乐领域。

同时，Authorware 对 XML 的创新支持，增强了它的数据处理能力，并提高了对数据库的读取和转化能力，使 Authorware 的多媒体编辑开发可以提升到企业之间进行数据交换的技术高度，直接通过包含 XML 数据的程序流程，便可以完成更实用的网络扩展方案。

除此之外，Authorware 还支持具有各种主题功能的 Xtras 载入使用，支持 ODBC 开放式数据库连接、OLE 对象连接与嵌入，以及 ActiveX 技术。这些技术使 Authorware 在数据处理和应用功能的集成方面取得了更多的能力扩展。

2005 年，Adobe 与 Macromedia 签署合并协议，新公司名仍旧为 Adobe Systems。2007 年，Adobe 宣布停止在 Authorware 的开发计划，而且没有为 Authorware 提供其他相容产品作替代。

1.1.2 与其他多媒体软件的区别

目前，在多媒体课件制作等方面，以及多媒体简单的动画方面，比较常用的还有 Office 软件中的 PowerPoint 组件，以及 Adobe 中的 Flash 软件。

1. Authorware 与 PowerPoint

Authorware 是一个功能强大的图标导向式多媒体编辑制作软件，将文字、图形、图像、声音、动画、视频等各种多媒体数据汇集在一起，通过对图标的调用来编辑一些控制程序的流程图，赋予其人机交互的功能。

PowerPoint 是一个专用于编制电子文稿的软件，是一种表达观点、演示成果、传达信息的强有力工具。用 PowerPoint 编制的电子文稿进行信息交流，使用户彻底告别粉笔和黑板，把照本宣科式的讲课变成欣赏电影式的享受。

PowerPoint 提供了各种丰富的字体（包括三维立体字），各种动画放映方式等异常丰

Authorware 多媒体制作标准教程（2013—2015 版）

富的各种功能。而 Authorware 提供了简单的动画功能，并能打包成可执行文件脱离原编辑环境直接使用，这些优点却是 PowerPoint 所不具有的。所以，在制作多媒体 CAI 课件时可充分运用及融合两者的优点、特点，提高制作课件的速度和质量。

2．Authorware 与 Flash

Flash 之所以被越来越多的人喜爱，要归功于 Internet 网络的飞速发展。而 Flash 是多媒体网页制作强有力的工具，制作复杂的动画效果也正是 Flash 的特长。

Flash 的程序设计是以时间线为主的，"动画效果"是以时间发展为先后顺序的一系列元素组成的。在制作过程中，通过对关键帧的操作而实现不同的动画和交互效果。所以它对时间的控制较为容易，动画功能也更为强大。

在日常的课件制作中，使用 Flash 制作的完整课件并不是很多。因为 PowerPoint 比它操作简单，Authorware 又比它使用方便，所以 Flash 的主要作用是做出"动画短片"，然后在 PowerPoint 或 Authorware 中插入引用。

对于 Authorware，由于它和 Flash 都属于原 Macromedia 公司出品的软件，不论 Flash 保存成什么样式，Authorware 都能很方便地播放其"动画效果"。

综上所述，PowerPoint 无须高深计算机知识，简单易学，可快速做出课件，非常适用于只需简单动画的，大量的日常教学所需课件。Authorware 动画效果功能比较齐全，特别是使用图标的流程化制作方式，可以方便地做出比较完美的课件，适用于重要教学或较大型课件的制作。Flash 是制作动画片段的典范，它可配合 PowerPoint 或 Authorware 制作出更加引人入胜的课件。

1.1.3　Authorware 的特点

在各种课件制作软件中，Authorware 也是最早的主导软件，除了单独使用 Authorware 制作课件外，Authorware 还常用来组装各种媒体以及用其他动画软件制作的动画，最终形成一个完整的课件。

Authorware 的突出特点是兼顾具备一定编程基础的用户，而对没有编程经验的用户可以使用图标编程的方式，程序流程十分形象，便于理解和使用。除此之外，该软件还包含如下特点。

1．跨平台体系结构

无论是在 Windows 平台还是 Macintosh 平台上，Authorware 提供了几乎完全相同的工作环境。不管是 Authorware 本身还是它开发出的应用程序，都是多平台应用程序。

2．高效的多媒体集成环境

Authorware 支持多种格式的媒体文件，除了支持多种格式的图像文件和富文本文件以外，还支持多种视频文件和动画文件，如支持 Animator、Director、Flash、3D Studio Max 等软件所生成的众多文件格式。

在 Authorware 程序中能够随心所欲地播放和控制 WAV、MID、MP3 等多种格式的声音文件。

在 Authorware 中有专门的电影图标负责导入和控制电影和动画素材，并且支持大多数常见的电影格式（包括.flc、.fli、.cel、.dib、.dir、.dxr、.mpg、.mov、.avi、.swf 等），因而其多媒体集成环境很强。

3．面向对象的脚本语言

Authorware 程序由图标和流程线组成，提供了 14 个形象的设计思想，整个程序的结构和设计图在屏幕上一目了然。Authorware 支持鼠标拖放操作，可以将多媒体文件（包括声音、视频、图像等）从资源管理器或图像浏览器中，直接拖放到流程线上、设计图标中，以及库文件之中，从而使 Authorware 能清晰地表现结构复杂的程序设计。

4．灵活的交互方式

交互是多媒体的灵魂，如果一个多媒体作品没有交互，那它称不上是一个合格的多媒体作品。

Authorware 提供了 11 种交互方式，利用这些交互方式，可以轻松地完成按钮、热区、热对象、移动对象、下拉式菜单、按键、文本登录、条件、时间和事件响应等功能。

1.2　安装及配置 Authorware

由于计算机飞速发展，就目前计算机配置性能而言，足够满足 Authorware 软件的安装需求。

1.2.1　系统安装

双击打开 Authorware7.0 的安装程序，依照安装提示进行安装，与其他程序的安装一样。

用户可以通过光盘或者直接下载该安装程序，并在文件夹中双击 SETUP.EXE 文件，如图 1-1 所示。

在弹出的【Macromedia Authorware 7.02 中文版】对话框中，直接单击【下一步】按钮，如图 1-2 所示。

在弹出的【许可证协议】对话框中，用户可以查阅该软件的许可协议内容，并单击【是】按钮，如图 1-3 所示。

在弹出的【选择目的地位置】对话框中，用户可以单击【浏览】按钮，并在弹出的对话框中选择安装程序文件的位置。

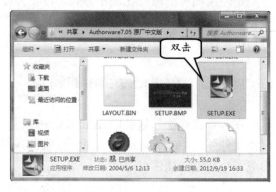

图 1-1　双击安装程序

图 1-2　单击【下一步】按钮

此时，将更改目录所默认的系统盘位置，如 C:\Program Files\ Macromedia\ Authorware 7.0。

Authorware 多媒体制作标准教程（2013—2015 版）

然后，单击【下一步】按钮，进行继续安装，如图 1-4 所示。

图 1-3　查看安装协议

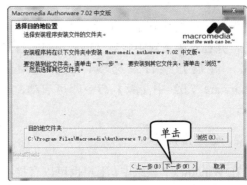

图 1-4　更换安装位置

此时，将弹出【开始复制文件】对话框，并提示用户将安装文件复制到所指定的文件目录，并单击【下一步】按钮，如图 1-5 所示。

在弹出的对话框中，可以看到安装软件的进度条，等待软件安装进行至 100%，如图 1-6 所示。

安装完成后，将自动弹出【InstallShield Wizard 完成】对话框，并禁用【是，立即查看自述文件】复选框，单击【完成】按钮，如图 1-7 所示。

图 1-5　提示复制文件

图 1-6　开始安装文件

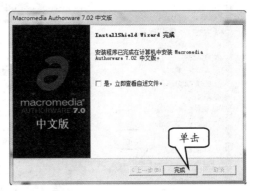

图 1-7　完成软件的安装

1.2.2　启动 Authorware

用户安装该软件后，即可启动并打开该软件的窗口。在该窗口中，用户可以进行制作课件的一系列操作。

1．通过【开始】菜单

例如，单击【开始】按钮，再单击【所有程序】按钮，并在菜单目录中找到 Macromedia 目录选项文件夹，并展开该目录选项，执行【Macromedia Authorware 7.02 中文版】命令即可启动，如图 1-8 所示。

2．通过搜索框

在 Windows 7 系统中，用户也可以直接在搜索框中，输入 Authorware 名称，并按 Enter 键，即可直接启动该软件，如图 1-9 所示。

3．创建桌面快捷方式

一般每个软件安装完成之后，都会在操作系统的桌面上自动生成一个启动快捷方式。而用户只须双击该快捷方式，即可启动该软件，操作比较简单方便。

而 Authorware 在安装时，并不在桌面上创建快捷方式，所以用户可以自己来创建该快捷方式。例如，在【开始】菜单中，找到【Macromedia Authorware 7.02 中文版】选项，并右击该选项，执行【发送到】|【桌面快捷方式】命令，如图 1-10 所示。

图 1-8 启动软件

图 1-9 输入 Authorware 内容

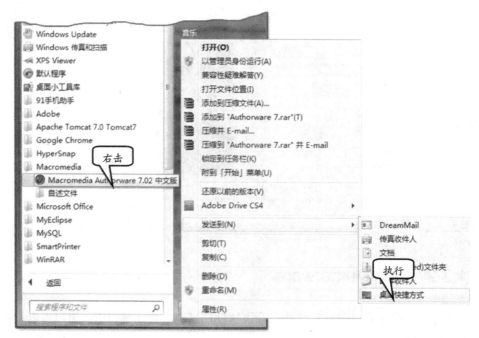

图 1-10 执行命令

1.3 Authorware 的工作界面

Authorware 最大的特点就是简单易用，具有简洁的工作环境，多数功能都包含在图标及其相应的属性检查器中。

1.3.1 Authorware 的工作环境

以下从标题栏、菜单栏、工具栏、图标栏、设计窗口和演示窗口等几个方面，初步认识一下 Authorware 的工作环境，如图 1-11 所示。

图 1-11 Authorware 工作界面

在每次启动 Authorwar 或新建一个影片文件后，Authorware 都会在主窗口的右侧自动弹出【新建】对话框，如图 1-12 所示。

用户可以在【请选取知识对象创建新文件：】列表中选择需要的知识对象，然后单击【确定】按钮进行引入。但实际上，用户一般不会在此引入知识对象，为了在下次启动时不会自动弹出该对话框，用户可以取消选中该对话框下方的【创建新文件时显示本对话框】复选框，即可直接进入 Authorware 的编辑窗口。

在 Authorware 图标的后面，显示了当前打开的文件名称"菜单选题系统.a7p"，以及【最小化】■、【最大化】■、【关闭】✕窗口按钮。

图 1-12 【新建】对话框

单击标题栏中的 Authorware 图标，可以在弹出的下拉菜单中，执行与窗口按钮相对应的命令。Authorware 的菜单栏包括文件、编辑、查看、插入、修改、文本、调试、其他、命令、窗口和帮助，共计 11 组菜单。每一组菜单又包含若干个菜单项，有些菜单项还包含子菜单项，如图 1-13 所示。

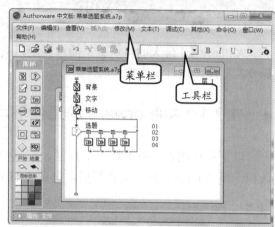

图 1-13 Authorware 标题栏和菜单栏

其中，不同的菜单项代表的含义也不同。

- ❑ **灰色菜单项** 表示该命令当前不可用。
- ❑ **带省略号的菜单项** 选择该命令会弹出相应的对话框，进一步得到需要的信息。
- ❑ **带三角形的菜单项** 表示菜单项还包含下一级子菜单项。
- ❑ **带对号的菜单项** 该命令为开关式切换命令。
- ❑ **快捷键** 表示用两个或三个组合键代替执行该项命令。

● 1.3.2 工具栏与【控制面板】

在菜单的下面包含了一组工具栏，其中包括 17 个工具按钮和一个下拉列表。一般来讲工具栏中的工具按钮都是菜单中最为常用的菜单命令，把这些常用的菜单命令做成工具按钮就是为了方便用户的使用。

1. 工具栏

工具栏中的每一个按钮都对应于一个使用频率较高的菜单命令。把这些命令图形化，并安排在工具栏上，可以方便用户进行使用，如图 1-14 所示。

图 1-14 工具栏

其中，各按钮的名称及功能见表 1-1。

表 1-1 工具栏中按钮名称及其功能

图标	名称	功能
	新建	建立新文件
	打开	打开已有文件
	保存	将当前打开的文件和库一次全部保存
	导入	引入外部素材
	撤销	撤销上一次操作
	剪切	将选中的对象剪切到剪贴板中

图标	名称	功　　能
复制图标	复制	将选中的对象复制到剪贴板中
粘贴图标	粘贴	将剪贴板中的内容粘贴到指定的位置
查找图标	查找	在文件中查找指定的文本
（默认风格）	文本风格	选择文本的风格
B	粗体	将所选文本的字体变为粗体
I	斜体	将所选文本的字体变为斜体
U	下划线	为所选文本添加下划线
运行图标	运行	从头开始运行程序
控制面板图标	控制面板	打开/关闭控制面板
fⓧ	函数	打开/关闭函数面板
变量图标	变量	打开/关闭变量面板
KO	知识对象	打开/关闭知识对象面板

2.【控制面板】

　　单击工具栏中的【控制面板】控制面板图标按钮，可以打开或者关闭【控制面板】。该控制面板的界面就像一个播放器，用于编辑、调试和运行程序，如图 1-15 所示。单击【显示跟踪】显示跟踪图标按钮，可以展开该控制面板，并显示播放动画过程中的动画内容，如图 1-16 所示。其中，各按钮的名称及含义见表 1-2。

图 1-15　【控制面板】　　　　　　　　　　　　　　图 1-16　显示跟踪内容

表1-2　【控制面板】的按钮名称及其功能

图标	名　　称	功　　能
运行图标	运行	重新开始调试程序
复位图标	复位	从主流程线的开始处重新调试程序，并且将调试的信息清空
停止图标	停止	停止调试当前的程序
暂停图标	暂停	暂停调试当前的程序
播放图标	播放	开始调试当前的程序
显示/隐藏跟踪图标	显示/隐藏跟踪	显示调试信息，单击该按钮后，图标将变成隐藏跟踪
从标志旗开始执行图标	从标志旗开始执行	从开始旗处开始调试程序
初始化到标志旗处图标	初始化到标志旗处	从开始旗处重新开始调试程序，并将调试的信息清空
向后执行一步图标	向后执行一步	跳过当前图标的调试
向前执行一步图标	向前执行一步	对当前的图标进行调试

图标	名 称	功 能
、	打开/关闭跟踪方式	开启跟踪方式。单击该按钮后，图标将变成关闭跟踪方式
	显示看不见的对象	在调试时显示平时状态下不可见的项，如屏幕上的热区等

1.3.3 了解其他面板

在 Authorware 中，包含了许多可以任意移动的面板，这些面板都有其自身的功能和特点。单击工具栏中的【函数】 按钮，或者选择【窗口】|【面板】|【函数】命令，可以打开或关闭【函数】面板，如图 1-17 所示。

在该面板中列出了全部的 Authorware 系统函数和用户自定义的函数。单击【粘贴】按钮，可以将其中的函数粘贴到当前编辑的程序中。

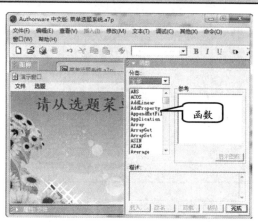

图 1-17 【函数】面板

如果要打开【变量】面板，可以单击工具栏中的【变量】 按钮，或者选择【窗口】|【面板】|【变量】命令，即可打开或关闭变量面板。该面板列出了全部 Authorware 系统变量和用户自定义的变量。单击【粘贴】按钮，可以将其中的变量粘贴到当前编辑的程序中，如图 1-18 所示。

知识对象是 Authorware 的一个编程系统。Macromedia 对它的定义是：一种经过逻辑封装的模板。利用这个编程系统，用户能够方便快捷地编写出应用程序的框架或某个组件，这样大大简化了编程的难度。因为每一个知识对象都包含了一个完整的逻辑结构，可以实现一个完整的功能。

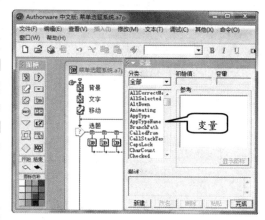

图 1-18 【变量】面板

单击工具栏中的【知识对象】 按钮，可以打开或关闭【知识对象】面板。该面板包含了 Internet、LMS、RTF 对象、界面构成、评估、轻松工具箱、文件、新建和指南 9 大类共 42 个知识对象。这 42 个知识对象内置的功能涵盖了日常编程的大部分内容，如图 1-19 所示。

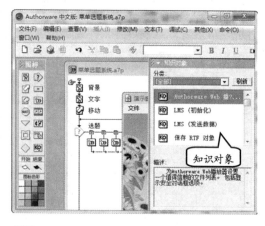

图 1-19 【知识对象】面板

1.3.4 【图标】工具栏

启动 Authorware 进入程序主界面，在窗体的左边可以看到 Authorware 的【图标】工具栏。而这些图标，就是 Authorware 流程线上的核心元素，如图 1-20 所示。

其中，【图标】工具栏上方的 14 个图标用于流程线的设置，通过它们来完成程序的计算、显示、决策、交互控制等功能；位于设计图标下面的开始旗帜和结束旗帜则是用于调试控制程序执行的起始位置和结束位置；而在图标栏最下方的是设计图标调色板。下面先来讲解图标栏上各个设计图标的名称及功能，为后面灵活设计程序流程打下必要的基础，功能详见表 1-3。

图 1-20 【图标】工具栏

表 1-3 图标栏中的按钮名称及其功能

图标	名　　称	功　　能
显示图标	显示图标	显示图标是 Authorware 设计流程线上使用最频繁的图标之一，在显示图标中可以存储多种形式的图片及文字。另外，还可以在其中放置函数变量进行动态地运算
交互图标	交互图标	交互图标是 Authorware 突出强大交互功能的核心象征，有了交互图标，Authorware 才能完成各种灵活复杂的交互功能。Authorware 提供了多达 11 种的交互响应类型。与显示图标相似，交互图标中同样也可插入图片和文字
移动图标	移动图标	移动图标是设计 Authorware 动画效果的基本方法，主要用于移动位于显示图标内的图片或者文本对象，但其本身并不具备动画能力。Authorware 提供了 5 种二维动画移动方式
计算图标	计算图标	对变量和函数进行赋值及运算的场所，它的设计功能看起来虽然简单，但是灵活地运用往往可以实现难以想象的复杂功能。值得注意的是，计算图标并不是 Authorware 计算代码的唯一执行场所，其他的设计图标同样有附带的计算代码执行功能
擦除图标	擦除图标	擦除图标主要用于擦除程序运行过程中不再使用的画面对象。Authorware 系统内部提供多种擦除过渡效果，使程序变得更加炫目生动
群组图标	群组图标	Authorware 引入的群组图标，更好地解决了流程设计窗口的工作空间限制问题，允许用户设计更加复杂的程序流程。群组图标可以将一系列图标进行归组，包含于其下级流程内，从而增强了程序流程的可读性

图标	名　　称	功　　能
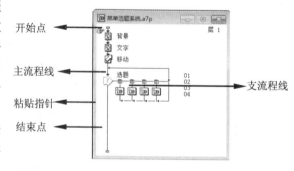	数字电影	主要用于存储各种动画、视频及位图序列文件。利用相关的系统函数变量可以轻松地控制视频动画的播放状态,实现例如回放、快进/慢进、播放/暂停等功能
	等待图标	顾名思义,主要用在程序运行时的时间暂停或停止控制
	导航图标	导航图标主要用于控制程序流程间的跳转,通常与框架图标结合使用,在流程中设置与任何一个附属于框架设计图标页面间的定向链接关系
	声音图标	与数字电影图标的功能相似,声音图标则是用来完成存储和播放各种声音文件的功能。利用相关的系统函数变量同样可以控制声音的播放状态
	框架图标	框架图标提供了一个简单的方式来创建并显示 Authorware 的页面功能。框架图标右边可以下挂许多图标,包括显示图标、群组图标、移动图标等,每一个图标被称为框架的一页,而且它也能在自己的框架结构中包含交互图标、判断图标,甚至是其他的框架图标内容,功能十分强大
	DVD 图标	DVD 图标用于存储一段视频信息数据,并通过与计算机连接的视频播放器进行播放,即 DVD 图标的运用需要硬件的支持,普通用户很少使用该设计图标
	判断图标	判断(也叫决策)图标通常用于创建一种决策判断执行机构,当程序执行到某一判断图标时,它将根据用户事先定义的决策规则自动计算执行相应的判断分支路径
	知识对象	用于在程序中建立知识对象
	开始旗帜	用于调试执行程序时,设置程序流程的运行起始点
	结束旗帜	用于调试执行程序时,设置程序流程的运行终止点
	调色板	用于为图标着色,便于观察有相互联系的图标

1.3.5 【设计】和【演示】窗口

【设计】窗口是编辑 Authorware 程序的主要窗口,如图 1-21 所示。在这个窗口中可以看到各种图标、程序的开始点和结束点、主流程线、支流程线以及粘贴指针(用来指示下一步粘贴设计按钮的位置)。

在程序设计中,需要利用组合图标或多层次的组合图标,逐渐地减少程序在【设计】窗口中的长度。

【演示】窗口是演示程序的窗口,

图 1-21　【设计】窗口

也是编辑程序的窗口。运行设计窗口中的程序,其结果就在演示窗口中表现出来,如图 1-22 所示。

如果对演示结果不满意(若某个显示对象的大小或位置需要调整),可以随时中断程序的运行,在演示窗口中进行修改。

1.3.6 【属性】检查器

在进行多媒体作品展示时，必须对展示的各个属性进行设置，包括【演示】窗口的大小、颜色和结构，可以通过【属性】检查器进行设置。

例如，打开【属性】检查器，则可以执行【修改】|【文件】|【属性】命令，或者按 Ctrl+I 键，如图 1-23 所示。

图 1-22 【演示】窗口

【属性】检查器中包括回放、交互作用和 CMI 三个选项卡，下面将分别介绍这三个选项卡中各参数选项的含义。

1. 【回放】选项卡

在【文件】属性检查器的最上方是标题区，默认文件标题为"未命名"，如果想重命名文件标题，可以在标题区内直接输入新标题的名称。

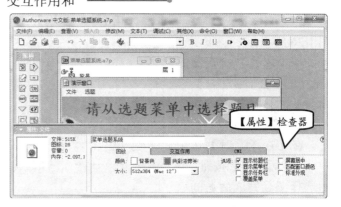

图 1-23 【文件】图标的【属性】检查器

单击【属性】检查器的【背景色】图标，在弹出的【颜色】对话框中，选择背景的色彩，系统默认为白色，如图 1-24 所示。

如果用户要设置关键色，可以单击【色彩浓度关键色】图标，默认的关键色是粉红色，如图 1-25 所示。

如果要设置【演示窗口】的大小，可以在【大小】下拉列表框中，选择一种合适的演示窗口尺寸。这项设置是 Authorware 程序设计中很重要的一步，窗口大小的设置，关系到用户最终开发的多媒体软件的展示效果。

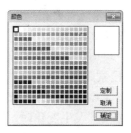

图 1-24 【颜色】对话框

提 示

由于使用多媒体软件的用户很多，而且系统配置也各不相同，因此在设计程序时，必须选择合适的演示窗口尺寸。

在右侧的【选项】区域中，包括了 7 个复选框，它们的作用分别如下所述。

❏ **显示标题栏** 运行程序时，在演示窗口中显示/隐藏标题栏。

❏ **显示菜单栏** 运行程序时，在演示窗口中显示/隐藏菜单栏。

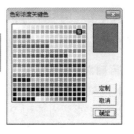

图 1-25 【色彩浓度关键色】对话框

- ❑ **显示任务栏**　决定当 Windows 的任务栏覆盖一部分演示窗口时，是否显示该任务栏，选中则表示任务栏可视。
- ❑ **覆盖菜单**　当菜单覆盖演示窗口时，将演示窗口显示在菜单之上。
- ❑ **屏幕居中**　将演示窗口定位于屏幕中心。
- ❑ **匹配窗口颜色**　文件将根据用户计算机上的配色方案调整演示窗口的颜色。
- ❑ **标准外观**　选中此复选框，将根据用户的颜色设置来决定 Authorware 中三维显示对象的颜色。

如果用户选中了【匹配窗口颜色】和【标准外观】复选框，则 Authorware 文件会根据用户在 Windows 中选择的配色方案，来改变用户设计程序时的配色。

2.【交互作用】选项卡

在【文件】属性检查器中，打开【交互作用】选项卡，可以设置一些交互信息，如图 1-26 所示。

在【属性】检查器的【交互作用】面板中，其选项含义如下。

❑ **在返回时**

在【在返回时】选项中，包括两个单选按钮，表示选择交互完成后返回的位置。若选择【继续执行】单选按钮，表示在用户退出时继续执行；选择【重新开始】单选按钮，则表示将从头运行，这时所有变量的值变为初始值。

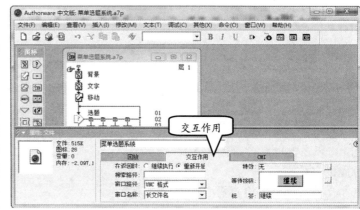

图 1-26　【交互作用】选项卡

❑ **搜索路径**

在该文本框中输入 Authorware 在运行程序时所需的外部文件存储的位置。当调用的外部文件位置发生变化时，Authorware 将到存储程序可执行文件的目录中去搜寻。如果这样还找不到该外部文件，Authorware 将到此处提供的位置去寻找该文件。

提　示

如果外部文件按照类别分别被放在不同的目录下，则可以使用分号隔开这些目录名。例如 F:\Authorware\Graphic；G:\Movie，在这些目录名之间不要加入空格。

❑ **窗口路径**

在下拉列表框中选择适当的选项，用来指定用户希望函数和变量返回的网络路径的类型。这个选项是为使用 Windows 操作系统的用户而设置的。选择 DOS 或 UNC 选项取决于用户使用的网络类型。

❑ **窗口名称**

该下拉列表框用来选择所希望的系统变量或函数返回的文件类型。其中包括 DOS 类型和 Windows 类型。DOS 类型的主文件名不能超过 8 个字符，扩展名不能超过 3 个字符，而 Windows 类型允许使用 255 个字符的长文件名。

❑ **特性**

单击该文本框后面的 .. 按钮，在弹出的对话框中，当选择一个用户从被调用的文件返回到原文件时，采用的显示过渡方式，如图 1-27 所示。

❑ **等待按钮和标签**

利用这两项可以设置等待按钮的标签和按钮样式。等待按钮的默认标签是 Continue，如果要改变它可以在【标签】文本框中输入新标签的名称。

如果要改变等待按钮的样式，可以单击其后面的 .. 按钮，在弹出的对话框中，选择合适的按钮样式或者编辑已有的按钮，如图 1-28 所示。

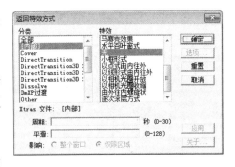

图 1-27 【返回特效方式】对话框

3. CMI 选项卡

在【文件】属性检查器中，打开 CMI 选项卡，可以打开如图 1-29 所示的面板。该面板中主要用来设置一些与计算机管理教学有关的内容。

其中，各选项的功能及含义如下。

❑ **全部交互作用**

启用该复选框时，Authorware 将打开该文件的所有知识通道。而禁用该复选框时，将关闭该文件的所有知识通道，从而不需要逐个地打开或关闭交互作用。

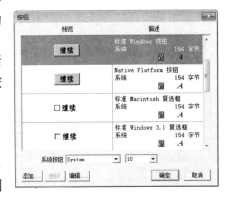

图 1-28 【按钮】对话框

❑ **计分**

启用该复选框时，将打开或关闭整个程序的计分通道。该复选框用于在测试学生的学习成绩时使用，可以记录学生在整个测试程序中所做的题目的总分。

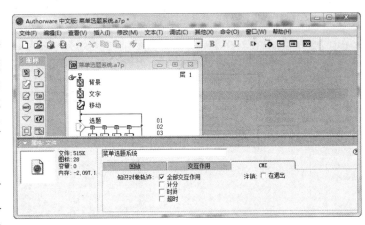

图 1-29 CMI 选项卡

❑ **时间**

启用该复选框时，Authorware 将自动记录该学生从进行测试程序到退出测试程序所用的时间。

❑ **超时**

启用该复选框时，在一个限定的时间内没有完成相应的测试程序，则知识通道将关闭，继而转向用户在系统函数 TimeOutGoto 中设置的图标继续执行。这个限定的时间在系统变量 TimeOutLimit 中设置。

❑ **在退出**

启用该复选框时，当退出正在使用的 CMI 系统时，系统将自动记录当前用户的情况。

1.4 Authorware 基本操作

在启用 Authorware 软件后，即可弹出【新建】对话框，并选择知识对象，创建所需要的文档。同时，用户还可以通过工具栏和菜单再次创建文档或者打开已经创建好的文档。

另外，当用户创建文档后，还可以保存当前的文档内容，并对打开的文档内容进行编辑、保存等操作。

1.4.1 新建和保存文档

当用户启动软件后，即可创建新文档。一个新文档代表着一个新课件或者动画文件的产生。

1. 新建文件

在 Authorware 中，通常可以使用两种方法建立新文件。第一种方法是启动 Authorware 后，打开的窗口即是可新建文档的设计窗口，如图 1-30 所示。第二种方法是在编辑状态下，如果需要建立新文件，则可以执行【文件】|【新建】|【文件】命令，如图 1-31 所示。或者单击工具栏中的【新建】□ 按钮进行创建。

图 1-30 直接创建文档

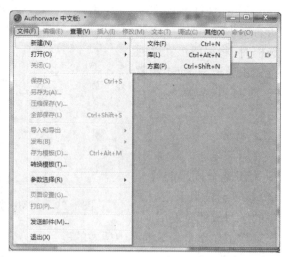

图 1-31 通过命令创建文档

在【新建】子菜单中，共包括【文件】、【库】和【方案】三个菜单项，如果单击【库】命令，将新建一个库文件；单击【方案】命令，可以在打开的【新建】对话框中，通过知识对象新建一个多媒体应用。

2．保存文件

保存文件非常重要，并且在制作过程中要间接性地保存。这样避免因计算机故障或者断电等原因，造成文件无法保存而丢失内容的情况。保存文档通常可以通过以下两种方式。

如果是初次创建的文档，当用户执行【文件】|【保存】命令时，会弹出【保存文件为】对话框，如图1-32所示。然后，在该对话框中可以指定文件存储的路径和文件名称，并单击【保存】按钮。

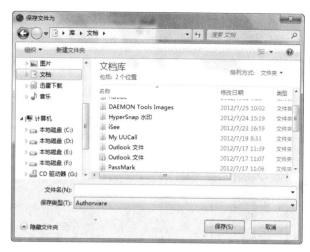

图1-32　【保存文件为】对话框

如果已经保存过文档或者打开的文件，进行编辑后进行保存。可以直接执行【文件】|【保存】命令。或者单击工具栏中的【保存】 按钮，也可以按 Ctrl+S 键进行保存。

1.4.2　打开和关闭文档

在制作过程中，用户会经常打开及关闭文档，打开及关闭文档的方法有多种。

1．打开文件

在窗口中，执行【文件】|【打开】|【文件】命令，或者单击工具栏中的【打开】按钮即可打开【选择文件】对话框，如图1-33所示。而在该对话框中，用户可以选择文件所存放的位置，并选择要打开的文件，单击【打开】按钮，即可打开选中的文件。

关于打开文件有一种情况需要注意：如果打开另外一个文件时，Authorware 会自动关闭当前文件。因此，在打开一个文件之前，要注意保存当前文件，不包括库文件。

2．关闭文件

关闭文件也有两种方法，选择【文件】|【关闭】命令，或者单击【设计】窗口标题栏中的【关闭】按钮。

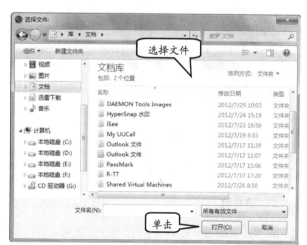

图1-33　打开文档

如果文件在关闭之前未进行保存，则会弹出确认保存的对话框，如图 1-34 所示。如果用户不想进行保存，则可以单击【否】按钮，关闭该软件。

1.5　思考与练习

一、填空题

1．如果仅运行使用 Authorware 7.0 生成的应用程序，至少需要_____的内存空间。

2．当菜单项后面带有小三角形时，表示菜单项还包含下一级_____。

3．快速打开【函数】面板的组合键是_____。

4．粘贴指针的作用是用来指示_____设计按钮的位置。

5．Authorware 主文件的大小控制在_____范围内比较合适。

6．如果要将演示窗口的背景设置为红色，应在【_____】属性检查器中设置。

二、选择题

1．关于 Authorware 7.0，下列说法不正确的一项是_____。

A．Macromedia 公司推出的多媒体工具软件，应用范围涉及教育、娱乐、科学等领域

B．以特有的流程线来表示程序的流程

C．每个图标代表一个程序或操作方式

D．可以通过各类图标引入文字、图片、声音、动画等多媒体

2．下列哪些选项属于 Authorware 7.0 的新增功能_____。

A．采用 Macromedia 通用用户界面

B．支持导入 Microsoft PowerPoint 文件

C．在应用程序中整合播放 DVD 视频文件

D．支持 XML 的导入和输出

3．选出不属于 Authorware 的工作界面的一项_____。

A．图标栏

B．工具栏

C．状态栏

D．属性检查器

4．在工具栏中单击下列哪个按钮，可以打

开【知识对象】面板_____。

    A. [图标]

    B. [图标]

    C. [图标]

    D. [图标]

5．用于创建一种决策判断执行机构的图标是_____。

    A. [图标]

    B. [图标]

    C. [图标]

    D. [图标]

6．下列关于【计算】图标的描述，选出正确的选项_____。

    A. 用于对变量和函数进行赋值及运算的场所

    B. 并不是 Authorware 计算代码的唯一执行场所

    C. 设计功能看起来虽然简单，但是灵活地运用可以实现复杂的功能

    D. 双击可以打开代码编辑器，但不能使用 JavaScript 进行编写

7．选出不是 Authorware 优点的一项_____。

    A. 可视化的编程方法

    B. 流程图式的程序构造方式

    C. 不用函数和变量也能编制功能强大的多媒体作品

    D. 对媒体的控制最灵活

三、简答题

1．简述 Authorware 与其他多媒体编著系统的区别。

2．Authorware 的工作界面都由哪些部分构成？

3．简述 Authorware 的特点。

第 2 章
了解多媒体开发

随着计算机的发展，多媒体文件的使用越来越广泛。在 Authorware 中添加乐曲、声音、影片等多媒体信息，可以制作出声色俱佳的课件文件。

本章重点介绍在制作 Authorware 多媒体课件之前多媒体的一些内容，以及在设计时需要注意的一些图像设计基础。

本章学习要点：

➢ 多媒体技术理论
➢ 多媒体应用开发流程
➢ 图形图像基础
➢ 与其相关协同软件

2.1 多媒体技术理论

多媒体（Multimedia）是一种将文字、图像、动画、影视、音乐等多种媒体元素，以及计算机编程技术融于一体，具有一定交互能力的新型信息表现形式。

2.1.1 多媒体技术概述

在 1995 年推出了新的 MPC Level 3 标准之后，多媒体开始走向普通计算机用户，其发展速度也越来越快。

1. 多媒体的组成

多媒体，顾名思义是多种媒体的结合，主要包括文本、图像、动画、音频和视频等几种元素，如图 2-1 所示。

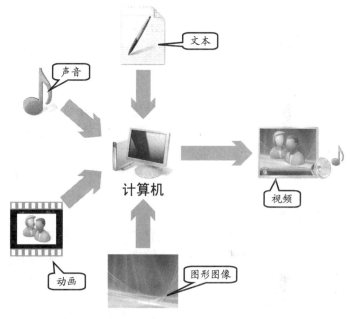

图 2-1　多媒体示意图

❑ 文本

文本是以文字和各种符号表达的信息媒体，是现实生活中相当常用的信息存储和传递方式。使用文本表达各种信息，可以使信息清晰、易于辨识，因此，文本主要用于对知识进行描述性表示，如阐述概念、定义、原理和问题以及显示标题、菜单等内容。

❑ 图像

图像媒体是文本媒体的发展，是多媒体技术中最重要的信息表现形式之一。图像决定了多媒体的视觉效果，使信息更加清晰、形象和美观。

❑ 动画

动画媒体是利用人类视觉暂留的特性，快速播放一系列连续的图像，或对图像进行缩放、旋转、变换、淡入淡出等处理而产生的媒体。

使用动画媒体可以把抽象的内容形象化，使许多难以理解的教学内容生动有趣，合理使用动画可以达到事半功倍的效果。

❑ 声音

声音是人类进行交流最早使用的工具，也是用来传递信息、交流情感的最熟悉、方便的媒体之一。声音又可划分为语声、乐声和环境声 3 种。语声是指人类说话发出的声音；乐声是指由各种人造乐器演奏而发出的声音；而其他的所有声音则都被归纳到环境声中。

❑ 视频

视频是随着摄影技术发展而产生的一种新媒体，具有时序性与丰富的信息内涵，常用于交待事物的发展过程。视频非常类似于我们熟知的电影和电视，有声有色，在多媒体中充当重要的角色。

2．多媒体技术的特点

相比传统媒体，多媒体技术具有更大的灵活性，可以广泛应用于各种生产、生活活动中。多媒体技术有如下几种特点。

❑ 交互性

交互性是多媒体技术的关键特征。在传统媒体中，更多地是媒体发行者将信息传递给用户，用户只有被动地接受，无法选择自己需要的信息。

多媒体技术的出现，可以使用户更有效地控制和使用信息，增强对信息的理解，同时，还允许用户自行选择各种需要的信息，增加了用户对媒体的兴趣。

❑ 复合性

复合性也是多媒体相对于传统媒体的一个重要特征。在传统媒体中，例如各种报纸、杂志、广播、电视，由于其介质的限制，往往只能局限于一种或两三种媒体。种类较少，而且表现形式单一。

多媒体技术的出现，将这些传统媒体结合在一起，将媒体信息多样化和多维化，丰富了媒体的表现力，使用户更加容易接受。

❑ 即时性

即时性使多媒体技术真正拥有了替代传统媒体的能力。在传统媒体中，所有的媒体信息都是先由媒体发布者录入、编辑，然后再传播给用户。多媒体技术诞生以前，媒体信息的传输是非常困难的，记者访问的新闻往往需要经过数天甚至数月的时间才能到达用户手中。这一编辑的过程也往往浪费了大量的时间。

多媒体技术的诞生，加快了信息传递的时间，同时，还支持实时处理各种媒体信息，处理和发布几乎在同一时间内进行。这样，用户接收到的信息和媒体发布者是同步的，节省了大量的时间，保护了信息的时效性。

2.1.2　音频文件类型

在计算机中，有许多种类的音频文件，承担着不同环境下声音提示等任务。音频文件是计算机存储声音的文件。而音频文件大体上可以分为无损格式和有损格式两大类。

1．无损格式

无损格式是指无压缩，或单纯采用计算机数据压缩技术存储的音频文件。这些音频文件在解压后，还原的声音与压缩之前并无区别，基本不会产生转换的损耗。无损格式的缺点是压缩比较小，压缩后的音频文件占用磁盘空间仍然很大。常见的无损格式音频文件主要有以下几种。

❑ WAV

WAV（WAVE，波形声音）是微软公司开发的音频文件格式。早期的 WAV 格式并不支持压缩。随着技术的发展，微软和第三方开发了一些驱动程序，以支持多种编码技术。WAV 格式的声音，音质非常优秀，缺点是占用磁盘空间太多，不适用于网络传播和各种光盘介质存储。

❏ **APE**

APE 是 Monkey's Audio 开发的音频无损压缩格式，其可以在保持 WAV 音频音质不变的情况下，将音频压缩至原大小的 58% 左右，同时，支持直接播放。使用 Monkey's Audio 的软件，还可以将 APE 音频还原为 WAV 音频，还原后的音频和压缩前的音频完全一样。

❏ **FLAC**

FLAC（Free Lossless Audio Code，免费的无损音频编码）是一种开源的免费音频无损压缩格式。相比 APE，FLAC 格式的音频压缩比略小，但压缩和解码速度更快，同时在压缩时也不会损失音频数据。

2. 有损格式

有损文件格式是基于声学、心理学的模型，除去人类很难或根本听不到的声音，对声音进行优化。例如：一个音量很高的声音后面紧跟着的一个音量很低的声音等。

在优化声音后，还可以再对音频数据进行压缩。有损压缩格式的优点是压缩比较高，压缩后占用的磁盘空间小。缺点是可能会损失一部分声音数据，降低声音采样的真实度。常见的有损音频文件主要有以下几种。

❏ **MP3**

MP3（MPEG-1 Audio Layer 3，第三代基于 MPEG1 级别的音频）是目前网络中最流行的音频编码及有损压缩格式，也是最典型的音频编码压缩方式。其舍去了人类无法听到和很难听到的声音波段，然后再对声音进行压缩，支持用户自定义音质，压缩比甚至可以达到源音频文件的 1/20，而仍然可以保持尚佳的效果。

❏ **WMA**

WMA（Windows Media Audio，Windows 媒体音频）是微软公司开发的一种数字音频压缩格式，其压缩率比 MP3 格式更高，且支持数字版权保护，允许音频的发布者限制音频的播放和复制的次数等，因此受到唱片发行公司的欢迎，近年来用户群增长较快。

2.1.3 视频文件类型

视频文件是计算机存储各种影像的文件，是计算机多媒体中最重要的组成部分。视频应用于生活的各各方面，如影视剪辑与制作、电视节目编辑，以及 DV 拍摄等。视频文件的类型也比较多，常见的视频文件主要有以下几种。

❏ **AVI**

AVI（Audio Video Interactive，音频视频界面）最初是由微软公司开发的一种视频数据存储格式。早期的 AVI 视频压缩比很低，且不提供任何控制功能。

随着多媒体技术的发展，逐渐出现了许多基于 AVI 格式的视频数据压缩方式，例如 MPEG-4/AVC，以及 H.264 等。这些压缩格式的视频，有些仍然以 AVI 为扩展名。在播放这些视频时，需要安装特定的解码器。

❑ WMV

WMV（Windows Media Video，Windows 媒体视频）是微软公司开发的新一代视频编码解码格式，其具有较高的压缩比以及较好的视频质量，因此在互联网中受到不少好评。

WMV 格式的视频与 WMA 格式一样，支持数字版权保护，允许视频的发布者设置视频的可播放次数及复制次数，以及发布解码密钥才可以播放等，受到了网上流媒体发布者的欢迎。WMV 格式的文档扩展名主要包括 ASF 和 WMV 两种。

❑ MPEG

MPEG（Moving Picture Experts Group，移动图像专家组）是由 ISO 国际标准化组织认可的多媒体视频文件编码解码格式，被广泛应用在计算机、VCD、DVD 及一些手持计算机设备中。

MPEG 是一系列的标准。最新的标准为 MPEG-4。同时，还有一个 MPEG-4 简化版本的标准 3GP 被应用在准 3G 手机中，用于流传输。MPEG 编码的视频文件扩展名类别较多，包括 DAT（用于 VCD）、VOB、MPG、MPEG、MP4、AVI 以及用于手机的 3GP 和 3G2 等。

❑ MKV

MKV（Matroska Video，Matroska 视频）是 Matroska 公司开发的一种视频格式，是一种开源免费的视频编码格式。该格式允许在一个文件中封装 1 条视频流以及 16 种可选择的音频流，并提供很好的交互功能，因此被广泛应用于互联网的视频传输中，其扩展名为 MKV。

❑ Real Video

Real Video（保真视频）是由 RealNetworks 开发的一种可变压缩比率的视频格式，具有体积小，压缩比高的特点，非常受网络下载者和网上视频发布者的欢迎。其扩展名包括 RM、RMVB 等。

❑ QuickTime Movie

由苹果公司开发的视频编码格式。由于苹果计算机在专业图形图像领域的应用非常广泛，因此 QuickTime Movie 几乎是电影制作行业的通用格式，也是 MPEG-4 标准的基础。QuickTime Movie 不仅支持音频和视频，还支持图像、文本等，其扩展名包括 QT、MOV 等。

❑ SWF

Adobe 公司的动画设计软件 Flash 的专用格式，是一种支持矢量和点阵图形的动画文件格式，被广泛应用于网页设计，动画制作等领域。

❑ FLV

FLV 是 FLASH VIDEO 的简称，FLV 流媒体格式是随着 Flash MX 的推出发展而来的视频格式。由于它形成的文件极小、加载速度极快，使得网络观看视频文件成为可能，它的出现有效地解决了视频文件导入 Flash 后，导出的 SWF 文件体积庞大，不能在网络上很好的使用等缺点。

2.2 多媒体课件的开发流程

由于多媒体系统需要将不同的媒体数据表示成统一的结构码流，然后对其进行变换、重组和分析处理，以进行进一步的存储、传送、输出和交互控制。因此，在制作多媒体课件，以及多媒体应用程序时，用户需要有计划、有步骤的实现其功能。

2.2.1 前期准备

在设计之前，用户需要先搜集整理相关的资料，并且先确定选题，如语文课件中的《荷塘月色》内容。其次，根据课文内容主线，搜集整理内容等。

1．确定选题

选题是用户制作课件等事先需要明确的目的。选题不定，用户将无法进行前期的准备工作。当然，确定了选题，也可以帮助用户明确具体的任务，理解课件项目的特点和要求。

2．确定教学目标

根据教学大纲的要求，针对一个或多个知识重点或难点，确定其教学目的和功能，以便进行课件内容和演示形式等方面的策划。例如，是以激发用户的学习兴趣为目的，还是以为了帮助其解决对某个知识重点的理解；是为了帮助用户增进记忆，加强知识运用，还是以知识扩展，培养技能为目的。

3．设计策划

在确定了主题中心和功能目标后，就需要对课件的制作方法、表现形式和目标效果进行策划。

这个环节需要完成对整个制作过程中所使用的资源素材、编辑方式、操作步骤及课件最终的使用方式进行详细的思考和安排，如对课件界面的尺寸、画面的视觉风格、画面中元素的布局、图文比例、音乐节奏、页面显示方式、互动操作方式等进行策划。

在设计时，可以先提出多个策划方案，在经过对比分析后，选取最适合表现功能效果和实现教学目标的方案。

4．素材准备

多媒体信息素材包括文字、图形、动画、声音、视频影像及一些专案文件等内容，大部分资源可以通过购买素材光盘或从网络中下载获得。

但是这些资源的初始状态并不一定适合多媒体课件内容，所以需要先通过专业的工具对题目进行编辑处理，从而获得课件中需要的内容。

2.2.2 课件后期工作

前期内容准备充分之后，在后面的课件设计中，将大大提高设计的速度。当然，后期工作主要在于课件设计、课件的测试，以及打包成可以直接播放的作品。

1. 课件制作

这是整个课件制作流程的中心环节。根据确定的策划方案，在 Authorware 中创建程序流程，利用已经准备好的资源来整合课件程序。

2. 作品测试

课件程序制作完成后，必须进行认真细致地全面检查，包括课件的结构、页面中的图形与文字、按钮的状态及其链接目标、声音、动画及视频影片的播放状态等。

对不合理或者有错误的地方进行修正，有时还需要根据课件程序的用途，对课件中的内容及课件程序进行文件大小、播放的时间长度等优化。

3. 打包与发布

课件最终要交付使用，通常需要将它发布成可以在计算机中独立运行的可执行程序文件。因此，要将程序运行需要的各种插件、链接库文件以合适的方式打包。

同样需要对最终成品进行测试，以保证其可以完全正常地工作。有时，还需要在交付作品时提供使用说明和相关注意事项。

2.3 图形图像基础

在设计课件过程中，免不了要对页面构图、颜色等方面进行考究。因此，在设计课件过程中，用户需要对一些平面的构图、色彩等方面有一些常识性的了解。

2.3.1 平面构成

所谓构成是一种造型概念，也是现代造型设计用语。其含义就是将几个以上的单元（包括不同的形态、材料）重新组合成为一个新的单元，并赋予视觉化的、力学的概念。

平面构成主要是运用点、线、面和律动组成结构严谨，富有极强的抽象性和形式感，又具有多方面的实用特点和创造力的设计作品，与具象表现形式相比较，它更具有广泛性。

在实际设计运用之前必须要学会运用视觉的艺术语言，进行视觉方面的创造，了解造型观念，训练培养各种熟练的构成技巧和表现方法，培养审美观及美的修养和感觉，提高创作活动和造型能力，活跃构思，如图 2-2 所示。

常用的平面构成种类有：重复构成、变异、渐变、发射、肌理、近似构成、密集构成、分割构成、特异构成、空间构成、矛盾空间、对比构成、平衡构成。

Authorware 多媒体制作标准教程（2013—2015 版）

1．重复构成

在平面构成中以一个基本单形为主体在基本格式内重复排列，称为重复构成，它具有很强的形式美感。重复构成在排列的过程中可作方向、位置的变化，如图 2-3 所示。

two thousand and nine

图 2-2　平面作品

图 2-3　重复构成形式构图

2．近似构成

有相似之处形体之间的构成，寓"变化"于"统一"之中是近似构成的特征，在设计中，一般采用基本形体之间的相加或相减来求得近似的基本图形，如图 2-4 所示。

3．渐变构成

把基本形体按大小、方向、虚实、色彩等关系进行渐次变化排列的构成形式，形的大小、方向的渐变、形状的渐变、疏密的渐变、虚实的渐变、色彩的渐变，如图 2-5 所示。

图 2-4　近似构成形式构图

4．发射构成

以一点或多点为中心，呈向周围发射、扩散等视觉效果，具有较强的动感及节奏感，一点式发射构成形态、多点式发射构成形态、旋转式发射构成形态，如图 2-6 所示。

5．空间构成

利用透视学中的视点、灭点、视平线等原理所求得的平面上的空间形态，点的疏密形成的立体空间、线的变化形成的立体空间、重叠而形成的空间、透视法则形成的空间、矛盾空间的构成，如图2-7所示。

图2-5　渐变构成形式构图

图2-6　发射构成形式构图

6．特异构成

在一种较为有规律的形态中进行小部分的变异，以突破某种较为规范的单调的构成形式，特异构成的因素有形状、大小、位置、方向及色彩等，局部变化的比例不能变化过大，否则会影响整体与局部变化的对比效果，如图2-8所示。

图2-7　空间构成形式构图

图2-8　特异构成形式构图

7．分割构成

在平面构成中，把整体分成部分，叫做分割。在日常生活中这种现象随处可见，如房屋的吊顶、地板都构成了分割。等形分割与比例分割是分割构成的两种方式，前者是把画面分割成完全相等的几部分；后者是利用分割的比例关系来追求画面的一种有秩序的变化。等形分割与比例分割的平面作品展示，如图 2-9 所示。

8. 对称构成

对称构成具有较强的秩序感。可是仅仅居于上下、左右或者反射等几种对称形式，便会单调乏味。所以，在设计中要在几种基本形式的基础上，加以灵活应用，如图 2-10 所示。

2.3.2 色彩构成

完整的平面作品，只有灰色图像是无法全面展示其效果的，只有为其搭配相应的色彩，才能够通过图像表达设计人员的思想。

色彩是通过光线的照射，由物体吸收和反射而产生的，而计算机中的颜色，是通过不同的发光体叠加在一起，从而产生其他色彩。颜色的生成原理大致可以归纳为加色模式和减色模式两种。

加色模式也称为正色模式，它依靠发射和叠加不同的色光而产生结果色，例如电脑显示屏上每一点的颜色都是由内部不同电子元件发射的不同色光叠加产生的，如图 2-11 所示。

减色模式也称为负色模式，它是物体表面吸收入射光光谱中的某些成分，未吸收的部分被反射到人眼而产生颜色。大多数自身不发光物体的颜色都依赖于减色模式，印刷工艺重现颜色时，也依赖于减色模式，如图 2-12 所示。

图 2-9　分割构成形式构图

图 2-10　对称构成形式构图

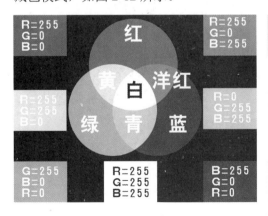

图 2-11　加色模式

图 2-12　减色模式

自然界的色彩虽然各不相同，但任何有彩色的色彩都具有色相、亮度、饱和度这 3 个基本属性，也称为色彩的三要素。

1. 色相

色相指色彩的相貌，是区别色彩种类的名称。是根据该色光波波长划分的，只要色彩的波长相同，色相就相同，波长不同才产生色相的差别。红、橙、黄、绿、蓝、紫等每个字都代表一类具体的色相，它们之间的差别就属于色相差别。当称呼到其中某一色的名称时，就会有一个特定的色彩印象，这就是色相的概念。正是由于色彩具有这种具体相貌特征，人们才能感受到一个五彩缤纷的世界。如果说亮度是色彩隐秘的骨骼，色相就像色彩外表华美的肌肤。色相体现着色彩外向的性格，是色彩的灵魂，如图 2-13 所示。

图 2-13　色相

如果把光谱的红、橙、黄、绿、蓝、紫诸色带首尾相连，制作一个圆环，在红和紫之间插入半幅，构成环形的色相关系，便称为色相环。在 6 种基本色相各色中间加插一个中间色，其首尾色相按光谱顺序为：红、橙红、橙、黄、黄绿、绿、青绿、蓝绿、蓝、蓝紫、紫、红紫，构成 12 基本色相，这 12 色相的彩调变化，在光谱色感上是均匀的。如果进一步再找出其中间色，便可以得到 24 个色相，如图 2-14 所示。

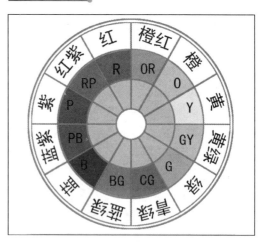

图 2-14　色相环

2. 饱和度

饱和度是指色彩的纯净程度。可见光辐射，有波长相当单一的，有波长相当混杂的，也有处在两者之间的，黑、白、灰等无彩色就是波长最为混杂，纯度、色相感消失造成的。光谱中红、橙、黄、绿、蓝、紫等色光都是最纯的高纯度的色光，如图 2-15 所示。

饱和度取决于该颜色中含色成分和消色成分（黑、白、灰）的比例，含色成分越大，饱和度越大；消色成分越大，饱和度越小，如图 2-16 所示。

图 2-15　无彩色与有彩色

3. 亮度

亮度是色彩依赖于形成空间感与色彩体量感的主要依据，起着"骨架"的作用。在无彩色中，亮度最高的色为白色，亮度最低的色为黑色，中间存在一个从亮到暗的灰色系列，如图2-17所示。

亮度在三要素中具有较强的独立性，它可以不带任何色相的特征而通过黑白灰的关系单独呈现出来，如图2-18所示。

色相与饱和度必须依赖一定的明暗才能显现，色彩一旦发生，明暗关系就会同时出现，在进行素描的过程中，需要把对象的彩色关系抽象为明暗色调，这就需要有对明暗的敏锐判断力。可以把这种抽象出来的亮度关系看作色彩的骨骼，它是色彩结构的关键，如图2-19所示。

图 2-16　最高与最低饱和度

图 2-17　亮度色标

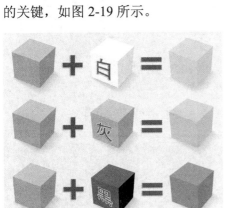

图 2-18　颜色与三大调的关系

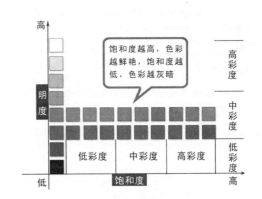

图 2-19　亮度饱和度之间的关系

不同的颜色会给浏览者不同的心理感受，但是同一种颜色通常不只含有一个象征意义。每种色彩在饱和度，透明度上略微变化就会产生不同的感觉，见表2-1。

表2-1　色彩代表的含义

色彩	积极的含义	消极的含义
红色	热情、亢奋、激烈、喜庆、革命、吉利、兴隆、爱情、火热、活力	危险、痛苦、紧张、屠杀、残酷、事故、战争、爆炸、亏空

色彩	积极的含义	消极的含义
橙色	成熟、生命、永恒、华贵、热情、富丽、活跃、辉煌、兴奋、温暖	暴躁、不安、欺诈、嫉妒
黄色	光明、兴奋、明朗、活泼、丰收、愉悦、轻快、财富、权力	病痛、胆怯、骄傲、下流
绿色	青春、畅通、安全、宁静、平稳、希望	心酸、失控
蓝色	久远、平静、安宁、沉着、纯洁、透明、独立、遐想	寒冷、伤感、孤漠、冷酷
紫色	高贵、久远、神秘、豪华、生命、温柔、爱情、端庄、俏丽、娇艳	悲哀、忧郁、痛苦、毒害、荒淫
黑色	庄重、深沉、高级、幽静、深刻、厚实、稳定、成熟	悲哀、肮脏、恐怖、沉重
白色	纯洁、干净、明亮、轻松、朴素、卫生、凉爽、淡雅	恐怖、冷峻、单薄、孤独
灰色	高雅、沉着、平和、平衡、连贯、联系、过渡	凄凉、空虚、抑郁、暧昧、乏味、沉闷

2.3.3 立体构成

立体构成是一门研究在三维空间中如何将立体造型要素，按照一定的原则组合成赋予个性的美的立体形态的学科。整个立体构成的过程是一个分割到组合或组合到分割的过程。任何形态可以还原到点、线、面，而点、线、面又可以组合成任何形态。图2-20所示为立体构成的作品。

立体的空间占有实际的位置，可以从不同的角度去观看，也可以用手直接触摸，如图2-21所示。立体没有固定的轮廓，不同的角度表现出不同的形，仅用一个形状不能确定一个肯定的立体。

图 2-20 立体构成作品

虽然，不同时刻都在接触和感受三维形态，但更多的却是用平面的思维来思考和表现它们，这就使三维创造能力受到很大的影响。

三维形态与二维造型之间的区别在于，三维形态可以从不同的角度呈现不同的外形，由于比二维造型多了一个维度，就要求不仅具有前面，而且具有侧面、上面、下面、后面等多视点、多角度的造型意识，视点和造型的增加，也大幅度地扩展了造型的表现领域，如图2-22

图 2-21 现实生活中的立体

Authorware 多媒体制作标准教程（2013—2015版）

所示。

三维立体造型和二维造型的另一个重要区别在于，三维造型是要具备能承受地心引力的力学性坚实结构，部分还须有抵抗风、雨、雪、地震等各种外力影响的能力，如各种建筑等，如图 2-23 所示。

此外，在立体造型领域，还能使形体产生真实运动，这是二维领域所无法想象和实现的。

点、线、面、体、空间是"构成"的基本要素，在三维空间使用这些要素进行构成，和在二维空间有很大的不同。因此，在立体构成中，对形态要素的研究仍然非常重要，如图 2-24 所示。

对制作形态的材料要加以研究，因为各种材料所具有的强度、重量、肌理、质感、柔硬等特性都不同，例如用植物纤维、石膏、粘泥制作成的同一外形的物体，给人的感受和理解是不同的，如图 2-25 所示。

几乎所有的材料都可以应用于立体构成。此外，不同的材料有不同的加工处理手段，材料所具有的独特性也会因加工机械的性能而决定其形状。因此，对材料的研究也是立体构成中的一个重要方面。

图 2-22　不同角度展示

图 2-23　立体建筑

图 2-24　立体构成的形态基本要素

图 2-25　立体构成的材料要素

运用点、线、面、体、空间等形态要素，可以创造出各种立体，运用各种材料可以赋予立体各种特性，而构成之间的各种关系也是影响立体构成的重要因素之一。如各要素之间的主从关系、比例关系、平衡关系、对比关系等，都关系到立体构成的视觉效果和优劣评判，如图 2-26 所示。因此，对其的研究也是学习立体构成的一个重要内容。

2.4　相关协同软件

在实际的设计工作中，几乎所有多媒体项目的开发，都需要通过多个编辑软件的配合工作来完成。掌握各种媒体文件的编辑制作知识，成了多媒体设计人员学习成长中的基本课程。

2.4.1　文本与图像处理软件

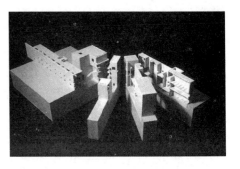

图 2-26　立体构成的形式要素

在多媒体电影编辑开发中使用的素材资源主要包括文字、图像、声音、动画、视频影像、元件影片等类型的文件。这里以在 Windows 操作系统中，进行多媒体应用程序开发为中心，列举一些常用的多媒体编辑工具。

1．简单的文本编辑（记事本）

记事本用于纯文本文档的编辑，功能没有写字板强大，适于编写一些篇幅短小的文件，由于它使用方便、快捷，对其的应用也是比较多的，比如一些程序的文件通常是以记事本的形式打开的。

在 Windows XP 系统中的"记事本"又新增了一些功能，比如可以改变文档的阅读顺序，可以使用不同的语言格式来创建文档，能以若干不同的格式打开文件。例如，单击【开始】按钮，执行【所有程序】|【附件】|【记事本】命令，即可启动记事本，如图 2-27 所示，它的界面与写字板的基本一样。

图 2-27　记事本

2．强大的文字处理软件（Microsoft Office Word）

Word 是目前最流行的文字处理组件，也是 Office 组件中的一个重要组成部分。与其他文字处理软件相比，它具有更为强大的文本处理和文档编辑功能，适用于制作信函、传真、公文、报纸、简历、书刊等各种文档。

用户可以通过执行【开始】|【程序】|【Microsoft Office】|【Microsoft Office Word 2007】命令，弹出 Word 2007 窗口，如图 2-28 所示。另外，用户也可以双击创建好的 Word 文档，打开该文档，即打开 Word 2007 工作窗口。

3．图像处理软件（Photoshop）

Photoshop CS5 提供了全新的软件界面，以使之与 Adobe CS5 套装保持整体一致的风格。在打开 Photoshop CS5 后，即可进入其窗口主界面，如图 2-29 所示。

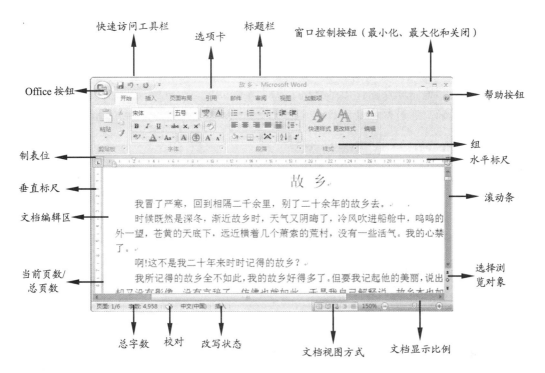

快速访问工具栏　　选项卡　　标题栏　　窗口控制按钮（最小化、最大化和关闭）

Office 按钮　　　　　　　　　　　　　　　　　　　　　　　　　　帮助按钮

组

制表位　　　　　　　　　　　　　　　　　　　　　　　　　　水平标尺

垂直标尺

文档编辑区　　　　　　　　　　　　　　　　　　　　　　　滚动条

选择浏览对象

当前页数/总页数

总字数　　校对　　改写状态　　　　文档视图方式　　文档显示比例

图 2-28 Word 2007 窗口界面

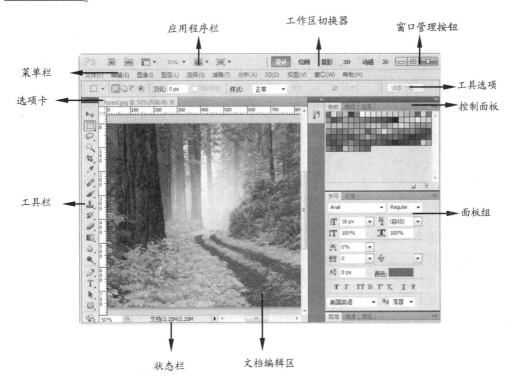

应用程序栏　　　　工作区切换器　　　窗口管理按钮

菜单栏　　　　　　　　　　　　　　　　　　　　　工具选项

选项卡　　　　　　　　　　　　　　　　　　　　　控制面板

工具栏　　　　　　　　　　　　　　　　　　　　　面板组

状态栏　　　文档编辑区

图 2-29 Photoshop 窗口

在使用 Photoshop CS5 编辑图像的过程中，可以通过 Photoshop 窗口中各种命令和面板中的设置实现对图像的修改、编辑等操作。

2.4.2　音频与视频编辑软件

音频和视频编辑软件的作用是修饰和编辑原有的声音、视频文件。用户可以在可视化的环境中精确快速进行录制声音、捕获视频、编辑音频和视频、保存或转换等操作。

1．声音素材编辑工具（GoldWave）

Gold Wave Editor Pro 是 Gold Wave Editor 标准版的升级版，增加了音频文件合并（Audio File Merger）、音频 CD Ripper（Audio CD Ripper）、音频刻录（Audio CD Burner/Eraser）、WMA 信息编辑（Change WMA metadata/WMA tags）等非常实用的功能。

它是一个功能强大的音频编辑工具，可以将录音带、唱片、现场表演、互联网广播、电视、DVD，或其他任何声源保存到磁盘上，如图 2-30 所示。

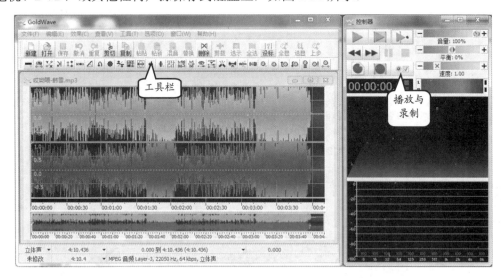

图 2-30　GoldWave 音频编辑器

2．视频影片的编辑（Premiere）

作为一款应用广泛的视频编辑软件，Premiere Pro 具有从前期素材采集到后期素材编辑与特效制作等一系列功能，为人们制作高品质数字视频作品提供了完整的创作环境。

Premiere 软件界面中包含各种组成窗口及面板，如在【项目】面板中可以导入和保存需要使用的素材；在【时间轴】面板和【特效控制台】面板中可以对素材进行编辑；在【调音台】面板中可以编辑音频效果等，如图 2-31 所示。

2.4.3　动画制作软件

对于一些特殊的多媒体课件来说，添加一些声音或一段视频并无法完成整体的效果。而在多媒体课件中，插入一些动态的图像或者动画内容，更能展现出课件内容的活泼、直观，更吸引眼球。

效果

时间轴

节目监视器

音效

项目

时间轴

工具栏

图 2-31　Premiere Pro 窗口

　　根据图像的动画类型，用户可以通过制作 GIF 动态图像或者 Flash 动画内容，其常用工具如下。

1. 网络动画编辑工具（Flash）

　　Flash 原来一直在网页领域制作一些交互式矢量图和 Web 动画等，但由于 Flash 功能不断强大，已经成为动画创作与应用程序开发于一身的创作软件。

　　最新版本的 Flash 为创建数字动画、交互式 Web 站点、桌面应用程序以及手机应用程序开发提供了功能全面的创作和编辑环境。

　　启动 Flash 软件后，显示欢迎屏幕界面，帮助用户创建 Flash 文档，或学习 Flash 的使用技巧，如图 2-32 所示。

　　在 Flash 欢迎屏幕中，单击【ActionScript 3.0】选项，即可创建一个空白 Flash 文档，如图 2-33 所示。

　　Flash 默认的界面环境，包含了 7 个主要的区域，依次为【标题栏】、【命令栏】、【文档】窗口和各种面板等。基本界面环境包含了各种工具面板和检查器，因此适用于绝大多数动画设计工作。

单击

图 2-32　Flash 欢迎屏幕

2. 动态 GIF 图片编辑工具（Ulead COOL 3D）

　　通过 COOL 3D 工具，用户可以制作出很酷的立体文字，并且保存为 ".gif" 格式或者".swf"格式的文件。

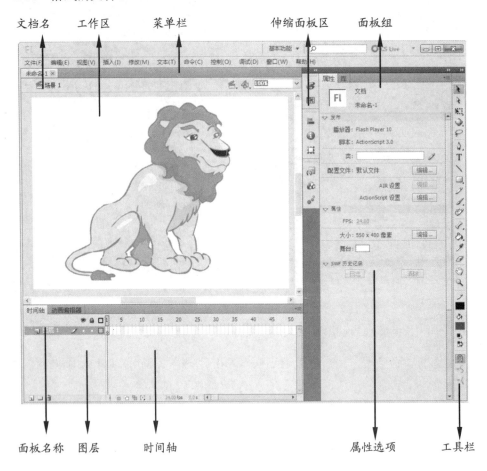

文档名　工作区　　菜单栏　　　　伸缩面板区　　面板组

面板名称　图层　　时间轴　　　　　　属性选项　　工具栏

图 2-33　Flash 窗口

用户可以使用预设或轻松建立自己的形状和风格，拖放上百种可自订的背景和动画效果。将影像背景和音效嵌套于影片中，并在动画上生成自然材质、分子效果等。

用户通过单击【开始】按钮，执行【程序】|【Ulead COOL 3D 3.5】|【Ulead COOL 3D 3.5】命令，打开该窗口，如图 2-34 所示。

2.5　实验指导：制作视频剪辑

如果想将视频中某些精彩的片段，添加到其他的作品中。这时，用户需要通过视频剪辑软件来完成，如 ExtraCut 软件就是一款优秀

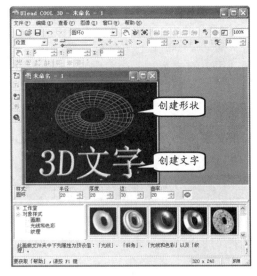

图 2-34　创建 3D 效果

的视频剪辑软件。

利用该视频剪辑软件,可以在视频中指定剪辑的起始点和结束点,将需要的一段视频从中抽取出来,并另外保存为新的文件。

1. 实验目的

- ❏ 设置视频起始点
- ❏ 设置视频结束点
- ❏ 导入视频剪辑

2. 实验步骤

1 打开 ExtraCut 视频剪辑软件,执行【档案】|【开始新的档案】命令。在弹出的【打开】对话框中,找到"倒霉熊之打高尔夫"视频文件,单击【打开】按钮,如图 2-35 所示。

图 2-35　开启新的档案

2 在播放的过程中,选择要裁剪的开始位置后,单击播放窗口下方的【标记开始】按钮,这时在进度条的上方出现绿色的截取进度条,如图 2-36 所示。

图 2-36　设置视频起始点

3 在选择要裁剪的结尾位置后,单击播放窗口下方的【标记结束】按钮,这时在进度条的上方出现所截取视频的整个进度条,可以单击下放进度条的滑块对标记位置进行更改,如图 2-37 所示。

图 2-37　设置视频结束点

4 执行【标记剪辑】|【开始新的档案】命令,弹出【ExtraCut】提示对话框,单击【确定】按钮,如图 2-38 所示。

图 2-38　另存剪辑

5 弹出【另存为】对话框，选择保存的位置，可以在【文件名：】右边的列表框中重新为所剪辑的视频命名，这里采用的是默认名字"倒霉熊之打高尔夫_part"，然后单击【保存】按钮，如图 2-39 所示。

图 2-39　保存剪辑

提 示

在保存剪辑的视频时，由于将其格式保存为扩展名".wmv"的视频，所以为方便在 Authorware 中导入视频，用户可以通过其他软件，将该视频换成扩展名为".mpg"格式的视频。

6 打开 Authorware 软件，在设计窗口中拖入一个【数字电影】图标，为其命名为"视频剪辑"。然后双击该图标，弹出【属性】检查器，并单击【导入】按钮，如图 2-40 所示。

图 2-40　打开【属性】检查器

7 在弹出的【导入哪个文件？】对话框中，找到上述所保存的视频文件（或者所转换格式的视频文件），如"倒霉熊之打高尔夫_part"视频，单击【导入】按钮，如图 2-41 所示。

图 2-41　导入视频剪辑

8 在【演示窗口】中将显示视频剪辑画面，如图 2-42 所示，按 Ctrl+Shift+D 键弹出【属性】检查器，在【大小】下拉列表中，选择"512×342"选项。

图 2-42　播放视频剪辑

9 单击工具栏上的【保存】按钮，选择保存的位置，并命名为"视频剪辑"名称，默认文件格式为"a7p"。

2.6　实验指导：制作生日贺卡

当朋友要过生日时，送一张普通的纸质贺卡，平淡无奇，没有创意，还不易于保存。

而从网络上下载的又没新意，所以用户可以通过 Authorware 软件制作一个符合自己心意的电子贺卡。在生日贺卡中，可以根据朋友的爱好添加音乐，制作动画，并设置各种特效。

1．实验目的

- ❑ 添加图标
- ❑ 导入图片
- ❑ 导入音乐
- ❑ 为显示图标设置特效

2．实验步骤

1 新建一个文件，保存为"生日贺卡"，保存后的文件名为"生日贺卡.a7p"。

2 在工具栏中，单击【导入】按钮，弹出【导入哪个文件？】对话框。在该对话框中，选择要导入的图片，并单击【导入】按钮，如图 2-43 所示。

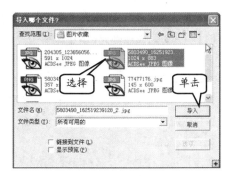

图 2-43　选择图片

3 导入图片后，更改图片的大小，移动到合适的位置，如图 2-44 所示。

图 2-44　插入图片

4 按 Ctrl+Shift+D 键，弹出【属性】检查器，分别单击【颜色】右边的【背景色】和【色彩浓度关】颜色块，在弹出的【颜色】对话框中，设置背景颜色；再选择【大小：】为"512×342"选项，如图2-45所示。

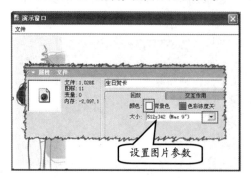

⑤ 再拖入一个【显示】图标，命名为"祝福语"。双击【显示】图标，弹出【绘图】工具箱，选择【文本】按钮，输入文本内容。然后，更改【字体】为【微软雅黑】；【大小】为18；【颜色】为【绿色】，如图2-46所示。

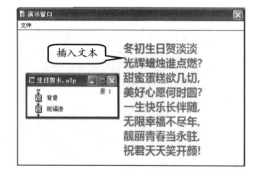

图 2-46　添加文本内容

⑥ 再拖入一个【显示】图标到【设计】窗口的流程线上，单击工具栏中的【导入】按钮，导入图片，并移动图片到合适的位置，如图2-47所示。

图 2-47　添加图片

⑦ 双击"祝福语"图标，弹出【属性】检查器，单击【特效：】后的【浏览】按钮。在弹出的【特效方式】对话框中，选择 Avalanche 选项，单击【确定】按钮，如图2-48所示。

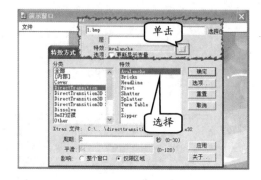

图 2-48　添加特效

⑧ 拖入一个【等待】图标到流程线上，为其命名为"等待"。然后双击该图标，在【属性】检查器中设置【时限：】为2，如图2-49所示。

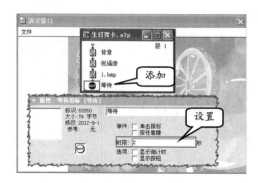

图 2-49　设置等待时间

⑨ 再添加3次【显示】图标和【等待】图标。在3个【显示】图标中，再分别导入3张图片，分别设置【特效：】为【内部】分类中的【以相机光圈开放】、【由外往内螺旋状】、【水平百叶窗式】等选项；而【等待】图标【时限：】均为2，如图2-50所示。

⑩ 为了使画面显示的过程中伴有音乐，在设计窗口的流程线上拖入一个【声音】图标，并命名为"生日歌"。

⑪ 双击【声音】图标，单击检查器中的【导入】按钮，在弹出的【导入哪个文件？】对话框

中，选择"生日快乐"歌曲，单击【导入】按钮。这时出现一个导入进度条，消失后即导入完成，如图 2-51 所示。

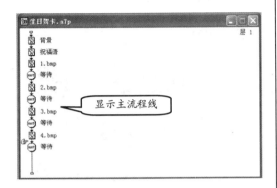

图 2-50　【设计】窗口

12 在【属性】检查器中，打开【计时】选项卡，并在【执行方式：】的下拉列表中，选择"同时"选项，如图 2-52 所示。

13 运行此程序，当音乐响起时，显示播放的图片效果。

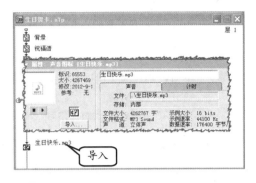

图 2-51　【声音】选项卡

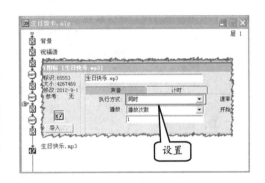

图 2-52　【计时】选项卡

2.7　思考与练习

一、填空题

1．多媒体（Multimedia）是一种将_____等多种媒体元素，以及_____融于一体，具有一定交互能力的新型信息表现形式。

2．在 1995 年推出了新的_____标准之后，多媒体开始走向普通计算机用户，其发展速度也越来越快。

3．_____是文本媒体的发展，是多媒体技术中最重要的信息表现形式之一。

4．声音又可划分为_____、_____和_____三种。

5．音频文件大体上可以分为_____和_____两大类。

6．WMV 格式的文档扩展名主要包括____和_____两种。

二、选择题

1．常见的无损格式音频文件主要有以下_____格式。

A．WAV

B．APE

C．FLAC

D．MP3

2．视频文件的类型比较多，常见的视频文件主要有_____。

A．AVI

B．WMV

C．MKV

D．Real Video

3．WMV（Windows Media Video，Windows 媒体视频）是微软公司开发的新一代视频编码解码格式，下列关于它的说法正确的是_____。

A．具有较高的压缩比以及较好的视频质量

B．WMV 格式的视频与 WMA 格式一样，支持数字版权保护，允许视频的发布者设置视频的可播放次数及复

制次数，以及发布解码密钥才可以播放等，受到了网上流媒体发布者的欢迎

 C. WMV 格式的文档扩展名主要包括 ASF 和 WMV 两种

 D. 在播放 WMV 格式的视频时，需要安装特定的解码器

4. 关于分割构成的说法，正确的是_____。

 A. 在平面构成中，把整体分成部分，叫做分割

 B. 在日常生活中这种现象随处可见，如房屋的吊顶、地板都构成了分割

 C. 等形分割与比例分割是分割构成的两种方式，前者是把画面分割成完全相等的几部分；后者是利用分割的比例关系来追求画面的一种有秩序的变化

 D. 以上都是

5. 关于色彩构成的说法，正确的是_____。

 A. 完整的平面作品，只有灰色图像是无法全面展示其效果的，只有为其搭配相应的色彩，才能够通过图像表达设计人员的思想

 B. 根据颜色的生成原理大致可以归纳为加色模式和减色模式两种

 C. 加色模式也称为正色模式，它依靠发射和叠加不同的色光而产生结果色

 D. 减色模式也称为负色模式，它是物体表面吸收入射光光谱中的某些成分，未吸收的部分被反射到人眼而产生颜色

三、简答题

1. 简述多媒体技术具有的特点。

2. 常用的平面构成种类有哪些？

3. 简述多媒体课件开发流程中的前期准备工作包括哪些。

4. 简述多媒体课件开发流程中的后期工作有哪些。

四、上机练习

1. 转换视频格式

视频文件的类型比较多，不同格式的视频文件又各有优缺点。为了达到使用目的，对需要的视频进行格式转换。

首先，下载"格式工厂"视频格式转换软件，如图 2-53 所示。在【视频】列表中，单击【所有转到 MPG】按钮。

图 2-53　软件运行界面

然后在弹出的对话框中，单击【添加文件】按钮，在弹出的【打开】窗口中，选择需要转换格式的文件，单击【打开】按钮。这时在【所有转到 MPG】对话框中，显示所添加的视频文件，单击【确定】按钮，如图 2-54 所示。

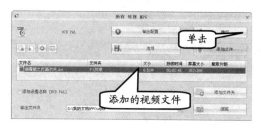

图 2-54　添加要转换的文件

返回格式工厂主界面，单击上面的【点击开始】按钮，如图 2-55 所示。这时在转换状态栏下出现进度条，转换完成后，提示已结束信息。

图 2-55　转换视频文件

打开所输出文件的存放位置，如 D:\我的文档\FFOutput。这时看到已经转换格式后的视频文件，如图 2-56 所示。

图 2-56　转换后的视频格式文件

2. 转换音频格式

格式工厂软件不仅支持视频格式的转换，还支持音频文件的转换。例如，打开格式工厂软件，单击【音频】按钮下【所有 转到 MP3】按钮，并添加要转换成 MP3 格式的音频文件（如"快乐的节日"音频文件），单击【点击开始】按钮，进行文件格式转换，如图 2-57 所示。

这时在转换状态栏下出现进度条，转换完成后，到输出位置查看转换后的文件，如图 2-58 所示。

图 2-57　添加要转换的音频文件

图 2-58　查看转换后的文件

第 3 章

图标的基本应用

在 Authorware 中,【显示】图标是设计流程线上使用最频繁的图标之一。在【显示】图标中可以存储多种形式的图片及文字,还可以在其中放置函数变量进行动态运算。

另外,【擦除】图标以及等待图标也是经常要用到的图标。【擦除】图标主要用于擦除程序运行过程中不再使用的画面对象。Authorware 系统内部提供多种擦除过渡效果,使程序变得更加炫目生动。而【等待】图标则主要用在程序运行时的时间暂停或停止控制中。

本章将详细介绍这些基本图标的创建方法,以及综合使用绘图工具箱中的各种按钮来输入文本、绘制简单图形等操作。

本章学习要点:

➢ 应用【显示】图标
➢ 【显示】图标的属性
➢ 导入外部素材
➢ 使用【等待】图标
➢ 使用【擦除】图标

3.1 操作【显示】图标

【显示】图标是 Authorware 中使用最频繁的图标之一，常常用于装载图片和文本。利用绘图工具箱中的文本和绘图工具，可以在显示【图标】内创建多种内部素材，如文本、字母、特效字、图形、图像等，从而丰富演示作品的显示界面。

3.1.1 创建【显示】图标

在流程线上，创建一个【显示】图标的方法很简单，只需要将该图标从【图标】工具栏中拖放到流程线上即可，如图 3-1 所示。

默认情况下，图标的名称为"未命名"，如图 3-2 所示。用户可以将光标置于图标名称中，并删除"未命名"内容，根据图标的实际作用对图标进行重命名，如图 3-3 所示。显示图标可以显示文本、图片、OLE 对象和简单的动画等信息。

用户也可以双击"未命名"文本内容，则该区域将呈现出高亮显示的状态，这时输入新的图标名称即可。

> **技 巧**
>
> 养成及时给图标命名的好习惯，就像在 C 语言中写注释语句一样，能够使程序流程更加简单易懂，方便以后的编辑修改操作，以及与他人交流源程序的过程。

【显示】图标在 Authorware 各种图标中占有及其重要的位置，【显示】图标的功能有：

❏ 显示文本，显示变量和表达式的值。

❏ 绘制和显示图形。

❏ 显示图像。

❏ 显示 OLE 对象。

❏ 显示特殊粘贴的对象，如 Word 对象和 Excel 对象等。

❏ 设置显示对象的位置、缩放、显示模式。

❏ 设置各显示图标显示内容的过渡效果。

❏ 设置各显示图标之间的显示层和擦除关系。

❏ 设置显示对象的可移动属性。

❏ 显示对象是移动图标的移动对象、擦除图标的擦除对象。

❏ 显示对象是热对象响应、目标区域响应的响应对象。

由于图标显示如此诸多的功能，加上【显示】图标具有代表性，学好【显示】图标

图 3-1 拖动【显示】图标

图 3-2 创建【显示】图标

图 3-3 对图标命名

为整个 Authorware 的学习打下好的基础。

提示

【交互】图标的演示窗口与【显示】图标完全相同，本章详细介绍的关于【显示】图标的内容也完全适用于【交互】图标。

3.1.2 【显示】图标的属性

在 Authorware 中，【显示】图标是流程线上的一个对象，除了可以显示一些文本、图像、动画外，还拥有自己的属性。在【显示】图标的属性检查器中，包含了丰富的选项设置，可以设置图标的层、特效、擦除、写屏以及位置和活动等属性。

【显示】图标是最常用、最具代表性的图标，掌握显示图标的属性是学习所有图标属性的基础。

打开【显示】图标属性对话框的方法有以下几种。

❑ 如果已经显示其他图标属性对话框或文件属性，只要单击【设计】窗口中的【显示】图标即可，这是最简便的方法，如图 3-4 所示。

❑ 右击流程线上的【显示】图标，在弹出的快捷菜单中执行【属性】命令。这是常用的方法，如图 3-5 所示。

图 3-4　单击流程线中的【显示】图标

❑ 选中一个【显示】图标，执行【修改】|【图标】|【属性】命令，即可弹出图标的属性检查器，如图 3-6 所示。

图 3-5　执行【属性】命令　　图 3-6　执行命令

【显示】图标属性检查器中，有一些属性是所有图标属性共有的，如图 3-7 所示。对这类属性集中的含义，见表 3-1。

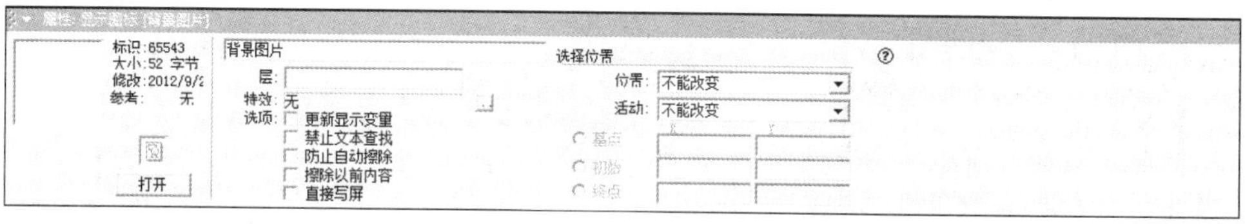

図 3-7　【显示】图标属性检查器

表 3-1　各种图标通用属性解释

内　容	解　释
图标	拖放图标
或　按钮	折叠或展开按钮
图标内容预览框	图标内容的预览
标识	由 Authorware 统一管理，用户无法设置 ID 值
大小	指占用的字节数
修改	图标最后被修改的时间
参考	图标是否被其他图标引用，可能值为 Yes/No

在【显示】图标属性检查器中，除了上述介绍的一些参数之外，还包含有其他一些属性设置。例如，在图标参数的右侧还包含一些【显示】图标属性的参数内容，见表 3-2。

表 3-2　【显示】图标属性

内　容	解　释
【开始】按钮	打开本图标的演示窗口
名称框	输入【显示】图标的名称
层	用户调整图标显示内容处于的层，层号大的显示图标会显示在层号小的显示图标的上层
【特效】选择钮 …	打开【特效方式】对话框
更新显示变量	是否刷新显示变量的值，若选中该项，当图标放在大括号中的变量值发生变化时，自动刷新显示变量和表达式的新值
禁止文本查找	查找文本时是否把本图标中显示的文本除外
防止自动擦除	选中本选项，显示的内容不会被下一个显示的图标自动擦除，要想擦除只能使用擦除图标
擦除以前内容	选中本选项，显示本图标的内容前先把以前显示的显示图标擦除，然后显示本图标的内容
直接写屏	选中本选项，除了相当于把【层】设置为最大以外，还使【特效】属性设置的过渡效果失效
【位置】下拉列表	显示对象显示时的定位方式
【活动】下拉列表	设置显示对象的可移动性

3.1.3　【显示】图标的层属性

在【显示】图标属性检查器中，【层】文本框用来设置显示图标的层属性。当多个【显示】图标的内容同时显示在演示窗口时，这些图标的层相同，先出现的图标，其内容显示在后面，后出现的图标，内容则显示在前面。若这些图标的层不同，则层高的图标的内容将遮挡层低的图标的内容，层的默认设置为0层。

在设计窗口中，分别引入两个图像文件。根据引入的图片顺序来看，"猫"图片在"鹅"图片的前面，而这两张图片的【层】属性均为0，如图3-8所示。

运行后，在【演示窗口】中可以看到，"鹅"图片将显示在"猫"图片的前面，如图3-9所示。

图 3-8　引入图片

如果要调整其层次关系，可以选中"猫"图片，在【属性】检查器的【层】文本框中输入1，而"鹅"图片的【层】还设置为0。再运行后可以看到，两个图像的前后关系已经发生改变，如图3-10所示。

图 3-9　显示时图片关系　　　　图 3-10　更改图片的【层】关系

3.1.4 【显示】图标的特效属性

如果不为【显示】图标设置过渡效果，显示的内容将直接地、突然地出现在演示窗口中。

而通过对【显示】图标中，所添加的内容设置过渡效果后，则会让内容在一定的时间内逐渐地呈现出来，是多媒体制作中常用的表现方法。

例如，单击要设置过渡效果的【显示】图标中的内容，然后在【属性】检查器中，单击【特效】右侧的方形 ... 按钮，即可打开【特效方式】对话框，如图3-11所示。

在【特效方式】对话框中，左侧的列表是过渡效

图 3-11　【特效方式】对话框

果的类别，右侧的列表是某种类别下的全部过渡效果。

例如，选择【DmXP 过渡】类型，并在右侧选择【玻璃状展示】效果。然后，在【周期】文本框中设置效果的延续时间，并在【影响】中选择效果应用范围，单击【应用】按钮或者单击【确定】按钮。最后，单击【工具】栏中的【运行】按钮，如图 3-12 所示。

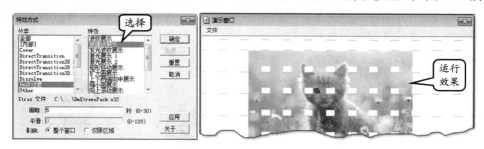

图 3-12　设置效果

3.1.5 【显示】图标的移动属性

如果在演示窗口中，所添加的元素内容可以在不同位置移动，那么整个演示内容会看起来活灵活现。

而在【属性】检查器中，用户可以对【显示】图标中的内容，设置移动的属性。但须要注意的是，在 Authorware 内部运行程序时，即使没有设置移动属性，显示内容也都是可以移动的，但那是一种编辑行为，与移动属性无关。

例如，设置【显示】图标中内容移动，先要了解该属性的功能，在【属性】面板的右侧，即包含了这些属性的选项，如图 3-13 所示。

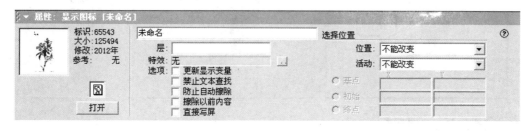

图 3-13　【显示】图标的移动属性

用户可以通过【位置】下拉列表框中的各个选项，决定显示内容的位置。这些选项的含义如下。

 ❏ **不能改变**　显示内容总是在目前的编辑位置上出现。

 ❏ **在屏幕上**　显示位置为整个屏幕，但显示内容不能超出屏幕范围。

 ❏ **在路径上**　显示位置为一条预定的轨迹。

 ❏ **在区域内**　显示位置为一个预定的区域。

【活动】下拉列表框中的各个选项，用于决定显示内容的移动方式。这些选项的含义如下。

 ❏ **不能改变**　显示内容固定不动。

❑ **在屏幕上** 在保持显示内容不超出屏幕范围的前提下，可以任意移动其位置。
❑ **在路径上** 在保持显示内容不离开预定轨迹的前提下，可以任意移动其位置。
❑ **在区域内** 在保持显示内容不离开预定区域的前提下，可以任意移动其位置。
❑ **任意位置** 可以任意移动显示内容的位置，乃至移出屏幕。

下面通过对这些属性的实际操作，详细介绍一下显示图标的内容沿路径移动、在区域内移动，以及位置坐标的显示。

1. 沿路径移动属性

选择【显示】图标中的图像，在【属性】检查器的【位置】和【活动】下拉列表中，均选择【在路径上】选项。此时，在图像的中心出现一个三角图形，这就是路径的起点，如图 3-14 所示。

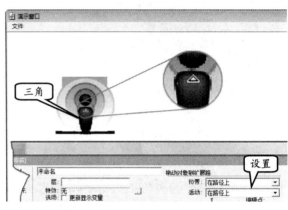

通过鼠标拖动图像上的三角图形，会出现新的路径。然后，在路径上单击即可出现一个黑色的圆点，用户可以拖曳该圆点，路径将随着圆点的位置而发

图 3-14 设置路径起点

生变化。此时，直线变成了曲折线，再单击路径，再次显示一个圆点，拖动该圆点时可以调整路径的弯曲效果，如图 3-15 所示。

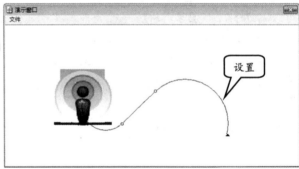

图 3-15 设置路径

在【属性】检查器中，通过【撤销】和【删除】按钮可以撤销上次编辑和删除选择的路径点。而在【基点】和【终点】文本框输入值，用来设置路径的起点和终点坐标。其中，【初始】文本框中所输入的值，用来设置图像的初始位置，例如，【初始】文本框中输入 70，则表示运行后，图像将出现在路径的中心位置，如图 3-16 所示。

2. 在区域内移动属性

选择"枫叶"图像，在【属性】检查器的【位置】和【活动】下拉列表中，均选择【在区域内】选项。此时在下拉列表下面，自动选择【初始】选项，如图 3-17 所示。

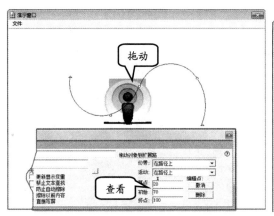

图 3-16　设置图像移动位置

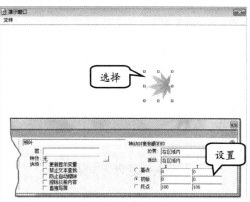

图 3-17　选择【显示】图标内容

此时，在选项的顶端有信息提示，要将"移动对象到最初位"。然后，按照提示，选择【基点】选项，并将"枫叶"图像拖到左上角，如图 3-18 所示。

然后，再选择【初始】选项，并拖动"枫叶"图像设置初始位置，同时在 X 和 Y 文本框中，将显示当前图像的坐标值，如图 3-19 所示。

最后，选择【终点】选项，将"枫叶"图像拖动到左下角，来确定终点位置。并在窗口中显示一个矩形框，用来表示"枫叶"图像可以移动的区域，如图 3-20 所示。

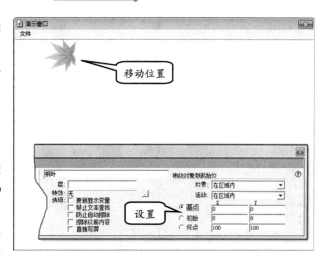

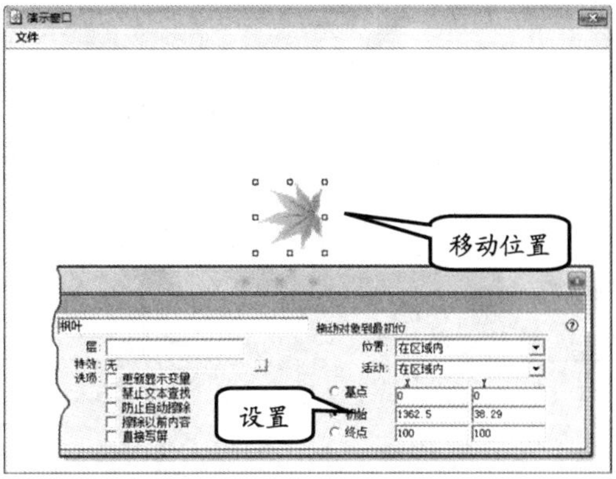

图 3-18　设置基点位置

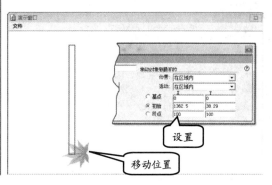

图 3-19　设置初始化位置

图 3-20　设置图像终点位置

在【属性】检查器中的【基点】和【终点】选项，用来设置矩形区域的起点和终点坐标，【初始】选项用来设置图像的初始位置，表示程序运行后"枫叶"图像将出现在矩形区域的起点。

3.2 导入外部素材

使用【显示】图标时，除了可以创建图形文字的内部素材外，另一个重要的用途是导入外部的图像素材或文本素材。外部素材使内容和形式更加丰富，并且可以节约制作的时间。

3.2.1 粘贴外部文本

用户可以通过外部一些文件中的文本内容，来制作多媒体。有了这些外部文本素材，在多媒体合成时，就没有必要重新录入内容。

用户可以使用粘贴文本或者导入文本文件的方法，将外部文字素材引入到多媒体作品中。

例如，在记事本中，选择要粘贴的文本，然后按Ctrl+C键进行复制，如图 3-21 所示。接着，在 Authorware 的【显示】图标中，双击该图标，打开【演示窗口】。

图 3-21 选择文本

然后执行【编辑】|【粘贴】命令，或者直接按 Ctrl+V 键进行粘贴，如图 3-22 所示。

此时，由于粘贴的文本内容过多，演示窗口无法显示全部的文本。这时，可以执行【文本】|【卷帘文本】命令，为粘贴后的文本添加垂直滚动条。或者，拖动文本对象的下边框，调整文本对象的高度来完全显示文本内容。

技 巧

如果文档的格式和大小与演示窗口的大小不匹配，则可以选中粘贴的文本，此时会在文本周围出现八个控制点。拖动其中的某个控制点，可以改变文本的大小；如果在文本内部进行拖动，则可以改变文本的位置。

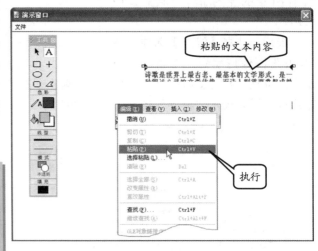

图 3-22 粘贴文本

3.2.2 导入外部文本文件

除了粘贴文本内容以外，用户还可以直接将外部文本素材内容引入到 Authorware 中。

例如，将一个已经编辑好的文本文件导入到 Authorware 中，如创建【显示】图标，然后双击该图标，弹出【演示窗口】和绘图工具箱，如图 3-23 所示。

其次，执行【文件】|【导入和导出】|【导入媒体】命令，如图 3-24 所示。或者直接单击工具栏中的【导入】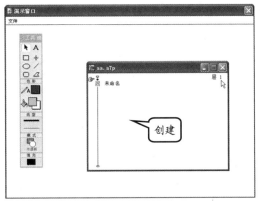按钮。

图 3-23　创建【显示】图标

图 3-24　执行【导入媒体】命令

在弹出的【导入哪个文件？】对话框中，选择"文本内容"文件，并单击【导入】按钮，如图 3-25 所示。

在弹出的【RTF 导入】对话框中，可以选择【硬分页符】和【文本对象】栏中的选项，并单击【确定】按钮。例如，选择【硬分页符】为【忽略】选项；【文本对象】为【标准】选项，如图 3-26 所示。

图 3-25　选择导入文件

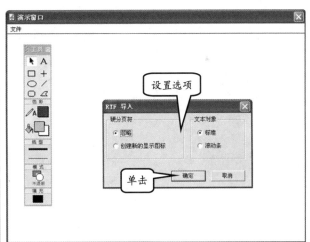

图 3-26　选择导入方式

此时，在【演示窗口】中，将显示所导入的文本中的内容，并默认为选择状态，如图 3-27 所示。

在【RTF 导入】对话框中，各选项的含义如下。

□ 选择【忽略】选项，将会忽略 RTF 文件中的硬分页。

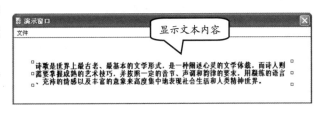

图 3-27　显示导入的内容

□ 选择【创建新的显示图标】选项，RTF 文件中的每一页都将会产生一个新的显示图标。

□ 选择【标准】选项，导入的文件将会创建标准文本对象。

□ 选择【滚动条】选项，则会创建出带有垂直滚动条的文本对象。

技 巧

当一个多媒体项目涉及到大量的文字内容时，可以先由文字处理人员将这些内容制成文本文件，最好是不带格式信息的纯文本文件，如 TXT 格式文件。按以上方法引入 Authorware 后，可以利用其内部的文字功能设置文字的字体、大小、风格和颜色等。

3.2.3 粘贴外部图像

在 Authorware 内部并不能生成图像信息，只能引用由外部图像处理软件生成的文件。而最直接的方法，则可以通过一些图像编辑软件，打开需要应用的图像，并进行复制操作，然后在【演示】窗口中进行粘贴即可。

例如，在 Photoshop 中打开一幅图像，选择该图像，再执行【编辑】|【拷贝】命令，如图 3-28 所示。

然后，在 Authorware 的【演示窗口】中执行【编辑】|【粘贴】命令，如图 3-29 所示。

图 3-28　拷贝图像

图 3-29　将图像粘贴到 Authorware 中

3.2.4 导入外部图像文件

用户可以像导入文本内容一样导入外部的图像。而导入外部图像的方法，与直接拷贝粘贴外部图像不一样。

1．导入单个图像

打开【演示窗口】，执行【文件】|【导入和导出】|【导入媒体】命令，或者直

接单击工具栏中的【导入】🗔 按钮。

在弹出的【导入哪个文件？】对话框中，选择要导入的图像文件名，如果要在此对话框中预览导入的图像，可以启用【显示预览】复选框。最后，单击【导入】按钮，如图 3-30 所示。

导入图像后，在【演示窗口】中显示图像对象，并处于选中的状态，如图 3-31 所示。

2. 导入多个图像

如果想一次导入多个图像文件，那么可以单击【导入哪个文件？】对话框右下角的【扩展】按钮 ➕，并展开对话框右侧的内容。

然后，在左侧的列表中，选择需要导入的图像，并在右侧单击【添加】按钮，即可将该图像添加到【导入文件列表】的列表框中，如图 3-32 所示。

图 3-30 选择图像文件

图 3-31 显示所导入的图像

图 3-32 选择多个文件

当选择多个文件后，用户可以单击【导入】按钮，则所选择的图像将显示在【演示窗口】中，如图 3-33 所示。

> **提 示**
>
> 当用户导入多个图像后，所有图像将在【演示】窗口中层叠显示。用户可以通过【移动/选择】工具，调整图像的位置。

> **技 巧**
>
> 如果想要添加所有文件，可以直接单击【添加全部】按钮进行添加；如果要删除某个文件，可以先选中扩展窗口中的文件名，然后单击【删除】按钮即可完成对文件的删除。

图 3-33 显示导入的多个图像

3. 通过占位符导入图像

用户还可以通过占位符的方式导入图像，这样在预先没有处理好图像，而急于对【演示】窗口的内容进行排版时非常有帮助。

例如，在添加【显示】图标后，执行【插入】|【图像】命令，如图 3-34 所示。

此时，将在【演示窗口】中创建一个图像占位符图标，并弹出【属性：图像】对话框，如图 3-35 所示。

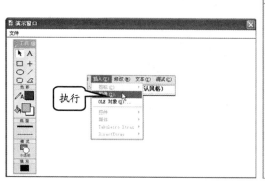

图 3-34　执行【图像】命令　　　　图 3-35　创建图像占位符

在【属性：图像】对话框中单击【导入】按钮，弹出【导入哪个文件？】对话框，选择需要导入的图像，单击【导入】按钮，如图 3-36 所示。

提　示

在此导入图像时，弹出的【导入哪个文件？】对话框与之前直接执行【文件】│【导入和导出】│【导入媒体】命令所弹出的【导入哪个文件？】对话框并不一样。
通过占位符弹出的【导入哪个文件？】对话框中，右下角位置没有【扩展】按钮，用户只能选择一个图像文件。

图 3-36　选择图像

当用户单击【导入】按钮后，图像在占位符位置显示出来，并且在【属性：图像】对话框中显示该图像的相关信息，如图 3-37 所示。

3.3　【等待】和【擦除】图标

【等待】图标和【擦除】图标都是 Authorware 中较常用的图标。【等待】图标用来设置【演示窗口】中内容持续显示的时间；而【擦除】图标用来擦除【演示窗口】中的显示对象。

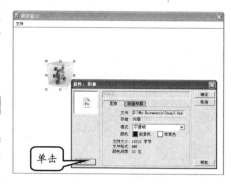

图 3-37　导入图像

3.3.1　【等待】图标

在多媒体制作过程中，常常须显示完简单的动画或者显示较多的文字时，要留给用户一定的时间来回味或仔细阅读的时间。因此，用户可以在流程线上拖放一个【等待】图标。

Authorware 多媒体制作标准教程（2013—2015 版）

例如，在【图标】工具栏中，选择【等待】图标，并拖至流程线上，并在流程线上显示该图标，如图 3-38 所示。

此时，双击【等待】图标即可显示【属性】检测器，在文本框中输入【等待】图标的名称，并设置事件、等待的时间等参数，如图 3-39 所示。

在 Authorware 中结束等待有 3 种方式：一，接受用户的鼠标事件或按键响应；二，时间控制；三，按钮响应。

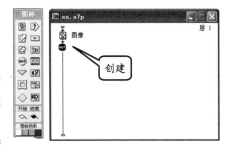

图 3-38　添加【等待】图标

图 3-39　【等待】图标的【属性】检查器

其中，各选项的含义如下。

❑ **单击鼠标**　表示程序执行到该图标时，在【演示】窗口中单击鼠标即可结束等待。

❑ **按任意键**　表示程序执行到该图标时，按键盘上任意键即可结束等待。

❑ **时限**　在【时限】文本框中，输入一个数字（以秒为单位）。当程序执行到该图标时，需要等待用户所设置的时间，待停留时间到达时结束等待，如图 3-40 所示。

图 3-40　设置时限

技 巧

当然，用户也可以在【时限】文本框中输入变量，这样可以使程序的流程控制更加灵活方便。

❑ **显示倒计时**

该复选框在【时限】不为空时有效。启用该复选框，当程序在等待时，屏幕上会出现一个时钟倒计时，显示剩余的等待时间，如图 3-41 所示。

❑ **显示按钮**

在演示窗口中显示出一个按钮，用户单击该按钮可以结束等待，如图 3-42 所示。

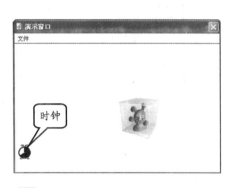

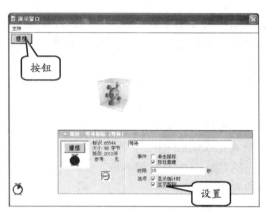

图 3-41 显示时钟　　　　　　**图 3-42** 【继续】按钮

　　当然，用户也可以启用【等待】图标的【属性】检查器中的多个复选框，从而使得程序执行时有多种选择方式结束等待。

3.3.2 【擦除】图标

　　一个多媒体程序运行的过程，就是各对象在【演示】窗口中显示、擦除的过程。在Authorware 中，显示的过程通过使用【显示】或【交互】图标来完成，而擦除过程则主要依靠【擦除】图标来完成。

　　巧妙地使用【擦除】图标，可以实现对象的滚动擦除、淡入淡出、马赛克和画像等擦除效果，从而使多媒体程序更加生动美观。

　　例如，在【等待】图标后放置一个【擦除】图标并运行程序。待等待时间结束后，即可擦除【演示窗口】中的对象，如图 3-43 所示。

　　在流程线上，用户可以双击【擦除】图标，打开【属性】检查器。

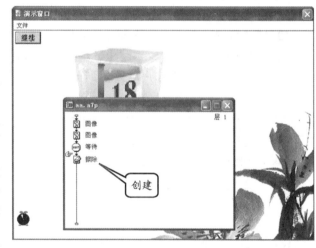

图 3-43 添加【擦除】图标

或者执行【窗口】|【面板】|【属性】命令，选择【擦除】图标，查看其属性内容，如图3-44 所示。

图 3-44 【擦除】图标【属性】检查器

在【属性】检查器中，可以单击左下角的【预览】按钮，如果没有设置退场过渡效果，会看到画面在屏幕上突然消失，【演示窗口】成为了空白内容显示。

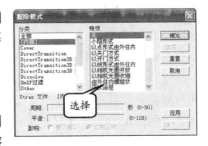

1．添加特效

在擦除图像时，用户也可以添加一些特效效果。例如，单击【属性】检查器中的【特效】按钮，弹出【擦除模式】对话框，如图 3-45 所示。

在该对话框中，用户可以选择图像的擦除特效，而该对话框中的特效与【显示】图标中所设置的特效非常类似。

例如，选择 DmXP 分类，并在右侧选择【特效】为【玻璃状展示】，设置该特效的相关参数，单击【确定】按钮，如图 3-46 所示。

此时，再单击工具栏中的【运行】按钮，则可以看到图像在擦除时的效果，如图 3-47 所示。

2．防止特效重叠

在【属性】检查器中，用户可以给多个对象添加该特效，但在多个对象中可能有一些对象是重叠关系。

而用户如果启用【属性】检查器中的【防止重叠部分消失】复选框，当最上层对象应用该特效后，下层的图像再应用该特效。

例如，在【属性】检查器中，启用【防止重叠部分消失】复选框，如图 3-48 所示。

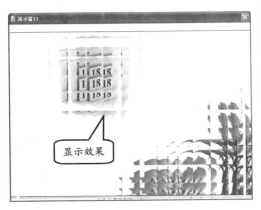

图 3-47　显示擦除效果

图 3-48　选择重叠中一个对象

然后单击工具栏中的【运行】按钮，显示擦除的特效效果。当重叠中的最上层对象应用特效消失后，下层对象再次应用该特效。

3．设置擦除/不擦除图标

当用户在【属性】检查器中，在【列】中可以设置当前【演示窗口】对象不用擦除的图标和需要擦除的图标等内容，如图3-49所示。

例如，在【列】后面的列表框中，显示当前【演示窗口】所包含的对象名称。其中，3个"图像"代表着所添加的3个【显示】图标中的图像（为方便操作，用户可以更换成其他名称）。

当选择【被擦除的图标】选项时，则后面列表框中的对象为需要擦除的。而选择【不擦除的图标】选项时，则后面列表框中的对象为不被擦除的，并且不应用所添加的擦除特效。

图3-49　设置擦除对象范围

当然，为了更好地设置其擦除与不擦除对象，可以在列表框中选择对象的名称，并单击【删除】按钮，即可删除不应用擦除的对象。

例如，将【演示窗口】右下角的图像对象从列表框中删除，则单击【运行】按钮时，只有两个图像对象应用擦除特效，如图3-50所示。

当擦除特效执行完成后，所应用特效的两个图像对象将在【演示】窗口中消失，而不应用特效的图像还显示在【演示】窗口中，如图3-51所示。

图3-50　查看不应用特效的对象

图3-51　不擦除的对象

3.4　实验指导：制作霓彩文字

对于刚刚学习Authorware的学者来说，也许会羡慕Office自身携带的各式各样的彩色艺术字体，觉得用起来方便。不过，在制作多媒体课件时，同样可以制作出具有特殊效果的艺术字。例如，制作霓虹灯样式的彩色文字，只需要简单的几个制作步骤而已。下面来制作一个4种颜色交替的彩色文字。

五彩缤纷 五彩缤纷

五彩缤纷 五彩缤纷

1. 实验目的

❑ 使用【显示】图标
❑ 使用【等待】图标
❑ 使用【擦除】图标

2. 实验步骤

1 新建一个文件，保存为"艺术字"，保存后的文件名为"艺术字.a7p"。

2 在【设计】窗口中添加一个【显示】图标，双击该图标，打开【演示】窗口，如图 3-52 所示。

3 执行【修改（M）】|【文件（F）】|【属性（P）】命令，弹出【属性：文件】检查器，如图 3-53 所示。

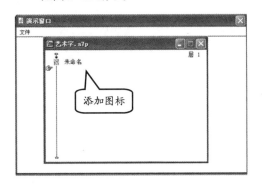

图 3-52 【设计】窗口和【演示】窗口

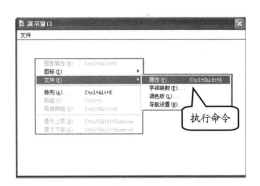

图 3-53 弹出【属性：文件】检查器

4 在【属性】检查器中单击【大小：】下拉列表，选择"512×342"选项；单击【颜色：】选项中的【背景色】颜色块。在弹出的【颜色】对话框中，选择第 2 个颜色块，单击【确定】按钮，如图 3-54 所示。

5 双击【设计】窗口中的【显示】图标，显示【绘图】工具箱。选择【文本】工具，在【演示窗口】中，输入"五彩缤纷"文本，并设

置【字体】为【华文琥珀】,【大小】为60,
【模式】为"透明"。然后,选择【选择/移
动】工具,移动文本到【演示窗口】的中央
位置,如图 3-55 所示。

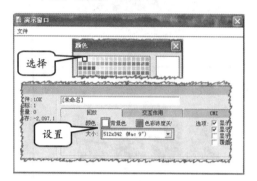

图 3-54　更改演示窗口的大小和背景色

图 3-55　添加并设置文本

6 在【设计】窗口中更改【显示】图标的名字
为"黑色",如图 3-56 所示。

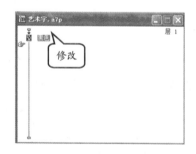

图 3-56　更改【显示】图标名字

7 单击"黑色"图标,或者按 Ctrl+I 键,弹出
【属性】检查器。然后单击【特效:】后面的
【浏览】按钮,如图 3-57 所示。

图 3-57　单击【浏览】按钮

8 在弹出的【特效方式】对话框中选择【分类】
下的【淡入淡出】选项,【特效】下的【原
色】选项,单击【确定】按钮,如图 3-58
所示。

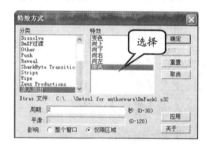

图 3-58　设置特效

9 为了避免在字体颜色变化过程中出现叠加
效果,在【设计】窗口中添加【擦除】图标
和【等待】图标,并分别命名为"擦除"和
"等待",如图 3-59 所示。

10 双击【等待】图标,在弹出的【属性】检查
器中,设置【时限:】为 0.02 秒;并禁用【事
件】和【选项】中的复选框,如图 3-60
所示。

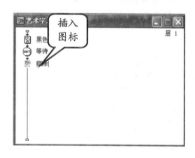

图 3-59　添加图标

Authorware 多媒体制作标准教程（2013—2015 版）

图 3-60　设置【等待】图标

提　示

> 如果字体交替的速度快的话，可以在设置【时限】时将值增大些。

11　双击【擦除】图标，在弹出的【属性】检查器中，单击【特效:】后面的【浏览】按钮。在弹出的【特效方式】对话框中，选择【分类】下的"淡入淡出"选项，【特效】下的"原色"选项，单击【确定】按钮。

12　单击【显示】图标，使文本显示在【演示窗口】中，然后打开【擦除】图标的【属性】检查器，在【点击要擦除的对象】列表中，出现"黑色"的【显示】图标，如图 3-61 所示。

图 3-61　单击要擦除的对象

13　按住 Shift 键后，单击【显示】图标、【等待】图标、【擦除】图标，并右击所选图标，执行【复制】命令。然后，再把鼠标定位在擦除图标下面，右击执行【粘贴】命令（或通过按 Ctrl+C 键进行复制，按 Ctrl+V 键进行粘贴），如图 3-62 所示。

提　示

> 如果单击【擦除】图标时，【显示】图标不在【演示】窗口中显示，可以按住 Shift 键，再单击【显示】图标和【擦除】图标。

图 3-62　复制图标

14　分别更改"黑色"图标第 2 个图标的名字为"红色"，第 3 个图标的名字为"绿色"，第 4 个图标的名字为"蓝色"；依次双击显示图标，并在【绘图】工具箱中分别更改【字体颜色】为"红色"、"绿色"、"蓝色"，如图 3-63 所示。

图 3-63　更改字体颜色

15　为了让字体不停地显示，应在【设计】窗口的流程线的下面再添加一个【计算】图标，命名为"循环"。然后双击【计算】图标，在代码编辑器窗口输入"GoTo(IconID@"黑色")"函数，然后关闭窗口。在弹出的提示对话框中，单击【是】按钮，如图 3-64 所示。

图 3-64　输入转向函数

经过上面的设置，就可以看到字体交替的效果。这时可以执行【调试】|【重新开始】 命令来观看播放效果。

3.5 实验指导：图片欣赏

在"请您欣赏"这个电视节目中，当一幅幅的图片和各地的名胜古迹——翻过的时候，让人们有赏心悦目的感觉，图片和图片之间的过渡效果更是为欣赏的景点起了锦上添花的效果。

下面通过 Authorware 软件来制作类似于"请您欣赏"栏目中图片的切换效果。

1. 实验目的

❑ 添加图标

❑ 导入图片

❑ 导入音乐

❑ 为【显示】图标设置特效

2. 实验步骤

1️⃣ 新建一个文件，并进行保存，其【文件名】为"图片欣赏"。单击工具栏中的【导入】📄按钮，导入背景图片。这时在流程线上将显示所添加的【显示】图标，默认文件名为图片的名称，再在【演示窗口】中调整图片的大小，如图 3-65 所示。

图 3-65　导入图片

2️⃣ 打开【属性】检查器，单击【特效】后面的【浏览】按钮 。在【特效方式】对话框中，选择【DmXP 过渡】中的【发光波纹展示】选项，如图 3-66 所示。

图 3-66　设置图片的特效方式

3️⃣ 在【演示】窗口中分别输入"下"、"面"、"请"、"您"、"欣"、"赏"、"动"、"物"、"熊"、

"猫"文字内容，并设置【字体】为【楷体】，【大小】为 36；【风格】为【加粗】，【颜色】为【黄色】，【模式】为【透明】，并移动这些文字形成一个扇形效果，如图 3-67 所示。

图 3-67　添加文本

4️⃣ 再拖入一个【等待】图标，打开【属性】检查器，设置【时限】为 2，其他的选项都不选择，如图 3-68 所示。

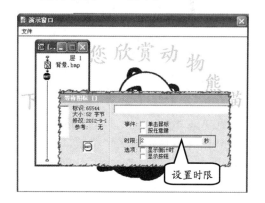

图 3-68　设置等待时间

5️⃣ 再分别导入 4 张图片，此时的流程线如图 3-69 所示。

6️⃣ 单击流程线上的【等待】图标，按 Ctrl+C 键进行复制，分别在所添加的 4 张图片下面，按 Ctrl+V 键进行粘贴。这样每一个图

片图标的下面都添加了【等待】图标，如图 3-70 所示。

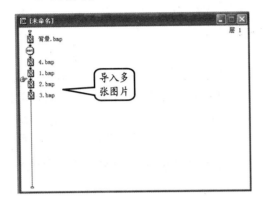

图 3-69　流程线

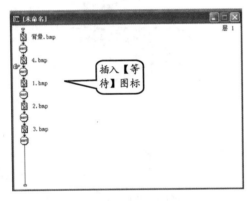

图 3-70　插入【等待】图标

7 选择第 2 个图片，并设置特效方式为【DmXP

过渡】类中的【发光波纹展示】选项；第 3 个图片的特效方式为【DmXP 过渡】类中的【玻璃状显示】选项；第 4 个图片的特效方式为【DmXP 过渡】类中的【波纹展示】选项；第 5 个图片的特效方式为【DmXP 过渡】类中的【左右两端向中展示】选项。

8 拖放一个【显示】图标，输入"谢谢观看"文本，并设置【特效】为【内部】中的【关门方式】选项；启用【选项】下面的【擦除以前内容】复选框，如图 3-71 所示。

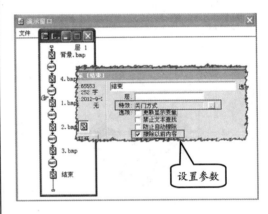

图 3-71　结束画面

9 单击工具栏中的【保存】按钮，保存程序，再单击【运行】按钮，就可以浏览所制作的效果。

3.6　实验指导：文字阴影效果

在 Authorware 中，对文字进行处理也是最简单操作之一。通过这些简单的操作，可以设计出许多精美的文字特效，如浮雕字、MAC 风格字、空心字、材质字等。

下面通过该软件来制作阴影文字效果。其中，用户只需要添加文本，并通过双文字层叠，再设置其模式即可实现。

1. 实验目的

- ❑ 添加图标
- ❑ 输入文本
- ❑ 更改文本颜色

❑ 更改文本显示模式

2．实验步骤

1　新建一个文件，执行【修改】|【文件】|
【属性】命令，打开【属性】检查器，并在
【大小:】下拉列表中，选择"512×342"
选项，如图 3-72 所示。

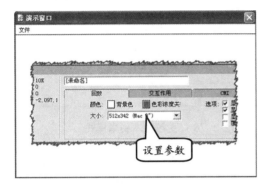

图 3-72　【属性】检查器

2　从【图标】工具栏中拖曳一个【显示】图标
到【设计】窗口的流程线上，并命名为"阴
影特效"，如图 3-73 所示。

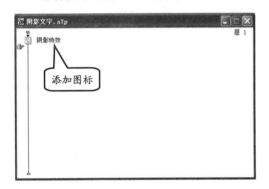

图 3-73　添加【显示】图标

3　利用【绘图】工具箱中的【文本】A 工具，
在【设计】窗口中，输入"阴影效果"文字，
如图 3-74 所示。

4　选择【选择/移动】工具，选中【设计】
窗口的文本对象。然后执行【文本】|【字
体】|【其他】命令，弹出【字体】对话框，
将文本对象的【字体】设置为【黑体】，如
图 3-75 所示。

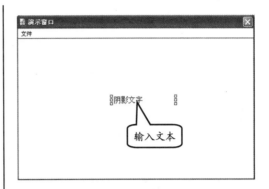

图 3-74　输入文本

图 3-75　更改文本字体

5　再执行【文本】|【大小】命令，设置文本
字体的【大小】为 36。

6　选中文本，按 Ctrl+K 键，或者单击【绘图】
工具箱中的【字体颜色】按钮 A■。在【颜
色】面板中，选择一个较浅的阴影色，如"灰
色"，如图 3-76 所示。

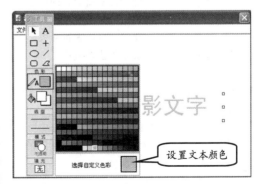

图 3-76　更改字体颜色

7 保持文本的选中状态，按 Ctrl+C 键，复制文本到剪贴板中，再按 Ctrl+V 键，把文本的副本粘贴到【演示】窗口中，并在【颜色】面板中设置所粘贴文本的颜色，如图 3-77 所示。

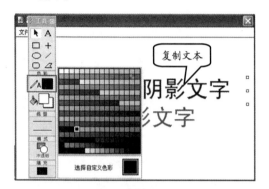

图 3-77 更改文本副本字体颜色

8 选择【选择/移动】工具，选择所粘贴的文本对象。然后单击【模式】按钮或将文本的模式改为【透明】模式，使文本周围的颜色

透明。这样，灰色的文本就显现出来了，并且在棕色文本对象的下一层，如图 3-78 所示。

图 3-78 更改文本副本模式

9 调整两个文本对象的相对位置，产生理想的阴影效果。如果觉得阴影效果不太明显的话，可以更改作为阴影的文字的颜色。保存该文件后，即可运行程序查看效果。

3.7 思考与练习

一、填空题

1.【设计窗口】中选中【显示】图标后，然后再执行【修改】|【图标】|【属性】命令，或者按_____键，即可打开【属性】检查器。

2. 如果要同时选中多个图形，需要按_____键。

3. 按_____键，选中要组合的对象，然后按_____键即可进行组合。

4. 编辑图形时，要用到许多编辑面板，这时可以按快捷键将这些面板调出。其中，_____键用于打开【线型】面板；_____键用来打开【填充】面板；_____键用来打开【模式】面板。

5. 如果要将图标的内容显示在程序中所有显示内容的最前面，应该勾选【显示图标】属性检查器中的_____复选框。

6. 设置显示图标的出场过渡效果，需要打开_____对话框。

二、选择题

1. 在 Authorware 中，_____图标是设计流程线上使用最频繁的图标之一，在该图标中可以存储多种形式的图片及文字。同时，还可以放置函数变量进行动态运算。
 A. 📝
 B. 📟
 C. 🖼
 D. 📝

2. 如果要在演示窗口中绘制水平、垂直或45°的直线，可以单击绘图工具箱中的_____按钮。
 A. ＋
 B. ／
 C. ◿
 D. ◯

3. 下列关于文本的说法，不正确的一项是_____。
 A. 在【显示】图标中，单击绘图工具箱中的【文本】工具，当指针变成 Ⅰ 形状时进行单击，然后调整输入法，

输入所需要的文字即可

B．当选择【文本】工具单击【演示窗口】时，会出现一条表示文本宽度的线条以及一个表示文字高度的闪烁光标

C．输入完毕后，单击【选择/移动】工具，可以将文字作为一个整体的对象进行处理，可以整个地选中、移动和修改

D．执行【文本】｜【风格】命令，可以为多行文字添加垂直滚动条

4．在【显示】图标属性检查器的左端，列出了下列哪些信息_____。

A．标识

B．大小

C．修改

D．参考

5．当多个【显示】图标的内容同时显示在【演示窗口】中时，如果这些图标的层相同，则先出现的图标，其内容显示在后面，后出现的图标，内容显示在前面，层的默认值为_____层。

A．无

B．0

C．1

D．-1

6．关于【显示】图标的说法，正确的一项是_____。

A．【位置】列表框中的各项设置，用于决定显示内容的移动方式

B．【活动】列表框中的各项设置，用于决定显示内容的位置

C．在 Authorware 内部运行程序时，即使没有设置移动属性，显示内容也都可以移动

D．如果显示图标没有设置移动属性，那么在运行打包文件时，还可以重新进行设置

三、简答题

1．简述如何输入文本和设置字体。

2．简述在【显示】图标中导入外部素材的几种方法。

3．简述如何对多个图形进行组合。

四、上机练习

1．导入一幅图片并添加特效

在 Authorware 中，新建一个文件。导入一

幅图片，并在流程线上添加【显示】图标，更改名字为"背景"，如图 3-79 所示。

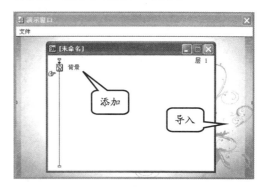

图 3-79　导入图片

双击【显示】图标，在弹出的【绘图】工具箱中，选择【文本】工具，并输入"诗歌征稿开始了"文本，如图 3-80 所示。

图 3-80　输入文本

选择【绘图】工具箱中的【选择/移动】工具，选择文本对象，设置【字体】为"华文新魏"；【大小】为 36；并单击【加粗】按钮，如图 3-81 所示。

图 3-81　设置文本样式

打开【属性】检查器，单击【特效】后面的【浏览】按钮，如图3-82所示。在【等效方式】对话框中，选择【内部】中的"由外往内螺旋状"选项，如图3-83所示。

图 3-83　选择特效

最后单击【工具栏】中的【运行】按钮，就可以看到效果了。

2. 制作三菱汽车标志

利用【绘图】工具箱中的【多边形】工具，制作许多图形或者简单的标志内容，如制作"三菱汽车"标志。

在 Authorware 中，新建一个文件，保存为"三菱汽车标志"。然后，拖放一个【显示】图标到流程线上，双击该图标，打开【演示】窗口和【绘图】工具箱。

首先，为了精确地绘制标志，执行【查看】|【显示网格】命令，将网格线显示出来。

再选择【直线】工具，绘制一个水平与垂直直线相交叉的十字形。然后，再选择【多边形】工具，将十字形的4个顶点进行连接，如图3-84所示。

选择【选择/移动】工具，按 Shift 键，将十字形选中，并按下 Delete 键将其删除。然后，选中菱形，单击【颜色】工具，在打开的【颜色】面板中，设置【边框】为"白色"，【填充色】为"红色"，如图3-85所示。

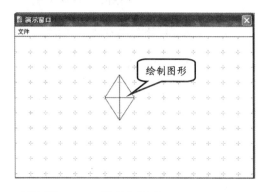

图 3-84　绘制多边形

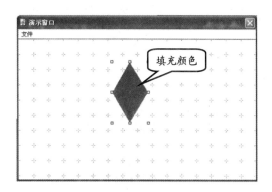

图 3-85　填充颜色

复制菱形的副本，将原图形的颜色设置为灰色，并且调整原图形的位置，如图3-86所示。使用相同的方法，再绘制第2个菱形、第3个菱形，并为其添加阴影效果，并移动图形的位置，如图3-87所示。

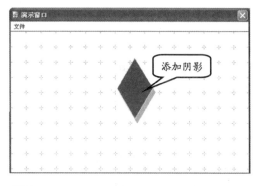

图 3-86　为第 1 个菱形添加阴影

图 3-87 调整菱形位置

最后，按 Shift 键，选择所有菱形，执行【修改】|【群组】命令，对它们进行群组，并移动到窗口的中央位置。这样一个三菱汽车标志就制作完成了。

第4章

Authorware 基本操作

在 Authorware 制作过程中，可能需要进行一些简单的图形绘制、添加文本内容等。因此，用户可以通过 Authorware 中所附带的绘图工具箱来完成。

在绘图工具箱中，用户可以添加文本内容、绘制简单的图形，并且给图形或者文本添加颜色等。

本章学习要点：

➤ 绘制工具箱
➤ 创建图形对象
➤ 编辑文本对象
➤ 应用文本样式

4.1 绘图工具箱

绘图工具箱用于在 Authorware 中创建和编辑各种图形、文本对象。在该工具箱中一共包含有 8 个可以操作的工具，并且包含对各种对象进行颜色、线型、模式等操作。

4.1.1 认识工具箱

当在【演示窗口】中添加一个【显示】图标时，将弹出该工具箱，并默认选择【选择/移动】工具，如图 4-1 所示。

这时，可以利用绘图工具箱提供的各种工具，来完成简单的图形绘制及文本创建工作。

单击工具箱右上角的【关闭】⊠按钮，关闭工具箱，同时退出【演示窗口】，返回主窗口。

图 4-1 绘图工具箱

下面通过表 4-1 详细了解绘图工具箱中各工具对象的介绍和说明。

表 4-1 各工具对象的名称及含义

图标	名 称	功 能
▶	选择/移动	用来选择或移动【演示窗口】中的对象，被选中的对象四周带有 8 个小方块，称为控制句柄
A	文本	用来在演示窗口中输入文本
□	矩形	绘制矩形
+	直线	在演示窗口中绘制水平、垂直或 45°的直线
○	椭圆	绘制椭圆
/	斜线	绘制任意角度的直线
▢	圆角矩形	绘制圆角矩形
◿	多边形	创建多边形

4.1.2 【选择/移动】工具

当用户选择【选择/移动】工具时，单击【演示窗口】中的对象，即可调整对象的位置、大小等操作。

1. 调整图像大小

例如，选择该工具按钮，并单击【演示窗口】中的图像对象，则该对象四周将显示 8 个小方框，如图 4-2 所示。

当用户选择图像的中心位置并拖动鼠标时，即可移动图像在【演示窗口】的位置，如图 4-3 所示。

当用户需要改变图像大小时，可以将鼠标放置至图像四个角上的小方框位置上，并拖动鼠标，即可改变图像的大小，如图 4-4 所示。

图 4-2 选择对象

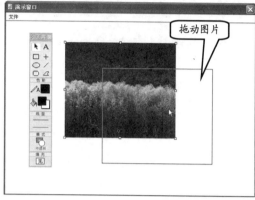

图 4-3 移动图像位置

当然，用户也可以调整图像的高或宽，如将鼠标放置在四边的中间位置的小方框上，拖动鼠标即可改变图像的高或宽，如图 4-5 所示。

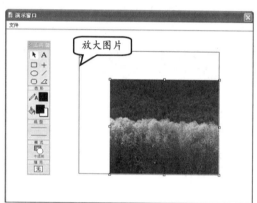

图 4-4 放大图像

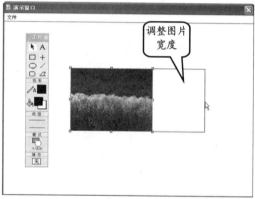

图 4-5 调整图像宽度

2. 打开【属性】对话框

在【演示窗口】中，用户也可以双击图像对象，弹出【属性：图像】对话框，如图 4-6 所示。

在该对话框中，用户可以单击【导入】按钮来更换当前的图像，修改图像的模式，修改前景和背景颜色，查看图像信息等。

同时，用户还可以选择【版面布局】选项卡，并在【显示】下拉列表中，进行调整图像比例或者裁切图像等操作，如图 4-7 所示。

图 4-6 弹出【属性：图像】对话框

提　示

用户也可以执行【插入】|【图像】命令，打开【属性：图像】对话框，并创建图像的占位符，同时可以导入图像对象，以及调整图像参数等。

4.1.3 【文本】工具

任何一个软件都需要和文本打交道，Authorware 也不例外。特别是在创建多媒体课件时，除了运用图像、动画来表达课程内容外，还需要输入大量的概念性文字进行补充和说明。

1. 输入文本

例如，在【绘图】工具箱中单击【文本】工具按钮，当鼠标移到【演示窗口】时，指针变成I形状，如图 4-8 所示。

然后，在【演示窗口】的合适位置单击鼠标，从而确定文本对象的起始位置。此时【演示窗口】中，将显示一条表示文本宽度的线条，以及一个表示文字高度的闪烁光标。调整输入法，输入所需要的文字，如图 4-9 所示。

输入完毕后，单击绘图工具箱中的【选择/移动】工具，完成文本的输入，如图 4-10 所示。

用相同的方法，还可以在【演示窗口】中，创建多个文本对象。凡是输入的文本，将被作为一个整体的对象进行处理，可以进行整体选择、移动和修改等操作。

2. 文本设置条

在文本设置条左侧和右侧，分别有一个白色的滑块，可以直接拖动它们来改变文字显示区域的大小。

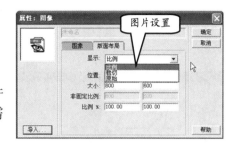

图 4-7　调整图像

图 4-8　选择【文本】工具

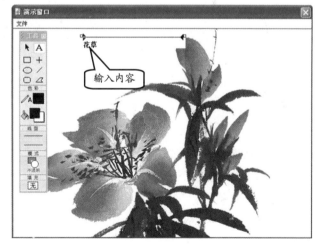

图 4-9　输入文本

同时，设置条左侧还有两个三角形滑块。线上方的三角形滑块用来控制文本的左缩进，而线下方的三角形滑块则用来控制文本的首行缩进。在设置条右侧还有一组三角形的滑块，用于控制文本的右缩进，如图 4-11 所示。

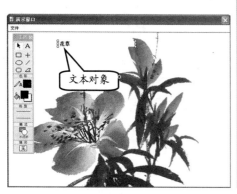

右缩进

图 4-10　完成文本输入　　　　　图 4-11　段落缩进效果

在文本设置条中，其左、右缩进，以及首行缩进，设置效果与 Word 文档中的设置概念一样。用户可以通过调整这些滑块，来设置文本块的段落效果。

3．制表位

在 Authorware 作品中，常常需要添加一些表格，而在制作表格时，制表位是一个相当重要的概念。

制表位是指在文本设置条上的位置，指定文字缩进的距离或一栏文字开始之处。

使用【文本】工具单击文本对象，此时在【演示窗口】中显示文本设置条。然后单击设置条的中间部分，即可显示一个向下的三角图标 ▼，即为制表位的标志，如图 4-12 所示。

用户在输入内容时，可以按 Tab 键来跳转到下一个制表位上，并输入文本内容。用户也可以左右拖动该制表位标志，来调整制表位在文本设置条上的位置。

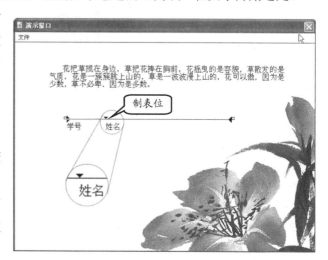

在文本设置条中，可以通过双击操作，切换文本制表位与小数点制表位 ◆。例如，添加小数制表位，并输入成绩内容。其中，小数点将与小数点制表位对齐，如图 4-13 所示。而文本内容，在小数制表位中，还是以左端对齐显示。

图 4-12　添加制表位

4.2 创建图形对象

除了上述介绍的【选择/移动】工具和【文本】工具以外，绘图工具箱中还包含了一些用于绘制简单图形的工具。

当然，要创建复杂的图形，还需要借助第三方软件，如 Flash。使用 Authorware 绘图工具，可以绘制直线、斜线、椭圆、矩形以及任意折线。

4.2.1 【矩形】工具

使用绘图工具箱中的【矩形】□工具，可以画出矩形和正方形。例如，单击工具箱中的【矩形】工具，在【演示窗口】中鼠标变成一个"十字"形，然后拖动鼠标即可绘制一个矩形，如图 4-14 所示。

如果用户需要绘制正方形，则需要在拖动鼠标的同时按住 Shift 键，而绘制的矩形框的宽与高将按照等比大小显示，如图 4-15 所示。

另外，用户在绘制矩形或正方形时，可以使用【线型】面板、【颜色】面板以及【填充】面板来改变它们的线型、颜色以及填充效果，如图 4-16 所示。

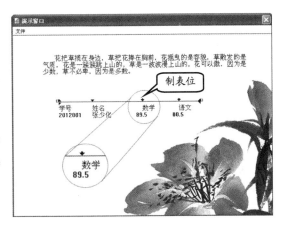

图 4-13　输入小数位

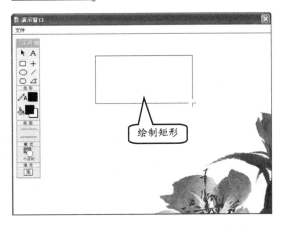

图 4-14　绘制矩形

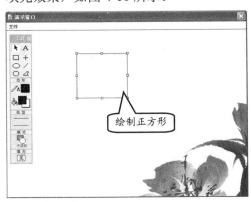

图 4-15　绘制正方形

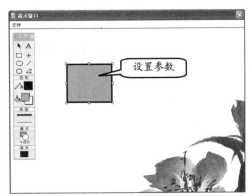

图 4-16　设置矩形参数

4.2.2 【直线】工具

在绘图工具箱中，选择【直线】工具＋，在【演示窗口】中显示一个"十字"图标，

拖动鼠标即可绘制直线图形，如图
4-17 所示。

在绘制之前，用户可以单击【线
型】按钮，在【线型】面板中设置
直线的粗细，以及直线的类型。

4.2.3 【斜线】工具

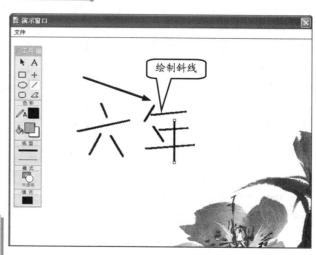

图 4-17　绘制直线

绘制斜线与绘制直线的方法相
同，不同在于：绘制直线时，只能
绘制水平或者垂直的线，而绘制斜
线，则可以绘制任意角度的线形，
并且包含水平或垂直的线形。

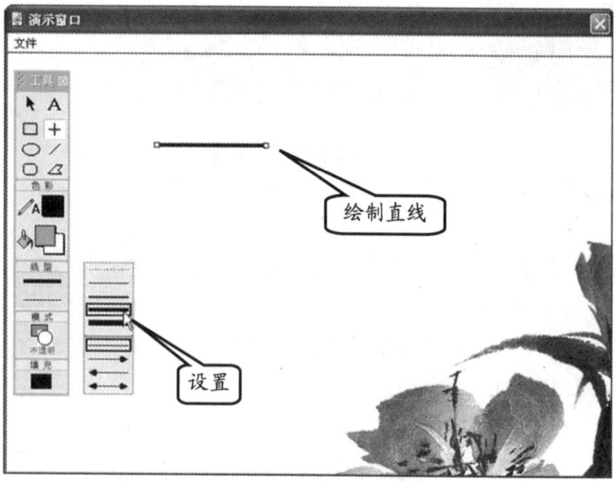

例如，选择【斜线】工具／，
当鼠标变成"十字"型时，拖动鼠
标即可绘制斜线，如图4-18所示。

4.2.4 【椭圆】工具

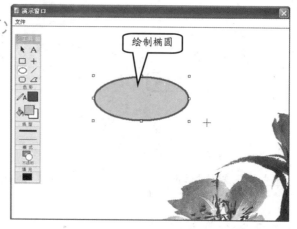

图 4-18　绘制斜线

选择绘图工具箱中的【椭圆】
工具○，鼠标变成"十字"型时，
拖动鼠标即可绘制椭圆图形，如图
4-19 所示。而在绘制时，鼠标拖动
的位置，为该椭圆形左上角的起始
位置。

绘制椭圆形后，用户也可以将
鼠标放置在椭圆形四角的小方框
上，并拖动鼠标来改变图形的形状，
如图 4-20 所示。

图 4-19　绘制椭圆形

另外，用户还可以将鼠标放置在椭圆形四边的小方框上，并拖动鼠标来调整椭圆的

Authorware 多媒体制作标准教程（2013—2015版）

半径，以改变椭圆的显示效果，如图 4-21 所示。

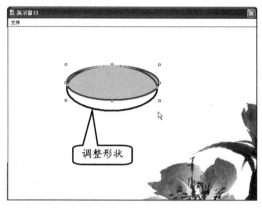

图 4-20　改变图形形状

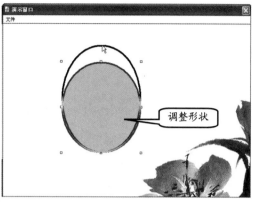

图 4-21　调整椭圆的半径

当然，用户也可以像绘制直线或者斜线一样，按住 Shift 键即可绘制圆形。在绘制过程中，圆形会以拖动鼠标的位置为起始位置，以等半径方式显示绘制的效果，如图 4-22 所示。

在绘制椭圆或圆时，可以通过【线型】面板、【颜色】面板，以及【填充】面板来改变图形的线型、填充颜色、边框颜色等。

4.2.5　【圆角矩形】工具

选择绘图工具箱中的【圆角矩形】工具 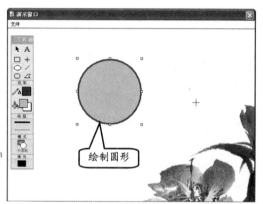，可以画出圆角矩形和圆角正方形。例如，选择该工具，并在【演示窗口】中绘制圆角矩形，如图 4-23 所示。

图 4-22　绘制圆形

而绘制正方圆角形时，需要用户在绘制过程中按住 Shift 键，绘制完成后释放鼠标及 Shift 键即可，如图 4-24 所示。

在绘制圆角图形时，如果拖动半径太小，则会绘制成一个小的圆形，如图 4-25 所示。

另外，用户在绘制正方圆角形或者圆角图形时，还可以调整已经绘制完成图形的圆角大小。例如，将鼠标放置到图形左上角的小方框上，拖动该方框即可调整圆角的大小，如图 4-26 所示。

图 4-23　绘制圆角矩形

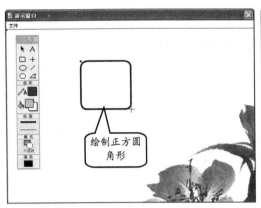

图 4-24　绘制正方圆角形

图 4-25　绘制圆形

而当用户将方框拖动到图形的中心位置，即可绘制成一个圆型图形。而将方框拖动到左上角、上边、左边时，则为一个方型图形，如图 4-27 所示。

●--- 4.2.6　【多边形】工具

选择绘图工具箱中的【多边形】工具 ⊿，可以画出由任意条直线段组成的折线。使用该工具时，第一次单击，建立折线的起点；每一次单击，会产生一条新的线段；双击可以建立折线的终点，如图 4-28 所示。

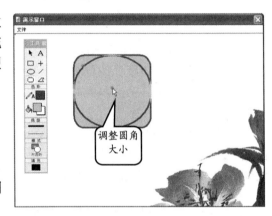

图 4-26　调整圆角大小

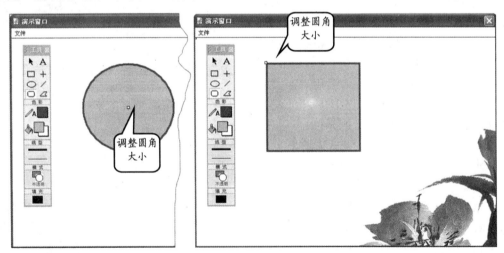

图 4-27　调整圆角大小

当用户双击完成图形绘制时，图形会根据用户所调协线型及前景色填充图形。当然，用户也可以将鼠标放置到图形的小方框上，并拖动鼠标调整图形的形状，如

Authorware 多媒体制作标准教程（2013—2015 版）

图 4-29 所示。

图 4-28　绘制多边图形　　　图 4-29　调整多边图形

4.3　编辑文本对象

　　Authorware 提供了较强的文本编辑功能。当输入文字后，可以利用绘图工具箱中的编辑工具以及【文本】菜单下的命令，对选中的文字进行设置字体、字号、改变颜色、消除锯齿等编辑操作。下面将分别介绍这些编辑文本的工具和命令。

4.3.1　设置文本的字体

　　使用绘图工具箱中的【选择/移动】工具，选择【演示窗口】中的文本内容。然后执行【文本】|【字体】|【其他】命令，如图 4-30 所示。

　　在弹出的【字体】对话框中，用户可以查看当前文本的字体格式，单击【字体】下拉列表，选择所要设置当前文本对象的字体格式，如图 4-31 所示。

提　示

为了获得更好的视觉效果，这里将文本尺寸进行了扩大。同时，将覆盖模式设置为【透明】模式。

图 4-30　选择文本对象

4.3.2　改变文本的颜色

　　在【演示窗口】中选择文本内容，执行【窗口】|【显示工具盒】|【颜色】命令，

或者单击绘图工具箱中的【字体】颜色按钮 ，打开【颜色】面板，如图 4-32 所示。
在【颜色】面板中选择颜色列表颜色图块，即可改变选中文本的颜色。

图 4-31　设置字体　　　　　　　　图 4-32　改变文本的颜色

用户也可以在【颜色】面板中单击【选择自定义色彩】按钮，弹出【颜色】对话框，如图 4-33 所示。在该对话框中，用户可以选择基本颜色，以及拖动右侧的滑块，选择其他颜色。

4.3.3　设置文本的字号

选择需要改变字体大小的文本，然后执行【文本】|【大小】命令，在弹出的级联菜单中，选择字号大小，如图 4-34 所示。

图 4-33　【颜色】对话框

用户也可以在级联菜单中执行【其他】命令，打开【字体大小】对话框。然后在【字体大小】文本框中，输入自定义字号的大小，如图 4-35 所示。

在【字号】的级联菜单中用户可以看到【字号增大】和【字号减小】命令，用来缓慢改变文本的字号。例如，执行【字号增大】命令，字号将增大 1 磅；执行【字号减小】命令，字号将减小 1 磅。

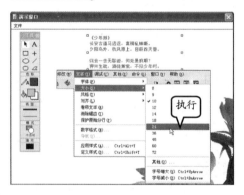

图 4-34　更改字号大小

技　巧

如果要改变文本对象中某个词组的大小，则可以使用【文本】工具，将该词组选中，然后执行菜单中的命令，来修改字号大小。

Authorware 多媒体制作标准教程（2013—2015 版）

4.3.4 改变文本的风格

Authorware 为用户提供了 6 种文本风格，如执行【文本】|【风格】命令，在弹出的级联菜单中可以执行不同的风格命令，如图 4-36 所示。用户也可以单击工具栏中的相应的按钮，来设置字体的风格。

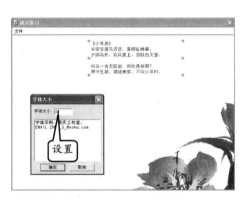

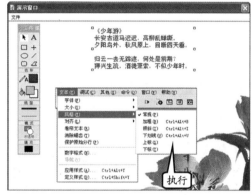

图 4-35　自定义字号大小　　　　图 4-36　执行【风格】命令

其中，Authorware 中所提供的字体风格，与 Word 中字体的字形和效果的设置相同，如下图 4-37 展示了不同的字体风格。

常规风格

加粗风格

倾斜风格

下划线风格

上标风格

下标风格

图 4-37　字体风格内容

4.3.5　设置文本的对齐方式

如果想改变文本的对齐方式，可以使用【选择/移动】或【文本】工具，选择需要改变文本位置的文本对象或者文本内容，然后执行【文本】|【对齐】命令，在弹出的级联菜单中，执行对齐方式命令，如图 4-38 所示。

Authorware 还为用户提供了 4 种对齐方式，分别为左对齐、居中对齐、右对齐和正常对齐方式，如图 4-39 所示。

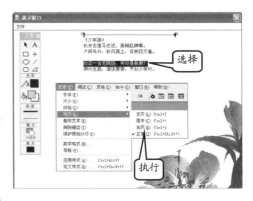

图 4-38　设置文本对齐

正常对齐

右对齐

居中对齐

左对齐

图 4-39　设置文本对齐方式

Authorware 多媒体制作标准教程（2013—2015 版）

在设置的对齐方式中，用户可以看到左对齐方式与正常对齐方式的对齐效果相似。因此，在 Authorware 中默认的对齐方式为左对齐方式，而正常对齐方式也是以左对齐方式显示。

4.3.6 为文本添加滚动条

当在【演示窗口】中所添加的文本对象空间不够时，则无法全部显示出文本的内容。这时，用户可以对文本对象添加滚动条，这样可以拖动滚动条来查看文本内容。

卷帘文本功能用于为较长的文本添加滚动条，从而使浏览变得更加方便。首先选择文本对象，然后执行【文本】|【卷帘文本】命令，如图 4-40 所示。

另外，用户在添加滚动条之后，可以通过【移动/选择】工具，调整文本对象的大小。例如，将鼠标放置到所选文本对象下边框线上的小方框上并拖动鼠标，如图 4-41 所示。

当文本对象的高度小于文本内容的高度时，将显示滚动条的拖动滑块。当文本对象的高度大于文本内容的高度时，则只显示滚动条，而不显示拖动滑块。

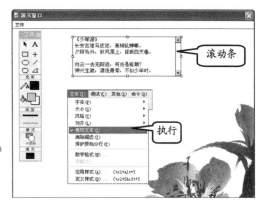

图 4-40　添加滚动条

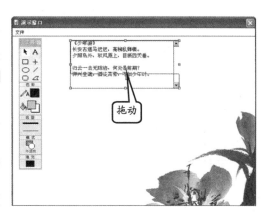

图 4-41　调整文本对象的大小

提　示

消除锯齿功能在实际应用中非常有用，如当将文本的字体放大时，在文本的周围会产生很明显的锯齿现象。针对这种情况，Authorware 增加了消除锯齿功能。

例如，选择文本对象，然后执行【文本】|【消除锯齿】命令，即可清除所选择文本字体周边的锯齿。

4.4　应用文本样式

样式是一组存储文本的格式特征，每个样式都具有唯一的名称。用户可以将样式应用于某个段落或者选定的文本上。

4.4.1 创建文本样式

在 Authorware 中，用户可以先设置一些文本的格式，并将已经设置好的格式保存起来，然后将格式应用到文本中。这样，用户就省去对文本进行多次不同格式的设置。

例如，执行【文本】|【定义样式】命令，弹出【定义风格】对话框，如图 4-42 所示。

然后，在对话框的右侧启用【字体】前面的复选框，并单击下拉按钮，选择字体类型，如图 4-43 所示。

图 4-42　弹出【定义风格】对话框　　图 4-43　设置字体

再在该对话框的右侧启用【字号】前面的复选框，并单击下拉按钮，选择【字号】为 24，如图 4-44 所示。

再启用【文本颜色】前面的复选框，单击【颜色】图块，在弹出的【文本颜色】对话框中，选择其他颜色，单击【确定】按钮，如图 4-45 所示。

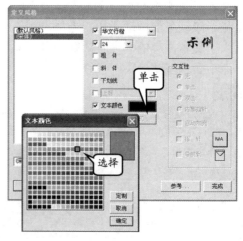

图 4-44　设置字号　　图 4-45　设置文本颜色

提　示

用户除了对上述的字体、字号和文本颜色进行设置之后，还可以对风格进行设置。另外，还可以设置其交互性等内容。

最后，在该对话框中单击【添加】按钮，如图 4-46 所示。此时，在左侧的列表中，将添加"新样式"标题的样式，如图 4-47 所示。

提 示

在单击【添加】按钮时，用户还可以在【更改】按钮上面的文本框中，输入样式的名称。则在列表中，对样式的设置，将以所输入的名称进行添加。

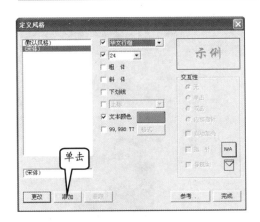

图 4-46　添加样式　　　　　　　　图 4-47　查看所添加的样式

4.4.2　应用文本样式

应用文本样式即将所创建的样式，应用到当前的文本对象中。而应用文本样式操作起来非常简单，如用户通过【移动/选择】工具，选择需要应用的文本对象，并执行【文本】|【应用样式】命令，如图 4-48 所示。

在弹出的【应用样式】对话框中，用户可以看到已经添加的"新样式"样式内容，启用该名称前面的复选框，即可将样式中的格式应用在所选的文本对象，如图 4-49 所示。

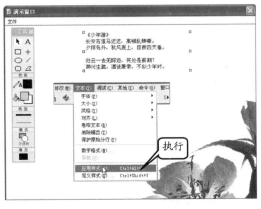
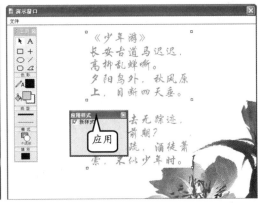

图 4-48　执行【应用样式】命令　　　　　图 4-49　应用样式

4.5　编辑图形对象

当【演示窗口】中，包含有多个对象时，操作起来会非常不方便。尤其在调整不同对象的位置时，可能会因调整某个对象，而影响到其他对象。下面来介绍一下排列与组合的关系。

4.5.1 排列对象

在排列对象之前，先来了解一下如何选择多个对象。只有选择多个对象，才能对这些对象进行排列或组合操作。例如，选择【选择/移动】工具，在【演示窗口】中，单击某个对象即可选择。而选择多个对象，则可以通过以下几种方法操作。

□ 选择多个对象，按住 Shift 键的同时，依次单击多个对象。

□ 在【演示窗口】内，拖动鼠标，即拖动出一个矩形虚线框，包含在矩形虚线框内的对象将被选中。

□ 按 Ctrl+A 键，即可全选【演示窗口】内的所有对象。

例如，选择多个对象，并执行【修改】|【排列】命令，如图 4-50 所示。

在弹出的对话框中包含了 8 个按钮，如图 4-51 所示。用户可以通过这 8 个按钮来调整对象的排列对齐方式。

从中可以很方便地调整多个显示对象之间的位置关系。其中各按钮的名称及含义见表 4-2。

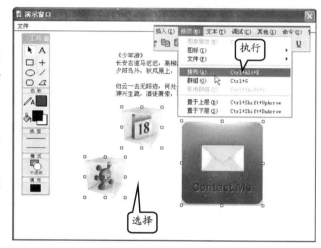

图 4-50　执行【排列】命令

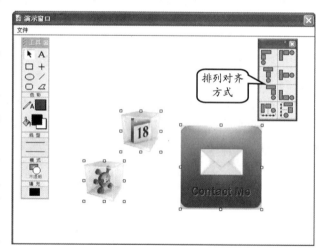

图 4-51　设置排列对齐方式

表 4-2　【排列】面板中各个按钮的名称及功能

图 标	名 称	功 能
	左对齐	将【演示窗口】中的多个显示对象在垂直方向上左对齐
	沿顶部对齐	将【演示窗口】中的多个显示对象在水平方向上顶端对齐
	沿垂直方向居中对齐	将【演示窗口】中的多个显示对象在垂直方向上居中对齐
	沿水平方向居中对齐	将【演示窗口】中的多个显示对象在水平方向上居中对齐

Authorware 多媒体制作标准教程（2013—2015 版）

图标	名 称	功 能
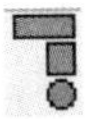	右对齐	将【演示窗口】中的多个显示对象在垂直方向上右对齐
	沿底部对齐	将【演示窗口】中的多个显示对象在水平方向上底部对齐
	水平方向等距离	水平等间距排列
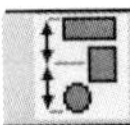	垂直方向等距离	垂直等间距排列

4.5.2 群组对象

　　用户通过排列对象，可以将多个对象按照某一个对象为参照的位置，以水平或者垂直方向进行排列。

　　而群组对象是将多个对象，以当前不变的位置进行组合。组合后的对象将视为一个对象进行操作，并且组合中各对象之间的相对位置不发生变化。

　　例如，先选择多个对象，执行【修改】|【群组】命令，即可将多个对象组合到一起，如图4-52所示。

　　如果用户群组对象后，则多个对象将变成一个对象进行操作，如选择该对象，并拖动群组的对象，

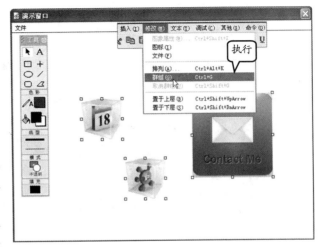

图 4-52　群组对象

如图4-53所示。此时，3个对象将一起移动，并且其相对位置不发生变化。

　　如果用户需要对已经群组的对象进行撤销或者取消群组，则可以执行【修改】|【取消群组】命令，如图4-54所示。

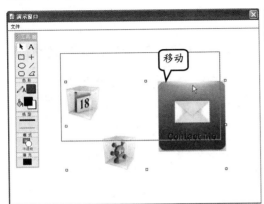

图 4-53　移动群组对象

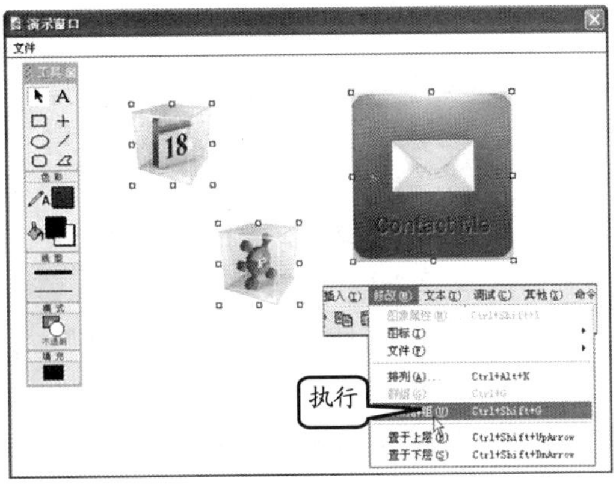

图 4-54　执行【取消群组】命令

在影视或报幕屏上，一般都会逐行或者逐页显示人员名单或者描述内容等。而逐页显示非常类似于翻页的效果，并于多数媒体制作软件中都可以实现。

在 Authorware 多媒体软件中也可以实现上述描述的效果。例如，通过该软件制作一个演员名单的显示效果。

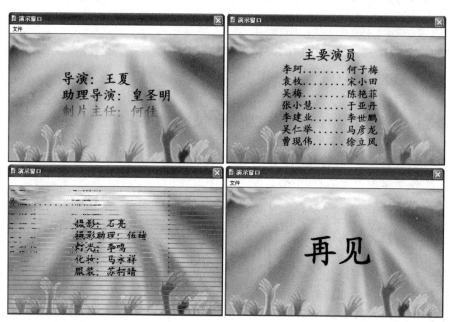

1. 实验目的

❑ 运用框架、群组、导航图标
❑ 导入图片、添加文本
❑ 为图标设置特效

2. 实验步骤

1 新建一个文件，保存【文件名】为"逐页显示制作人员名单"。然后，设置【演示窗口】的【大小】为"512×342"。

2 单击【工具栏】中的【导入】按钮，导入一幅图片，并自动在【设计】窗口的流程线上，添加一个【显示】图标，重命名为"背景"，如图 4-55 所示。

3 在主流程线上，再拖入一个【框架】图标，重命名为"分页显示"，如图 4-56 所示。

图 4-55 导入背景图片

图 4-56　　添加【框架】图标

4　双击【框架】图标，弹出【框架】图标的支流程图，删除【显示】图标和所有的【导航】图标，只保留【交互】图标，如图 4-57 所示。

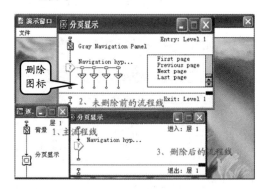

图 4-57　　添加分支流程线

5　在【框架】图标的右侧，再拖入 4 个【群组】图标，分别重命名为 1、2、3 和 4，如图 4-58 所示。

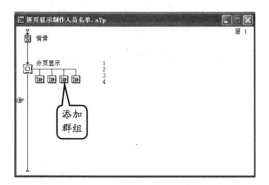

图 4-58　　添加主流程线

6　在【群组】图标双击 1 分支，并显示该分支

的【设计】窗口。在该流程线上，添加【显示】图标，命名为"第一页"，并在【演示窗口】中输入文本内容。然后，设置【字体】为【楷体】，【大小】为 24，如图 4-59 所示。

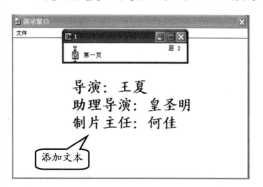

图 4-59　　添加文本内容

7　再添加一个【等待】图标，双击【等待】图标。在【属性】检查器中，设置【时限】为 1，禁用其他复选框，如图 4-60 所示。

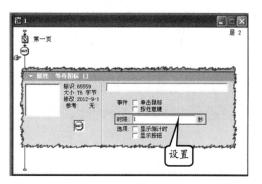

图 4-60　　添加【等待】图标

8　再添加一个【导航】图标，命名为"Next"。双击【导航】图标，在【属性】检查器中，设置【目的地】为【附近】选项；并选择【页】为"下一页"单选框按钮，如图 4-61 所示。

9　双击【群组】图标中的第 2 个分支，并在第 2 个分支的【设计】窗口中，添加【显示】图标，命名为"第二页"，并输入要显示的文本，设置【字体】为【楷体】；【大小】为 24，如图 4-62 所示。

10　复制第 2 个分支流程线上的所有图标，并在主流程线上双击第 3 个分支，在弹出的【设计】窗口中，粘贴所复制的图标内容。然后，再更改【显示】图标中的文本内容，如图4-63所示。

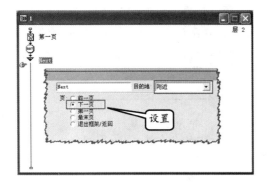

图 4-61　添加【导航】图标

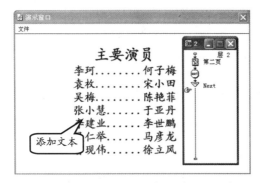

图 4-62　在【显示】图标中添加文本

图 4-63　第 3 个分支内容

提　示

随着图标的复制，相关属性的设置也被复制，所以不需要再做更改。

11　再打开第 4 个分支的【设计】窗口，添加【显示】图标，命名为"再见"。然后，在【演示窗口】中输入"再见"文本，设置【字体】为【楷体】，【大小】为 24，如图 4-64 所示。

图 4-64　设置第 4 分支内容

12　在主流程线上双击【框架】图标，打开【属性】检查器，设置页特效方式。例如，选择【内部】中的【从下往上】选项，单击【确定】按钮，如图 4-65 所示。

图 4-65　设置页的特效方式

13　在第 1 分支中，选择"第一页"图标，并在【属性】检查器中，设置特效方式。例如，选择【淡入淡出】中的【向下】选项，单击【确定】按钮，如图 4-66 所示。

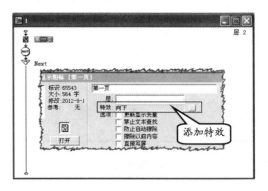

图 4-66　设置"第一页"特效

14 再分别设置第 2 分支中"第二页"图标的特效为【淡入淡出】中的【向下】选项；第 3 分支中"第三页"图标的特效为【内部】中的【水平百叶窗式】选项；第 4 分支中"再见"图标的特效为【内部】中的【关门方式】选项。

15 单击工具栏中的【保存】按钮，保存程序文件，再单击【运行】 按钮，即可逐页显示影视人员名单内容。

4.7　实验指导：制作简易的电影播放器

在 Authorware 作品中，可以导入音乐、电影还有各种动画。然而，一般多媒体制作软件中，美中不足的是在播放过程中，无法实现对视频内容的控制。

但在 Authorware 作品中，用户可以通过变量和函数来实现对数字电影在播放中的控制。

1．实验目的

❑ 导入数字电影
❑ 定义变量
❑ 使用函数

2．实验步骤

1 新建一个文件，保存【文件名】为"电影播放器"。在主流程线上，添加【计算】图标，命名为"定义窗口大小"。双击该图标，打开【代码】编辑器，输入"ResizeWindow (350,315)"代码，如图 4-67 所示。

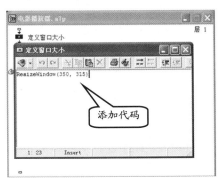

图 4-67　流程线和代码编辑器

2 再添加一个【显示】图标，命名为"播放窗口"。然后，按 Ctrl+Shift+D 键，打开【属性】检查器，并设置【背景色】为"粉红色"。

3 再添加一个【计算】图标，命名为"初始化"。双击该图标，打开【代码】编辑器，并输入如下代码，如图 4-68 所示。

```
startframe:=10
endframe:=10
s:=0
r:=25
```

图 4-68　输入代码

4 添加一个【数字电影】图标，命名为"电影"。双击该图标，打开【属性】检查器，单击【导入】按钮。在弹出的【导入哪个文件？】对话框中，选择需要导入的视频剪辑，单击【导入】按钮，如图 4-69 所示。

图 4-69　导入电影剪辑文件

5 打开"电影"图标的【属性】检查器，并选择【计时】选项卡，设置【执行方式】为【同时】选项；【播放】为【播放次数】选项，并设置播放的次数为 1；【速率】为 r 变量；【开始帧】为 startframe 变量；【结束帧】为 endframe 变量，如图 4-70 所示。

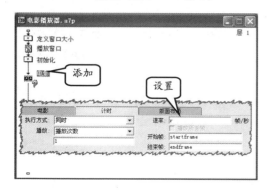

图 4-70　设置【数字电影】图标的属性

6 在流程线上，再拖入一个【交互】图标，命名为"播放器"。然后，在该图标的右侧添加 5 个【计算】图标，交互类型为"按钮"类型，并分别命名为"从头播放"、"慢进"、"快进"、"暂停"和"播放"，如图 4-71 所示。

7 双击"从头播放"计算图标，打开【代码】编辑器，输入下面的代码，如图 4-72 所示。

```
r:=25
startframe:=1
```

```
endframe:=MediaLength@"电影"
MediaPlay(IconID@"电影")
```

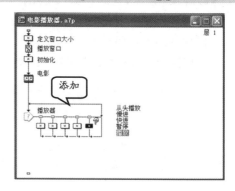

图 4-71　添加【交互】图标

8 双击"慢进"计算图标，打开【代码】编辑器，输入下面的代码，如图 4-73 所示。

```
startframe:=MediaPosition@"电影"
endframe:= MediaPosition@"电影"+1
MediaPlay(IconID@"电影")
```

图 4-72　从头播放代码

图 4-73　慢进代码

9 双击"快进"计算图标，打开【代码】编辑器，输入下面的代码，如图 4-74 所示。

```
r:=50
startframe:=MediaPosition@"电影"
endframe:=MediaLength@"电影"
MediaPlay(IconID@"电影")
```

10 双击"暂停"图标，打开【代码】编辑器，输入"MediaPause (IconID@"电影",TRUE)"代码，如图 4-75 所示。

图 4-74　快进代码

图 4-75　暂停代码

11 双击"播放"图标，打开【代码】编辑器，

输入下面的代码，如图 4-76 所示。

```
startframe:=MediaPosition@"电影"
endframe:=MediaLength@"电影"
MediaPlay(IconID@"电影")
```

图 4-76　播放代码编辑器

12 单击工具栏上的【保存】按钮，再单击【运行】按钮，运行程序执行的效果。

4.8　实验指导：制作简易的音乐播放器

在 Authorware 中，用户可以制作自己的播放器。在制作过程中，用户可以利用 Authorware 自身的函数，对导入的音乐进行控制，实现对音乐暂停、播放和重新播放等功能，并显示音乐文件的详细信息。

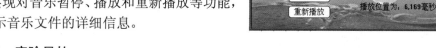

1．实验目的

❑ 导入音乐
❑ 使用系统变量
❑ 使用系统函数

2．实验步骤

1 新建一个文件并保存，文件名为"音乐播放器"。在主流程线上，添加【声音】图标，命名为"音乐"。

2 双击该图标，打开【演示窗口】，单击工具栏中的【导入】按钮。在弹出的【导入哪个文件？】对话框中，选择需要导入的音乐文件，并启用【链接到文件】复选框，单击【导入】按钮。这时在【属性】检查器中，通过【声音】选项卡，查看到音频文件的信息，如图 4-77 所示。

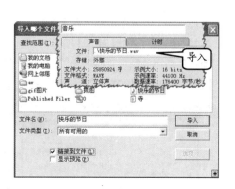

图 4-77　导入声音文件

3 再添加一个【显示】图标，命名为"背景"。

在该图标中，导入背景图片。然后，按Ctrl+Shift+D键，弹出【属性：文件】检查器，设置【大小】为【根据变量】选项。然后单击工具栏上的【运行】按钮，根据效果调整背景图片和【演示窗口】，如图4-78所示。

图 4-78 调整【演示窗口】大小

4 再添加一个【显示】图标，命名为"显示信息"。双击该图标，打开【演示窗口】，利用【绘图工具箱】中的【文本】工具，在【演示窗口】中输入以下声音文件显示信息，如图4-79所示。

{本声音的长度为：MediaLength@"音乐"}
{播放速度为：MediaRate@"音乐"}
{播放位置为：MediaPosition@"音乐"}

图 4-79 输入显示信息

5 添加一个【交互】图标，命名为"控制"。在其右侧添加3个【计算】图标，分别命名为"重新播放"、"暂停"和"播放"，设置【交互类型】均为"按钮"，如图4-80所示。

图 4-80 添加交互图标

6 单击"重新播放"【计算】图标上面的交互分支，在【属性】检查器中，单击【按钮】按钮 按钮... 。在弹出的【按钮】对话框中，从【预览】的列表框中选择按钮样式，如图4-81所示。

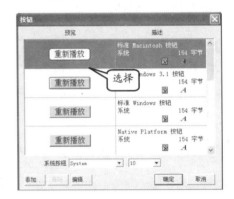

图 4-81 选择按钮样式

7 为了统一交互按钮的风格，接着依次更改"暂停"、"播放"等按钮样式。双击【交互】图标，然后选择3个交互按钮，执行【修改】|【排列】命令。

8 当弹出【排列】面板时，单击面板上的【沿垂直方向居中对齐】按钮和【垂直方向等距离】按钮，如图4-82所示。

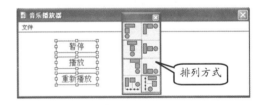

图 4-82 排列按钮

9 双击"重新播放"图标上方的分支交互。在【属性】检查器中，启用【范围】中的【永久】复选框，设置【分支】为【重试】选项，如图4-83所示。然后，再分别设置其他两个分支交互的参数信息。

10 双击"重新播放"图标，在【代码】编辑器中，输入"MediaPlay(IconID@"音乐")"代码，如图4-84所示。

11 双击"暂停"图标，打开【代码】编辑器，输入"MediaPause(IconID@"音乐", TRUE)"

代码，如图4-85所示。

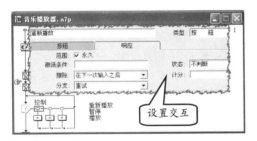

图4-83　交互符号属性检查器

图4-84　"重新播放"图标代码内容

图4-85　输入暂停代码

12　双击"播放"图标，打开【代码】编辑器，
输入"MediaPause(IconID@"音乐"，

FALSE)"代码，如图4-86所示。

图4-86　"播放"代码编辑器

13　在流程线上再添加一个【计算】图标，命名
为"更改标题名"。双击该图标，打开【代
码】编辑器，输入"SetWindowText(Window-
Handle,"音乐播放器")"代码，如图4-87
所示。

图4-87　更改标题代码

14　单击工具栏中的【保存】按钮，再单击【运
行】按钮，可以看到运行的程序标题栏已更
改为"音乐播放器"。用户还可分别单击不
同的按钮，来控制播放的音频文件。

4.9　思考与练习

一、填空题

1. 创建文本，需要打开＿＿＿＿＿＿，
选择＿＿＿＿工具。

2. 凡是输入的文本，将被作为一个＿＿＿
＿＿的对象进行处理，可以整个地选中、移动和
修改。

3. 如果要改变文本对象中某个词组的大小，
则可以使用＿＿＿＿工具，将该词组＿＿＿，
然后利用菜单命令进行修改。

4. Authorware为用户提供了4种对齐方式，
分别为＿＿＿＿、＿＿＿＿、＿＿＿＿和
＿＿＿＿。

5. ＿＿＿＿＿功能用于为较长的文本添加
滚动条，从而使浏览变得更加方便。

6. 单击绘图工具箱中的【椭圆】○工具，
可以画出＿＿＿＿。画圆需要在按住＿＿＿＿键
的同时进行。

二、选择题

1. 在Authorware中，＿＿＿＿图标是设
计流程线上使用最频繁的图标之一，在该图标中
可以存储多种形式的图片及文字。同时，还可以
放置函数变量进行动态运算。

　　A. ☑

　　B. 🕐

C.

D.

2．在 Authorware 中，_____图标可以把绘制的圆转化为已绘制圆的内切圆。

    A．□

    B．○

    C．○

    D．

3．文本设置条左侧有两个三角形滑块。线上方的三角形滑块用来控制文本的_____，而线下方的三角形滑块则用来控制文本的_____。

    A．左缩进　　首行缩进

    B．右缩进　　首行缩进

    C．首行缩进　右缩进

    D．首行缩进　左缩进

4．为了不影响到下一层的内容，应将覆盖模式设置为_____模式。

    A．遮隐

    B．透明

    C．反转

    D．擦除

5．要选择多个对象，应在按住_____键的同时，依次单击多个对象；也可以在演示窗口内_____，包含在矩形内的对象将被选中。

    A．Alt　　拖曳矩形

    B．Ctrl　　拖曳矩形

    C．Shift　　拖曳矩形

6．当对象被选中后，将光标放在对象上按住_____进行拖动，或者使用_____，都可以改变对象的位置；拖动对象周围的_____，可以改变对象的大小和形状。

    A．左键　　方向键　　句柄

    B．方向键　左键　　句柄

    C．句柄　　左键　　方向键

    D．句柄　　方向键　左键

三、简答题

1．如何绘制一个绿颜色的正方形？

2．简述如何使输入的文本变成竖排的。

3．如何使多个图形进行上下左右都居中对齐？

4．简述如何设置程序运行的过程中，图像和文字位置不改变。

四、上机练习

1．制作空心文字

前面已经介绍过制作文字特效的方法，相信用户已经具备了这方面的实力。下面就运用所掌握的这些经验，制作 "空心比干"文字，如图 4-88 所示。

    图 4-88　空心比干文字

首先，在 Authorware 设计窗口中拖放一个显示图标，命名为"空心特效"。然后，用【文本】工具，创建文本对象，并输入"Authorware"内容，再设置【字体】、【大小】、【清除锯齿】等，如图 4-89 所示。

    图 4-89　添加文本

复制文本对象，并在当前【演示窗口】中进行粘贴。为了便于调整它们的相对位置，把副本的颜色设置为其他颜色，并将覆盖模式改为【透明】模式，然后使用【选择/移动】工具，调整其相对位置，如图 4-90 所示。

最后，选中文本对象的副本，将其改为【反转】模式。最后再使用键盘上的方向键适当调整它们的位置，如图 4-91 所示。

图 4-90 添加文本副本

图 4-91 转换模式

2. 绘制月球绕地球运行轨迹图

首先, 新建一个文件, 保存为"月亮运行轨迹图.a7p"。在【设计】窗口中, 拖入一个【显示】图标, 为其命名为"轨迹图"。

然后, 双击【显示】图标, 打开【绘图】工具箱, 选择【椭圆】工具, 并选择【画笔颜色】和【填充颜色】为"蓝色" ■, 在【演示窗口】绘制一个椭圆, 如图 4-92 所示。

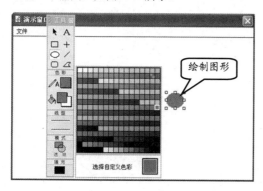

图 4-92 绘制蓝色椭圆

其次, 再绘制一个略大的椭圆, 分别设置【画笔颜色】和【填充颜色】为"橘黄色", 如图 4-93 所示。

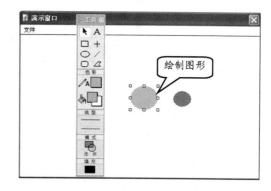

图 4-93 绘制"橘黄色"椭圆

最后, 画轨迹大椭圆, 设置【填充颜色】为"白色", 并执行【修改】|【置于下层选项】命令, 再分别调整两个椭圆的位置, 如图 4-94 所示。

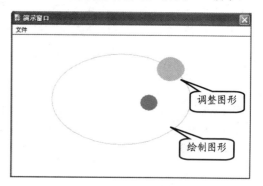

图 4-94 创建运行轨迹图

第 5 章

简单动画制作

　　用【显示】图标生成的显示内容是静止不动的。如果为【显示】图标设置了移动属性，也只能用鼠标拖动显示内容，才会使之移动。而真正的动画是显示内容自己可以运动和变化的。

　　在 Authorware 中，创建动画有两条不同的途径，一是使用【移动】图标生成动画，这是内部动画；二是使用【数字电影】图标引入外部动画素材，这是外部动画。

　　使用【数字电影】图标，可以引入多种形式的外部动画，如用 3ds Max 制作的三维动画，用 Flash 制作的交互式动画等。

　　但在 Authorware 中通常使用【移动】图标在内部生成简单动画，当内部动画可以满足表现效果时，也就不必引用外部的动画素材。

本章学习要点：

➢ 动画基础知识
➢ Authorware 动画
➢ 创建定位动画
➢ 创建路径动画

5.1 动画基础知识

动画是将静止的画面变为动态的艺术，实现由静止到动态的效果。它主要靠人眼的视觉暂留效应。利用人的这种视觉生理特性可制作出具有高度想象力和表现力的动画影片。

5.1.1 动画的起源

动画的发展历史很长，从人类有文明以来，透过各种形式图像的记录，已显示出人类潜意识中表现物体动作和时间过程的欲望。

距今 1 万 5 千年的旧石器时代的拉斯科岩洞壁画上，原始的人类就开始观察和绘制动物瞬间运动的图像，用来表现某个分解的动作，如图 5-1 所示。

图 5-1　拉斯科壁画中奔跑的野牛

在古埃及的墓画、古希腊的古瓶以及中国的陶器上，都出现过连续动作的分解图。达·芬奇在黄金比例人体图上画的四条胳膊，表现出双手上下摆动的动作，如图 5-2 所示。

17 世纪，阿塔纳斯珂雪（Athanasius Kircher)发明的"魔术幻灯"，是个铁箱，里头搁盏灯，在箱的一边开一小洞，洞上覆盖透镜。将一片绘有图案的玻璃放在透镜后面，经由灯光通过玻璃和透镜，图案会投射在墙上。

魔术幻灯流传到今天已经变成玩具，而且它的现代名字叫投影机（Projector）。魔术幻灯经过不断改良，到了 17 世纪末，由钟和斯桑(Johannes Zahn)扩大装置，把许多玻璃画片放在旋转盘上，出现在墙上的是一种运动的幻觉。

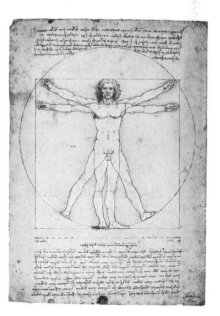

图 5-2　达·芬奇《黄金比例人体图》

中国唐朝发明的皮影戏，是一种由幕后照射光源的影子戏，和魔术幻灯系列发明从幕前投射光源的方法、技术虽然有别，却反映出东西方不同国度，对操纵光影相同的痴迷。皮影戏在 17 世纪，被引到欧洲巡回演出，也曾经风靡了不少观众，其影像的清晰度和精致感，亦不亚于同时期的魔术幻灯，如图 5-3 所示。

然而，由于技术水平的限制，近代以前的人类并没有保存图像以及播放多幅图像的技术，动画的制作技术并没有任何发展。

5.1.2　传统动画的诞生

事实上，人类对播放可动图像的探索早已开始了。早在西方16世纪，就出现了以手翻书的雏形。在1831年，比利时人约瑟夫·普拉陶发明了费那奇镜，通过在圆盘上绘制图像，然后旋转圆盘，从一条缝隙中观看圆盘的某一个局部，如图5-4所示。

图 5-3　皮影戏

1834年，美国人霍尔纳的"活动视盘"研制成功，1853年，奥地利人冯·乌却梯奥斯在以上基础上运用幻灯，放映了原始的动画。

摄影技术的发展直接促进了人们对拍摄和播放可动图像的探索。由于摄影感光材料的不断更新使用，摄影的时间不断地缩短。

1851年，湿性珂珞酊底版研制成功，摄影速度降低到了1秒。美国摄影师爱德华·麦布里奇用24架照相机、6年时间，终于在1878年拍摄出了马奔腾时的分解动作，并在幻灯机上放映成功。

图 5-4　费那奇镜

1888年，法国人雷诺制造了光学影戏机，并用此机器拍摄出世界上第一部动画片《一杯可口的啤酒》。1889年，发明大王爱迪生发明了"西洋镜"，将胶片技术与动画技术结合起来。

1895年，法国奥古斯特卢米埃尔和路易卢米埃尔兄弟在"西洋镜"的基础上研制成功了电影放映机和摄影机，以每秒16幅的速度播放图像，真正的现代电影才诞生，如图5-5所示。

电影的诞生直接促成了动画技术的成熟。人们在纸张上绘制图像，然后再使用摄影机将其拍摄到胶片上，最后将胶片放到电影放映机中播放。这种制作动画的方法被称作翻拍法。

1928年，美国人沃特·迪斯尼将早期的翻拍动画推向了顶峰，同时将其与商业化相结合，奠定了传统动画的基础。至此，传统动画的发展进入了成熟期。

5.1.3　计算机动画

图 5-5　早期的电影放映机

在传统动画的制作过程中，绘画是十分辛苦的工作。传统动画的特点决定了制作者必须在纸上绘制每一张原画。然后才能将其拍到胶卷中，制成动画。

Authorware 多媒体制作标准教程（2013—2015版）

对于几秒钟的短片而言，绘制的原画尚不需要太多。但对于一些动辄几十分钟甚至几小时的长动画片而言，需要画师按照全动画的要求（每秒 24 帧）绘制几千甚至上万幅原画。例如，一段 1 分钟的动画就需要绘制 1440 幅原画。

1941 年，美国科学家阿塔纳索夫制造出第一台电子计算机（阿塔纳索夫-贝瑞计算机）后，标志着人类进入了计算机时代。截至到 20 世纪 70 年代，计算机在诸多行业中得到了大量的应用，包括金融、通信、科研、工业等领域。

到 20 世纪 80 年代，在动画绘制领域，也开始使用计算机进行矢量图形的绘制（主要借助贝塞尔曲线），以及图形的色彩填充。为了提高动画的绘制效率，人们开发了一种名为动画补间的软件，其原理是根据两幅原画之间的差异进行数学运算，通过计算机自动生成两幅原画之间的中间画。这两幅原画又被称作关键帧，而补间的每幅动画则被称作补间帧。这种以关键帧和补间帧组成的动画被称作补间动画。

著名的动画制作商迪斯尼在 90 年代初开始借助计算机来制作动画，并将其之前的作品以计算机来重新上色，以期获得最佳效果。

1995 年，美国皮克斯动画制作出第一部完全以计算机制作的动画片《玩具总动员》，代表计算机动画已经开始普及，逐渐替代传统动画。如今，计算机动画已经不再只是专业人士才能制作的了，使用 Adobe Flash，Adobe Fireworks，以及 Adobe Authorware，普通用户也可以制作自己的动画，实现丰富的效果。

5.1.4 动画的原理

利用人的"视觉暂留"特性，连续播放一系列画面，给视觉造成连续变化的图画，如图 5-6 所示。它的基本原理与电影、电视一样，都是视觉原理。

图 5-6 连续画面

提 示

其中，"视觉暂留"特性是人的眼睛看到一幅画或一个物体后，在 1/24 秒内不会消失。利用这一原理，在一幅画还没有消失前播放下一幅画，就会给人造成一种流畅的视觉变化的效果。

那么，在动画中，动画设计是动画影片的基础。它的每一镜头的角色、动作、表情，相当于电影影片中的演员。然后，通过画笔来塑造各类角色的形象并赋予它们生命、性格和感情。

绘制完角色（演员），只是动画设计中的第一步。然后，将角色与场景整合起来，并形成完整的画面，这称为"原画"。这样，只有原画还不能够使画面动起来，需要在两幅原画之间绘制多张"中间画"（两张原画的中间过程，动画片动作的流畅、生动，关键要靠"中间画"的完善），如图 5-7 所示。

然后，设计师再将每幅原画及中间画，根据实际情况着色。最后，再通过摄像机（录制机），将所设计的动画效果录制下来，并通过编辑、添加声音等操作形成完美的动画效果。这就是早期动画实现的方法。

图 5-7　原画与中间画

5.2　Authorware 动画

使用【移动】图标可以为文字、图形、图像等对象设置沿某种路径进行移动的动画效果。在移动过程中，没有大小、旋转、扭曲和透明度等方面的变化。

5.2.1　创建 Authorware 动画

在 Authorware 中，用户可以方便地创建多种 Authorware 动画，并将动画应用到多媒体演示中。创建一个 Authorware 动画的步骤主要包括建立显示对象、添加动画两个步骤。

首先，在 Authorware 中拖曳一个【显示】图标到流程线上，然后为【显示】图标导入背景图像，如图 5-8 所示。

然后，再向流程线上拖曳一个【显示】图标，双击图标，在图标中输入要移动的文本，如图 5-9 所示。

图 5-8　为影片添加背景

向流程线上拖曳一个【移动】图标，双击添加文本的图标，再选择【移动】图标。在【演示窗口】中，将文本对象拖曳到窗口的下边位置，制作文本的下坠效果，如图 5-10 所示。

最后，当文本对象移至【演示窗口】的下边位置时，文本框将停止于该位置，如图 5-11 所示。当然，用户也可以执行【调试】|【重新开始】命令，即可在新打开的【演示窗口】中浏览制作的文本下坠动画。

图 5-9 输入文本并插入【移动】图标

图 5-10 移动标题文本

图 5-11 文本下坠动画

5.2.2 【移动】图标的属性

在流程线中单击选择【移动】图标，然后即可执行【窗口】|【面板】|【属性】命令，打开关于【移动】图标的【属性】检查器，如图 5-12 所示。

在【属性】检查器中，用户可以看到通过该【移动】图标的相关设置。其中

图 5-12 【移动】图标的【属性】检查器

各参数的含义如下所示。

1.【层】文本框

主要用于设置移动对象的层。如果该选项为空，则 Authorware 将其层次默认为 0。例如，在流程线中，添加了 2 个【显示】图标，而不同的图标又设置了【层】的数字。这样用户可以通过设置【移动】图标【属性】检查器中的【层】来对应流程线中的层关系，如图 5-13 所示。

2. 设置移动方式

在【定时】下拉列表中，用户可以设置移动时所需要的时间或者设置移动速度。而移动时间以"秒"为单位，移动速度以"秒/英寸"为单位。例如，在【定时】下拉列表中，选择"时间（秒）"选项，而在下面的文本框中，输入 50，则表示移动总计时间为 50 秒，如图 5-14 所示。

图 5-13 设置【层】为 1

图 5-14 设置移动时间

3. 设置多个对象的移动方式

在【执行方式】下拉列表中，用户可以设置移动对象的执行方式，如【等待直到完成】和【同时】选项。各选项的含义如下。

❑ 【等待直到完成】选项　表示在【移动】图标执行完后才执行后面的图标。
❑ 【同时】选项　表示【移动】图标执行的同时，也执行后面的图标。
　　例如，用户可以单击【执行方式】下拉按钮，选择执行方式，如图 5-15 所示。

4. 设置移动类型

在【类型】下拉列表中，用户可以定义移动图标的具体形式，以及设置移动内容的移动方式。

图 5-15 选择执行方式

在该下拉列表中，有 5 种移动的类型。更换这些类型后，【移动】图标的【属性】面板将进行一些简单的调整，增加或减少某些选项，同时还会改变【移动】图标的【属性】面板左侧的预览图像。

❑ 指向固定点

默认的类型选项，表示直接移动到终点的动画。这种动画效果是使显示对象从【演示窗口】中，当前位置直接移动到指定的位置。而中间的运动路径则是由 Authorware 默

Authorware 多媒体制作标准教程（2013—2015 版）

认的一条从当前位置到指定位置的直线。其动画预览图像如图
5-16 所示。

❑ **指向固定直线上的某点**

这种动画效果是将显示对象移动到给定直线上的某一点。被
移动的显示对象的起始位置可以位于直线上，也可以在直线之
外，终点一定要位于直线上。停留的位置由数值、变量或表达式
来指定。

图 5-16 【指向
固定点】的动画预览

选中该项，在【移动】图标的【属性】面板中将增加【远端范围】的下拉列表，并
更新动画预览，如图 5-17 和图 5-18 所示。

图 5-17 【增加远端范围】列表的【属性】面板

图 5-18 更新的动画预览

提 示

关于【远端范围】的列表，其列表中的 3 种具体的设置，将在本小节之后的内容中进行详细介绍。

❑ **指向固定区域内的某一点**

沿平面定位的动画。这种动画效果是使显示对象在一个坐标平面内移动。起点坐标
和终点坐标由数值、变量和表达式来指定。

选中该选项，即可在【属性】面板中设置基点、目标和终点等属性的变化范围，并
更新动画预览，如图 5-19 和图 5-20 所示。

图 5-19 更新的属性面板

图 5-20 更新的动画预览

❑ **指向固定路径的终点**

这种动画效果是使显示对象沿预定义路径的起点移动到路径的终点，路径可以是直
线段、曲线段或是两者的结合。

选中该选项，即可在【属性】面板中设置终点的移动条件，并更新动画预览，如图
5-21 和图 5-22 所示。

图 5-21 更新的属性面板

图 5-22 更新的动画预览

❑ 指向固定路径上的任意点

这种动画效果也是使显示对象沿预定义的路径移动，但最后可以停留在路径上的任意位置而不一定非要移动到路径的终点。停留的位置由数值、变量或表达式来指定。

选中该选项，同样可以设置远端范围，更改点的基点、目标和重点，并更新动画预览，如图 5-23 和 5-24 所示。

图 5-23 更新的属性面板

图 5-24 更新的动画预览

5.3 创建定位动画

在 Authorware 中，通过鼠标拖曳，控制动画元件的移动，制作而成的动画类型，称之为"定位动画"。在 Authorware 中，共有 3 种定位动画，即终点定位动画、直线定位动画和平面定位动画。

5.3.1 终点定位动画

终点定位动画是 Authorware 中最简单、最基本的动画。其主要用于实现各种简单的匀速直线运动。在创建该动画时，用户只需要为动画元件设置起点和终点即可。

首先，在主流程线上插入两个【显示】图标，如拖动【图标】工具中的【显示】图标，命名为"背景"，再添加一个【显示】图标，并将第二个【显示】图标命名为"飞机"，将天空背景，以及飞机动画元件等图像素材分别导入到【显示】图标中，如图 5-25所示。

提　示

如果用户需要在一个【演示窗口】显示多个【显示】图标的内容，可以先双击某一个【显示】图标，然后再按住 Shift 键，分别单击其他需要显示的【显示】图标，使其他【显示】图标的内容也在这一个【演示窗口】中显示。

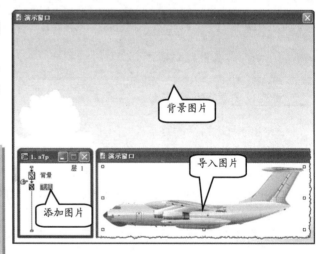

图 5-25 导入飞机和天空背景

双击名称为"飞行"的【显示】图标，将飞机移动到屏幕的右侧。然后，在【图标】栏中选中【移动】图标，将其拖曳到流程线中名为"飞机"的【显示】图标下方，将其命名为"飞行"，如图 5-26 所示。

双击名称为"飞行"的【移动】图标，并打开【属性】查检器。然后，在【演示窗口】中将"飞机"的图像拖曳到窗口的左侧。在【属性】检查器中设置【定时】为"时间（秒）"，设置数值为10，如图5-27所示。

当设置完成这些参数后，就可以关闭【属性】面板，并执行【调试】|【重新开始】命令，运行该程序。此时将看到飞机是沿着起始位置和指定终点之间的直线进行水平匀速直线运动。

5.3.2　直线定位动画

直线定位动画是终点定位动画的一个增强版本，采用这种运动方式，可以使对象从演示窗口的当前位置沿着指定的直线运动，由常量、变量或表达式的值确定运动终点。

1．设计直线定位动画

在直线定位动画中，需要用户为动画元件设置直线的初始点和终点。例如，制作一个鹅在水中游的直线定位动画，首先分别将"背景"、"鹅"，以及"鹅"上方的梅花等图像素材分别拖曳到影片中，并为3个【显示】图标命名，如图5-28所示。

然后，拖动【移动】图标到流程线上，并双击该图标打开【移动】

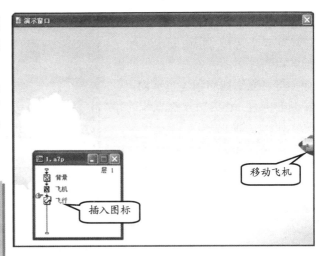

图 5-26　插入【移动】图标

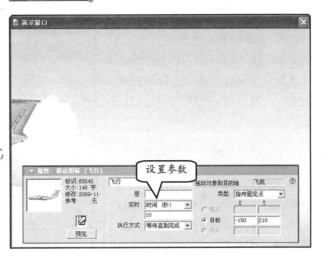

图 5-27　设置动画的时间

图 5-28　拖曳各种图像素材

图标的【属性】检查器。在【类型】下拉列表中选择"指向固定直线上的某点"选项，再单击"鹅"的图像，将"鹅"拖动到【演示窗口】左侧的位置，作为所设置直线的起点，如图 5-29 所示。

在设置完起始点后，在【演示窗口】中将出现一个黑点，标识原"鹅"图像的位置。同时，在【属性】检查器中将自动跳转到【终点】的选项。再将"鹅"拖到【演示窗口】右侧的位置，作为所设直线的终点，此时在【演示窗口】中就可以看到所设置的直线，如图 5-30 所示。

在【属性】检查器中，设置动画的播放时间后，即可执行【调试】|【重新开始】命令，运行该程序。此时，"鹅"就会按照设定的直线自左向右运动。

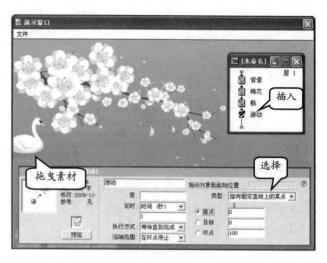

图 5-29　设置鹅游动的起始点

2. 设置目标点位置变量

在给定目标点位置变量时，如果它的值在大于 0 且小于 100 的范围内，鹅就会在所设直线上的某一点定位。如果这个值超出该范围后就要做越界处理设置。此时，需要用户在【远端范围】的下拉列表中进行选择。

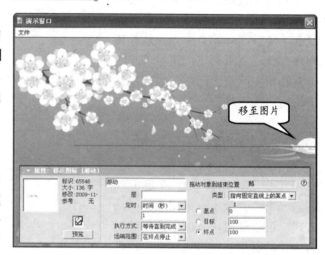

图 5-30　创建定位直线

- ❑ **到终点停止**　当给定值大于所设直线的长度值时，该选项将按与所设直线的基点或终点最接近的值执行。假设给定值为 120，程序将按 100 执行，也就是将其定位在终点。如果给定值为-20，则按 0 执行，也就是定位在起点。
- ❑ **循环**　当给定值大于所设直线的长度值时，则按两者的差执行。如果给定值为 120，则按 120-100=20 执行，也就是将移动对象定位在 20 处。当给定值小于所设直线的长度值时，将按两者的和执行。假设给定值-20，则按-20+100=80 执行，将其定位在 80 处。
- ❑ **到上一终点**　当给定值大于所设直线的长度值时，将按给定值执行。假设给定值为 120，也就是在终点之后 20 处定位。假设给定值为-20，则在基点之前 20 处定位。

如果为目标点位置设置一个固定不变的值，那么每次运行程序，"鹅"就只能按一个固定的点进行移动。

Authorware 多媒体制作标准教程（2013—2015 版）

如果为目标点坐标设置一个变量，当变量取不同的值时，就可以在给定直线上不同的点定位。如在设置"鹅"游动时，可以在目标栏内填入一个变量的名称，接着再对该变量进行设置，如图 5-31 所示。

设置了变量而不为其赋值，变量就只能使用初始值。例如，变量 YPostion 的初始值就为 0。在这里也可以建立【计算】图标 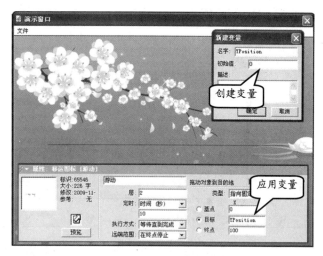 "YPosition"，并引用系统随机函数 Random 为变量赋值，每次执行这个【计算】图标，YPostion 都会得到一个 1 到 100 之间的随机值，如图 5-32 所示。

图 5-31　设置变量

为了使程序能自动不停地运行，可以建立【计算】图标 "Loop"，引用系统转向函数，使程序转向【计算】图标 "YPosition"。这样就可以实现鹅的连续游动，如图 5-33 所示。

图 5-32　插入【计算】图标并添加代码

5.3.3　平面定位动画

在之前已介绍过终点定位与直线定位动画的制作。无论终点定位还是直线定位，都仅仅是针对单维度坐标体系的运动方式。如果要控制图像在二维坐标系中运动，就需要制作平面定位动画。

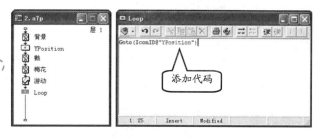

图 5-33　添加循环程序

平面定位动画相当于其他动画设计软件中的二维平面动画，是指限制动画元件在平面直角坐标系某个范围中运动的一种动画。大多数多媒体游戏演示中的动画部分，都是由平面定位动画组成。

例如，使用平面定位动画制作一个围棋游戏，首先，在程序的流程线中创建一个【显示】图标，在【显示】图标中绘制一个棋盘，为"棋盘"的【显示】图标中增加绘制一些黑棋子。如图 5-34 所示。

在棋盘的【显示】图标下方再拖曳一个【显示】图标，将其命名为棋子，并在该【显示】图标中绘制一个与黑棋子相同大小的白棋子，如图 5-35 所示。

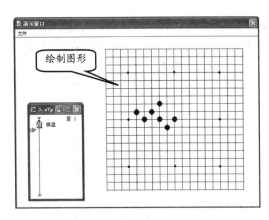

图 5-34 绘制围棋棋盘

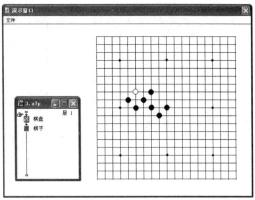

图 5-35 绘制白棋子

拖动一个【移动】图标到流程线上,命名为"行棋",然后双击该【移动】图标,打开相关的【属性】检查器,在【类型】的下拉列表中选择【指向固定区域内的某点】选项,如图 5-36 所示。

此时在【类型】下拉列表的上方提示【拖动对象到起始位置】,单击所要移动的对象后,接着提示【拖动对象到结束位置】,单击并拖动所要移动的对象到目标位置。此时就可以看见为移动对象所设置的矩形边线,如图 5-37 所示。

图 5-36 选择动画类型

此时,用户即可通过拖曳白色的棋子,使其在矩形边框线的范围中移动,并改变【目标】单选按钮后的值,预览不同的动画效果。

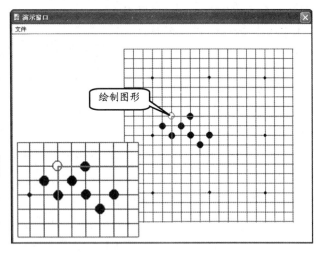

图 5-37 矩形边界线

5.4 创建路径动画

在 Authorware 中,除了创建各种固定定位的动画以外,还允许用户设置动画运动的路线,控制动画按照指定的路线运动。在设计这种动画时,就需要创建关于路径的动画。

5.4.1 路径与路径动画

在设计路径动画之前,首先应了解路径的含义。路径,又称笔触,是矢量图形设计领域的一个术语,其意指使用绘图工具创建的任意形状曲线。在各种矢量图形绘制软件中，路径往往用于勾勒各种物体的轮廓，所以也被成为轮廓线。

根据路径是否能构成一个闭合图形，又可将路径划分为开放路径和闭合路径两种。在动画设计领域，很多矢量动画设计软件都允许用户绘制和编辑各种路径，然后以路径作为动画元件移动的轨迹线。

在 Authorware7.0 中，允许用户以定义节点的方式绘制各种路径，同时改变路径的每两个节点之间的线条弧度，以定义各种形式的轨迹线条。

在之前介绍的定位动画中，往往只能实现各种动画元件的直线运动。如需要使动画元件按照折线、曲线的方式运动，则必须使用各种绘制的路径，通过定义路径的形状，实现丰富的动画元件运动。

路径动画又可分为路径移动动画和路径定位动画两种。下面将根据两种简单的示范，来介绍两种路径动画的设计方法。

5.4.2 路径移动动画

路径移动动画是一种典型的以路径线条作为移动轨迹的动画。根据路径线条的形状，可以将其分为直线路径动画、曲线路径动画和闭合路径动画 3 种。

1. 直线路径动画

直线路径动画是以完全平直的线条作为运动路径的动画。其路径轨迹往往是一条直线或多条直线构成的折线。例如，创建一个枫叶降落的路径移动动画，首先应为程序的流程线添加【显示】图标，并在【显示】图标中插入动画的背景，如图 5-38 所示。

再为应用程序的流程线添加一个【显示】图标，将枫叶的图像素材导入到【显示】图标中，将【显示】图标命名为"枫叶"，如图 5-39所示。

然后，为程序再添加一个【移动】图标，双击该图标，打开【属性】面板，并选中"枫叶"，设置【类型】为【指向固定路径的终点】，

图 5-38　导入动画背景

图 5-39　导入枫叶图像素材

并设置【定时】为【速率】，设置下方的输入文本域内容为 1，如图 5-40 所示。

拖曳枫叶动画元素位置处的黑色三角形，拉出一条路径线，确定枫叶下落的起点和终点，如图5-41所示。

用鼠标单击路径的黑色线条，创建新的路径节点，然后，即可拖曳新的路径节点，将路径转换为折线。用同样的方式，制作多个路径节点，使枫叶的运动轨迹更加逼真，如图5-42所示。

2. 曲线路径动画

曲线路径动画是指动画元件运动的轨迹并非直线和折线，而是曲率不为0的曲线。制作曲线路径动画，需要为动画的元件绘制曲线的路径。

例如，制作太阳升起和落下的动画，就需要为太阳绘制曲线路径，使其按照一个半圆形的路径运动。首先，在应用程序中插入三个【显示】图标，并为【显示】图标插入背景、太阳和树林等图像素材，如图5-43所示。

图 5-40　设置动画类型和移动速度

图 5-41　拖曳路径

图 5-42　绘制枫叶下落的路径

图 5-43　导入 3 个显示图标的图像素材

单击太阳的图像，将其拖曳到影片的左下角，然后在应用程序的流程线中建立一个【移动】图标，将【移动】图标命名为"太阳运动"。双击该【移动】图标，打开其【属性】检查器。设置其【类型】为【指向固定路径的终点】，设置【定时】为【速率（sec/in）】，如图5-44所示。

双击"背景"的【显示】图标，按住 Shift 键单击"太阳"的【显示】图标，最后单击"太阳移动"的【移动】图标，为"太阳"的【显示】图标和"太阳移动"的【移动】图标建立关联。然后，拖曳"太阳"的图像，绘制太阳移动的直线路径，如图5-45所示。

Authorware 多媒体制作标准教程（2013—2015版）

图 5-44　设置移动图标的属性

图 5-45　绘制太阳移动的直线路径

　　双击太阳移动的起始点三角形图标，将其转换为圆形。然后，单击路径线中段的部分，建立一个新的圆形路径节点，并将其选中，如图 5-46 所示。

　　拖曳圆形的节点，将太阳的图形运动的路径修改为弧形，并调节其弧度，即可完成整个路径移动动画的制作，如图 5-47 所示。

图 5-46　添加圆形节点标志

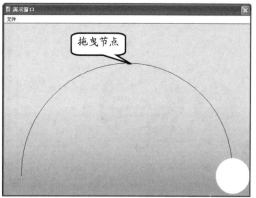

图 5-47　制作太阳移动的路径

　　最后，先双击"背景"的【显示】图标，再分别单击"太阳"和"树林"的【显示】图标，执行【调试】|【播放】命令，即可播放动画。

3. 闭合路径动画

　　闭合路径动画也是一种特殊的路径移动动画。其特点是组成动画移动路径的并非一条简单的直线、折线或曲线，而是一个闭合的几何图形，例如多边形、椭圆形等。在制作闭合路径动画时，方法与制作直线路径动画和曲线路径动画类似。

　　例如，制作一个月球围绕地球旋转的动画，首先应该在应用程序中分别创建两个【显示】图标，然后将地球和月球的素材图像导入到图标中，如图 5-48 所示。

　　然后，在应用程序的流程线中插入一个【移动】图标，并设置其【类别】为【指向固定类别的终点】，设置【定时】为【速率(sec/in)】，然后单击月球的图像，如图 5-49 所示。

图 5-48 导入素材图像

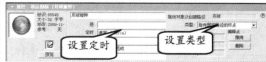

图 5-49 设置移动图标的属性

拖曳月球的图像，绘制月球围绕地球旋转的路径，并控制路径的初始点与结束点相重合，如图 5-50 所示。

分别双击运动路径的各个节点，将其转换为圆形的节点标志，然后即可完成圆形的闭合路径，如图 5-51 所示。

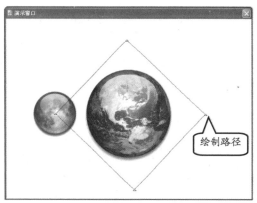

图 5-50 创建闭合运动路径

图 5-51 绘制圆形闭合路径

5.4.3 路径定位动画

路径定位动画是一种特殊的路径动画。其在制作上与路径移动动画相似，需要像路径移动动画一样编辑路径。区别在于，路径定位动画允许用户通过数值设置路径的停止节点位置，因此，这两种动画在创建基点、目标点和终点等方面有所不同。

例如，修改上一小节中制作的动画，双击名为"月球旋转"的【移动】图标，选择【类型】为【指向固定路径上的任意点】，然后，设置【远端范围】为【循环】，如图 5-52 所示。

图 5-52 设置移动属性

在上面的【属性】检查器中，【基点】的作用是设置运动的起始点，终点的作用是

Authorware 多媒体制作标准教程（2013—2015 版）

设置运动的最大可运动范围,【目标】的作用是设置动画停止的点。例如,在月球旋转的动画中,月球是围绕地球进行 360° 旋转的,因此基点就是 0,终点为 360。

如果需要通过路径定位动画,控制月球旋转 180° 即停止,则可设置【目标】为 180,这样月球在旋转到一半的路径时就会停止。

5.5 实验指导:制作教学演示片头

要想使教学课件吸引人,让学生感兴趣,那就离不开一个引人入胜的演示片头。

在多媒体课件中,用户也可以添加一些片头效果,增加课件的动态效果,并且吸引学生的注意。

1. 实验目的

❏ 导入背景图片
❏ 移动图标的使用
❏ 路径移动动画的应用
❏ 交互图标的使用

2. 实例步骤

1 新建文件,保存【文件名】为"制作教学演 示片头"。打开【属性】检查器,设置【演示窗口】的【大小】为"根据变量"选项。

2 在流程线上拖入一个【显示】图标，命名为"背景"。双击该图标，打开【演示窗口】，单击【工具栏】中【导入】按钮，在弹出的【导入哪个文件？】对话框中选择要导入的背景图片，单击【导入】按钮，如图 5-53 所示。

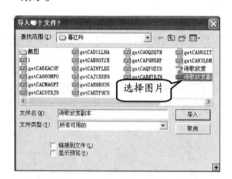

图 5-53　导入背景图片

3 在【演示窗口】中已经导入了背景图片，根据图片的大小调整【演示窗口】的大小，如图 5-54 所示。

图 5-54　调整后的【演示】窗口

4 在流程线上再拖入一个【显示】图标，命名为"诗歌欣赏"。按住 shift 键打开"背景"显示图标和"诗歌欣赏"显示图标，选择【文本】工具，在图片文字的位置分别输入"诗"、"歌"、"欣"、"赏" 4 个字，【字体】为【华文新魏】，【大小】为 15，如图 5-55 所示。

5 拖入一个【等待】图标，命名为"1"。单击该图标，打开【属性】检查器，设置【时限】

为 1.5，并禁用其他的选项，如图 5-56 所示。

图 5-55　输入文本

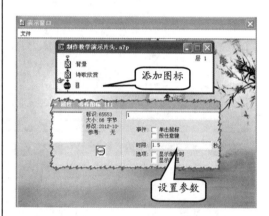

图 5-56　设置【等待】图标属性

6 拖入一个【群组】图标，命名为"移动"。然后，在其支流程线上拖入一个【显示】图标，命名为"诗"。双击该图标，利用【绘图】工具箱中的【文本】工具，在【演示窗口】中输入文字"诗"，【字体】为【华文新魏】，【大小】为 48，并使该文字与"诗歌欣赏"【显示】图标中的"诗"文本位置大致相同，如图 5-57 所示。

7 打开"诗"图标的【属性】检查器，单击【特效】中的【浏览】按钮 。。打开【特效方式】对话框，选择【内部】分类中的"以点式由内往外"选项，单击【确定】按钮，如图 5-58 所示。

图 5-57 添加文本

图 5-58 为"诗"图标添加特效

8 在子流程线上再拖入一个【移动】图标，命名为 1。单击该【移动】图标，打开【属性】检查器，单击"诗"图标作为移动对象，选择【类型】中的【指定固定点】选项，然后拖动"诗"文本到如图 5-59 所示的位置。

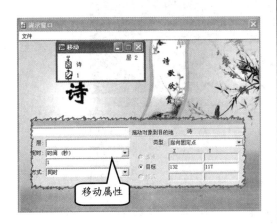

图 5-59 设置移动路径

9 接着以同样的方法添加"歌"、"欣"、"赏"图标的特效方式，并为这些图标添加文字的移动路径，调整好这几个文字的相对位置，如图 5-60 所示。

图 5-60 流程线和移动效果图

10 在主流程线上再拖入一个【等待】图标，命名为 2。打开该图标的【属性】检查器，并设置【时限】为 2，禁用其他选项。

11 再拖入一个【显示】图标，命名为"暮江吟"。双击该图标，使用【文本】工具，在【演示窗口】中输入"暮江吟"文本，设置【字体】为【华文新魏】，【大小】为 25，并调整其位置，如图 5-61 所示。

图 5-61 添加【显示】图标

12 在主流程线上再拖入一个【交互】图标，命名为"交互"。在其右边拖入一个【显示】图标，选择交互类型为"热区域"类型。单击交互类型图标，这时出现一个热区域方框，拖动至"暮江吟"文字上，并调整热区域大小，如图 5-62 所示。

图 5-62　添加热区域交互类型

13 双击【交互】图标下的显示图标，在【演示窗口】中输入"唐代诗人白居易创造的一首七绝，下面进入诗歌讲解！"文本内容。然

后调整文本内容的位置于"暮江吟"文字的下面，如图 5-63 所示。

图 5-63　添加热区提示信息

14 保存文件，单击工具栏中的【运行】按钮，即可查看运行效果。

5.6　实验指导：制作诗歌欣赏动画

在多媒体课件中，除了课件的内容之外，更多的需要展示一些辅助教学的内容。例如，在制作诗歌类型课件时，除了简单的文字信息外，还可以根据诗歌的内容，制作成形象动画，帮助学生对诗歌含意的理解。

另外，用户在诗歌课件中，除了诗歌内容和形象动画外，还可以添加一些作者信息、诗歌产生的背景、诗句的含义等内容。

Authorware 多媒体制作标准教程（2013—2015 版）

1．实验目的

❏ 导入背景图片
❏ 【交互】图标的使用
❏ 设置特效

2．实验步骤

1 在"制作教学演示片头"等内容的基础上，
用户可以再添加一些其他信息。当然，用户
也可以重新设计课件内容，如创建文件，并
保存【文件名】为"制作诗歌欣赏动画"。

2 向主流程线上拖入一个【显示】图标，命名
为"进入讲解"。双击该图标，打开【演示
窗口】。

3 选择【绘图】工具箱中【文本】工具，在【演
示窗口】中输入"进入讲解"文本，并设置
【字体】为【隶书】；【大小】为 18；文本颜
色为"绿色"，并移至窗口右下角位置，如
图 5-64 所示。

图 5-64 输入文本

4 在【交互】图标（在"制作教学演示片头"
课件基础上制作）的右侧，拖入一个【群组】
图标，命名为"暮江吟"，选择【交互类型】
为【热对象】。

5 双击该图标，打开【属性】检查器。在【演
示窗口】中，选择"进入讲解"文本，把它
设置为热对象，如图 5-65 所示。

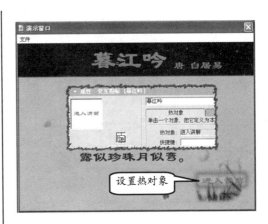

图 5-65 设置热对象

6 在【群组】图标中的支流程线上，拖入一个
【显示】图标，命名为"背景 1"。然后双击
该图标，打开【演示窗口】，导入图片"背
景"。选择【文本】工具，输入诗歌的文本
内容，如图 5-66 所示。再在【属性】检查
器中，设置特效方式为【DmXP】分类中的
【发光波纹展示】特效。

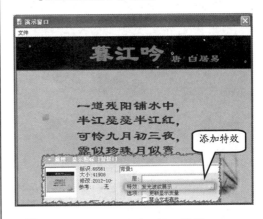

图 5-66 输入文本、设置特效

7 在流程线上再添加一个【显示】图标，命名
为"太阳"。利用【绘图】工具箱中的【椭

圆】工具，绘制一个圆形。单击【填充颜色】
面板，选择"橘色"。通过【文本】工具，
输入"太阳缓缓落下"文本内容，如图5-67
所示。

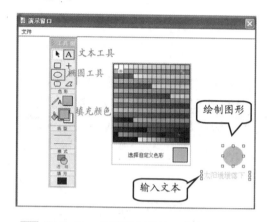

图 5-67　绘制椭圆并输入文本

8　在"太阳"显示图标下再拖入一个【移动】
图标，命名为"移动"。按住 Shift 键，分别单
击"背景"和"太阳"图标。然后，在【演示
窗口】中同时显示两个【显示】图标的内容。

9　再单击【移动】图标，单击绘制的"太阳"
图形使其成为移动对象。然后，设置"太阳"
图形对象的【类型】为"指向固定路径的终
点"选项，并拖动"太阳"图形创建路径，
如图5-68所示。

图 5-68　设置移动路径

10　在【移动】图标的【属性】检查器中，设置
【定时】的【速率】为1；【执行方式】为【等
待直到完成】选项，如图5-69所示。

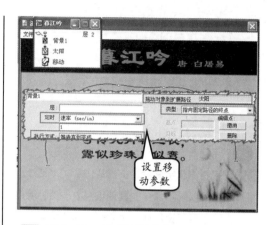

图 5-69　设置属性检查器

11　在【群组】图标中，再拖入一个【等待】图
标和一个【计算】图标，打开【等待】图标
的【属性】检查器，启用【事件】中的【单
击鼠标】复选框，并禁用其他复选框。再双
击【计算】图标，打开【代码】编辑器，输
入"GoTo(IconID@"交互")"代码，如图5-70
所示。

12　再在【交互】图标的右侧添加4个群组图标，
分别为"作者简介"、"写作背景"、"作品注
释"、"句解段析"，其【交互类型】更改为
【按钮】类型，其流程线如图5-71所示。

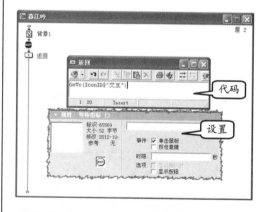

图 5-70　设置属性检查器

13　双击"按钮"交互图标，在【属性】检查器
中，单击【按钮】按钮。在弹出的【按钮】
对话框中，选择一个单选按钮类型，如图
5-72所示。

14　再分别双击其他的【按钮】交互图标，在【按
钮】对话框中，修改其按钮类型。然后，选

择这 4 个单选按钮，执行【修改】|【排列】命令。在弹出的【排列】面板中，分别单击【左对齐】和【垂直方向等距离】按钮，如图 5-73 所示。

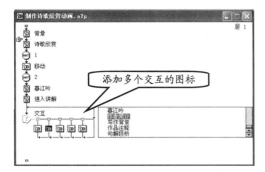

◢ **图 5-71** 程序流程线

◢ **图 5-72** 更改按钮类型

15 在"作者简介"群组图标的分支流程线上，分别拖入【显示】图标、【等待】图标和【计算】图标。

◢ **图 5-73** 排列单选按钮

16 选择【显示】图标，导入"作者简介"图片，并利用【文本】工具输入文本内容，设置【特效方式】为【DmXP】分类中的【发光波纹展示】选项，如图 5-74 所示。

◢ **图 5-74** 作者简介群组图标

17 打开"作者简介"群组图标，在分支流程线上，按 Shift 键选中所有的图标，再按 Ctrl+C 键进行复制操作。然后，分别打开其他的群组图标的分支，并在流程线上，按 Ctrl+V 键进行粘贴操作，如图 5-75 所示。

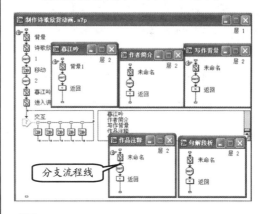

◢ **图 5-75** 所有的流程线

18 更改复制各个分支流程线上的【显示】图标名称后，导入相关的图片并输入相关的文本内容，而其他图标的设置不变。例如，"写作背景"群组图标中的【显示】图标内容，如图 5-76 所示。

19 "作品注释"群组图标中的【显示】图标中的内容，如图 5-77 所示。而"句解段析"

群组图标中【显示】图标的内容，如图 5-78
所示。

图 5-76 "写作背景"分支内容

20 单击工具栏中的【保存】按钮对课件内容进行保存，并单击【运行】按钮，查看课件效果。例如，当单击"进入讲解"按钮时，将进入诗句画面。而在诗句窗口中单击，即返回到程序主界面，单击相应的单选按钮进入到对应的页面。

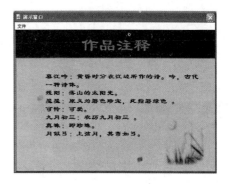

图 5-77 "作品注释"分支内容

图 5-78 "句解段析"分支内容

5.7 实验指导：通过键盘控制小球的运动

制作一个利用键盘上的方向键（→（向右），←（向左），↑（向上），↓（向下））
来控制小球运动的动画。用户通过向右、向左、向上、向下键，来使小球移动。

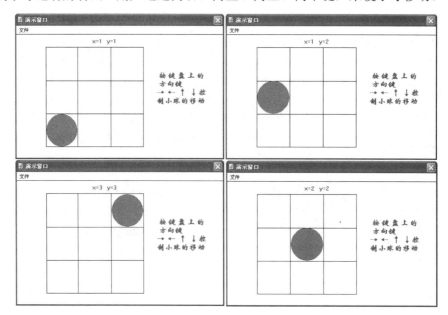

1. 实验目的

- ❑ 使用按键交互响应类型
- ❑ 添加【移动】图标
- ❑ 设置移动类型

2. 实验步骤

1 新建文件,保存【文件名】为"用方向键控制小球的运动"。再按 Ctrl+Shift+D 键,打开【属性:文件】检查器,设置【演示窗口】的【大小】为"512×342",【背景色】为"黄色",如图 5-79 所示。

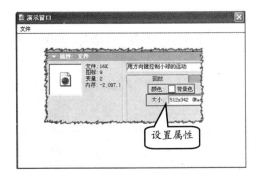

图 5-79 打开属性检查器

2 在【设计】窗口中拖入一个【计算】图标,命名为"初始化"。再双击该图标,在【代码】编辑器中输入"x:=1　y:=1"代码,如图 5-80 所示。

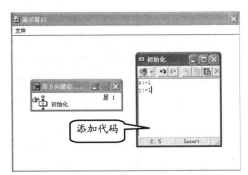

图 5-80 添加图标

3 再拖入一个【显示】图标,命名为"方格";双击该显示图标,打开【绘图工具箱】,单击矩形和直线工具绘制一个 3×3 的方格,

再利用文本工具输入提示文字,最后在适当的位置利用【文本】工具输入显示小球位置的文本"x={x}　y={y}",如图 5-81 所示。

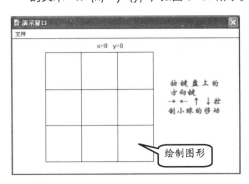

图 5-81 绘制显示内容

4 再拖入一个【显示】图标,为其命名为"小球";双击该【显示】图标,在【演示窗口】图中绘制一个圆形小球,球的直径正好等于小方格的边长,如图 5-82 所示。

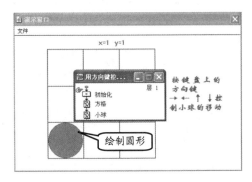

图 5-82 绘制圆形小球

> **提 示**
>
> 根据小球调整方格线中直线的位置,使圆形小球为绘制的每个小方格的内切圆。图 5-82 是先打开"小球"【显示】图标,再按住 Shift 键打开"方格"显示图标看到的内容。

5 在流程线上再拖入一个【移动】图标，命名为"移动"。打开【移动】图标的【属性】检查器，单击"小球"图形，将其作为移动对象，并设置【移动类型】为【指向固定区域内的某点】选项。选择【基点】单选按钮，将小球拖动到左下角的方格内。然后，单击【终点】单选按钮，把小球拖动到右上角的方格内，如图 5-83 所示。

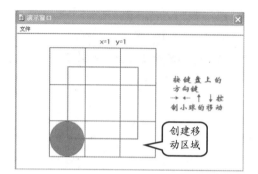

图 5-83　创建移动区域

6 在流程线上再拖入一个【交互】图标，命名为"按键响应"。分别拖入 4 个【计算】图标，【交互类型】为【按键】。再分别给 4 个【计算】图标命名为 LeftArrow、RightArrow、UpArrow 和 DownArrow，如图 5-84 所示。

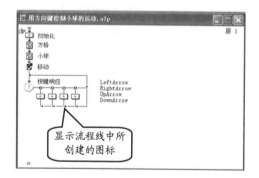

图 5-84　流程线

7 分别双击 4 个【计算】图标，在【代码】编辑器中分别输入各计算图标运行的代码。例如，在 LeftArrow 图标的【代码】编辑器中输入"x:=x-1"代码；在 RightArrow 图标的【代码】编辑器中输入"x:=x+1"代码；在 UpArrow 图标的【代码】编辑器中输入

"y:=y+1"代码；在 DownArrow 图标的【代码】编辑器中输入"y:=y-1"代码。

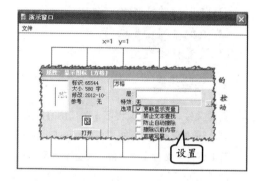

图 5-85　设置"方格"图标属性

8 双击"方格"图标，在【属性】检查器中启用【更新显示变量】复选框，如图 5-85 所示。

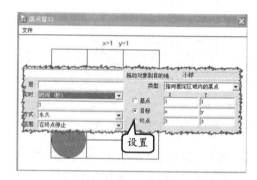

图 5-86　设置"移动"图标属性

9 双击"移动"图标，打开【属性】检查器，选择"小球"移动对象，单击【基点】单选按钮，在右边的 X、Y 文本框中输入 1、1；单击【目标】单选按钮，在右边的 X、Y 文本框中输入 x、y；单击【终点】单选按钮，在右边的 X、Y 文本框中输入 3、3，如图 5-86 所示。

10 单击 LeftArrow 图标，在【属性】检查器中打开【响应】选项卡。在【激活条件】文本框中，输入"x>1"文本，如图 5-87 所示。

11 单击 RightArrow 图标，在【属性】检查器中打开【响应】选项卡。在【激活条件】文本框中，输入"x<3"文本，如图 5-88 所示。

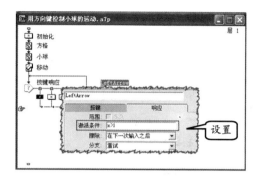

图 5-87 设置 LeftArrow 按键响应

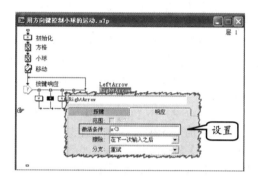

图 5-88 设置 RightArrow 按键响应

12 单击 UpArrow 图标,在【属性】检查器中,打开【响应】选项卡。在【激活条件】文本框中,输入"y<3"文本,如图 5-89 所示。

13 单击 DownArrow 图标,在【属性】检查器中,打开【响应】选项卡。在【激活条件】文本框中,输入"y>1"文本,如图 5-90

所示。

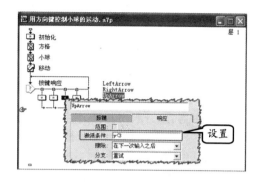

图 5-89 设置 UpArrow 按键响应

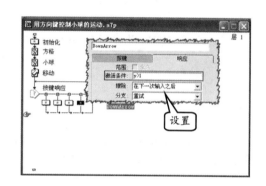

图 5-90 设置 DownArrow 按键响应

14 单击【保存】按钮,对程序进行保存操作。然后,再单击【运行】按钮,即可执行该程序。此时,可以通过按键盘上的方向键来移动小球。

5.8 思考与练习

一、填空题

1. 在 Authorware 中,创建动画有两条不同的途径,一是使用_____图标生成动画,这是内部动画;二是使用_____图标引入外部动画素材,这是外部动画。

2. 在创建_____时只需确定起点与终点,而中间的路径则是由起点与终点组成的一条直线。

3. 添加的动画效果可以通过单击属性检查器左下角的_____按钮预览动画效果。

4. 在处理超出动画范围时,用于从起点继续运动超过部分距离的选项是_____。

5. 沿路径定位的动画是使显示对象沿预定义的_____移动,但最后可以停留在路径上的_____而不一定非要移动到路径的_____。

6. 函数 Random(Min,Max,Units)中Units 的含义是_____。

二、选择题

1. 下面关于 Authorware 说法不正确的是_____。

A. Authorware 采用基于设计图标和流

程图的程序设计方法

B．Authorware 具有可以不写程序代码的特色

C．Authorware 可以用来创作交互式多媒体程序

D．Authorware 能制作出音乐、数字化电影文件

2．在执行方式下拉列表中，执行【移动】图标的同时，继续执行下一个图标的选项是_____。

    A．同时

    B．永久

    C．等待直到完成

    D．开始

3．Authorware 中的移动图标提供了_____种运动方式。

    A．4

    B．5

    C．6

    D．7

4．在设计窗口中打开第一个图标后，同时按_____键可以显示另外一个图标中的内容。

    A．Shift

    B．Alt

    C．Ctrl

    D．Tab

5．下面关于创建 Authorware 动画说法不正确的是_____。

    A．一个【移动】图标可以对两个【显示】图标添加动画

    B．一个【移动】图标不可以对两个【显示】图标添加动画

    C．每个【移动】图标上都必须要有一个【显示】图标

    D．一个【显示】图标后可以带有多个【移动】图标

6．通过设置变量、表达式的值来确定终点的动画类型是_____。

    A．直线定位动画

    B．终点定位动画

    C．平面定位动画

    D．路径定位动画

三、简答题

1．移动路径可以通过 5 种不同的方法进行创建，分别是什么？

2．移动图标能否使文字内容进行移动？

3．路径定位动画与路径移动动画的创建方法有哪些不同？

4．列举现实生活中属于封闭路径运动的实例。

四、上机练习

1．小球跳动

在上面已经为大家讲解了 Authorware 中常见动画类型的创建方法。下面来介绍一下如何创建一个小球跳动的动画。

先绘制几个不同颜色的圆形，用户可以在一个【显示】图标的【演示窗口】中，先绘制一个圆形，再复制到其他的【显示】图标即可，如图 5-91 所示。

然后，创建一个【移动】图标，并选择【演示窗口】中的一个图形，将其设置为移动对象。再在【属性】检查器中，设置【类型】为"指向固定路径的终点"选项，来创建连续运动的动画。

其中，再按上述方法，来创建其他图形的移动路径，如分别设置"球体 1"、"球体 2"、"球体 3"的移动路径。

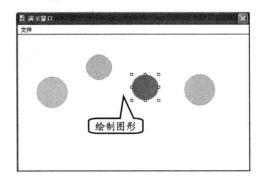

绘制图形

图 5-91 创建移动对象

最后，分别在【移动】图标的【属性】检查器中，设置这些图形的【定时】为"5 秒"；【执行方式】为【同时】，如图 5-92 所示。

2．文字运动

在 Authorware 中，文字也可以像图形一样进行移动。例如，在为文字创建动画效果时，可以将文字看作一个图形来进行操作。

在制作这个文字移动动画之前，可以先导入一张图片作为背景，并设置该图片的特效为【向

下解开展示】效果。再添加一个【等待】图标，并缓冲文字与图片之间的显示时间为 1.5 秒，如图 5-93 所示。

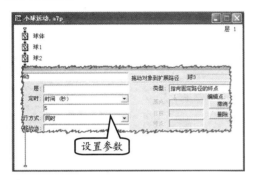

图 5-92 设置【移动】图标的属性

图 5-93 添加"背景"图标和【等待】图标

然后，创建介绍文字，并为其添加【移动】图标，来创建动画类型，如图 5-94 所示。

图 5-94 诗歌内容动画设置

最后，分别对"深"和"院"两个字制作两个路径移动动画，【移动类型】为【指向固定路径的终点】，图 5-95 所示。

"深"字移动路径

"院"字移动路径

图 5-95 文字的移动路径

第6章

应用多媒体

Authorware 作为一个多媒体开发的平台，具有将各种媒体组合在一起的功能，将声音、视频、动画和数字电影等媒体有机地结合起来，共同组成丰富多彩的多媒体应用程序。

本章将对各种外部文件的导入和属性设置进行详细讲解。外部文件包括声音对象、数字电影、视频对象、GIF 动画、Flash 以及 QuickTime 文件等。

本章学习要点：

➢ 【声音】图标
➢ 【数字电影】图标
➢ 【DVD】图标
➢ 导入其他多媒体对象

6.1 【声音】图标

Authorware 可以使用【声音】图标来加载并播放声音文件，从而实现配音解说或播放背景音乐的效果，从而大大增强了多媒体作品展示的魅力。但是，Authorware 只能对声音进行简单的播放，并不能制作混响、倒放、回声等效果。

6.1.1 导入音频文件

那么，什么时候才会使用【声音】图标呢？一般在制作多媒体课件时，用来播放声音。在多媒体作品中使用声音有 3 种方式。

- ❏ 背景音乐
- ❏ 音响效果
- ❏ 解说词

有时需要同时播放两种以上的声音，有时需要通过程序控制声音与其他媒体（滚动字幕、图片、电影、移动对象等）保持同步。

但 Authorware 只能对声音进行简单的播放，并不能制作混响、倒放、回声等效果。利用 Authorware 提供的【声音】图标，可以在多媒体作品中加载各种各样的声音信息，并且可以根据作品中的设置进行播放。

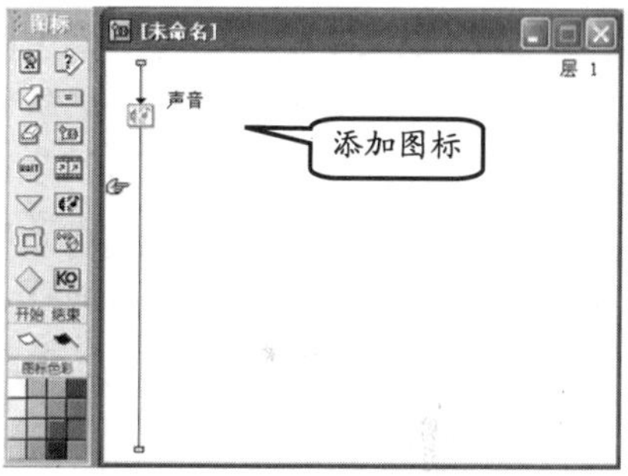

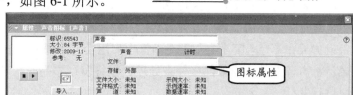

1. 导入音频文件

从图标工具栏中，将一个【声音】图标拖放到流程线上，并命名为"声音"，如图 6-1 所示。

图 6-1 拖动【声音】图标

然后，执行【修改】|【图标】|【属性】命令，打开【属性】检查器，如图 6-2 所示。

单击【导入】按钮，在弹出的【导入哪个文件？】

图 6-2 【声音】图标的【属性】检查器

对话框中，选择要导入的声音文件，并设置该声音文件是否要保存在 Authorware 文件的内部，如图 6-3 所示。

如果要保存在内部，则禁用【链接到文件】复选框；如果启用【链接到文件】复选框，则该声音文件只是和 Authorware 程序建立了链接关系，并不包含在程序中，而播放课件时需要用户将该声音文件与该课件文件同时提供给用户。

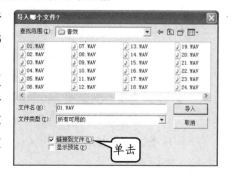

选择声音文件后，单击【导入】按钮，即可将

图 6-3 导入声音文件

该声音文件导入到 Autho-
rware 中，并与对应的【声
音】图标建立链接关系。
同时，【属性】检查器的【声
音】选项卡将显示音频文
件信息，如图 6-4 所示。

图 6-4　导入音频文件

在【属性】检查器左
侧的图标下面，用户可以单击【播放】按钮，来试听音频文件内容。或者单击【停止】
按钮，停止播放音频文件。

另外，用户还可以通过【属性】检查器的其他参数，来设置音频文件内容。

❏ **预览窗口**　显示被导入的声音文件的格式标志。如果没有导入声音文件，则这个
窗口是空白的。

❏ **【停止】**▪和**【播放】**▸**按钮**　用来控制预览时声音文件的播放与停止。

❏ **声音图标信息**　该区域显示声音图标的相关信息，包括标识、大小、日期以及引
用变量等。

❏ **【导入】按钮**　单击该按钮，可以在弹出的对话框中选择要导入的声音文件。

❏ **标题文本框**　该文本框用来设置声音图标的标题。如果在拖放声音图标时没有为
声音图标命名，则系统默认为"未命名"。

❏ **文件**　该文本框显示了导入声音文件的位置信息。当单击【导入】按钮后，此文
本框内将自动更新为声音文件所在的位置信息，包括所在的盘符、文件夹以及文
件名等信息。此外，也可以在该文本框中直接输入要导入的声音文件的路径。

❏ **存储**　该文本框显示了导入的声音文件的储存信息，是作为外部文件还是作为内
部文件来存储。

如果在【导入哪个文件】对话框中没有启用【链接到文件】复选框，则该项显示为
内部，表示将声音文件作为内部文件来处理，打包时该声音文件的信息被放入应用程序
中，发行时，不需要单独发行该声音文件。

如果在【导入哪个文件】对话框中启用【链接到文件】复选框，则该项显示为外部，
表示将声音文件作为外部文件来处理，最终发行作品时，该声音文件必须同应用程序一
块进行发行。

❏ **文件大小**　显示导入的声音文件的大小。

❏ **文件格式**　显示导入的声音文件的格式，这里是 WAVE 格式的声音文件。

❏ **声道**　显示声音文件的声道数。其中有单声道和双声道立体声两种声道。

❏ **示例大小**　显示导入的声音文件是 8 位还是 16 位。

❏ **示例速率**　显示该声音的采样频率，采样频率越高，声音的质量越好。

❏ **数据速率**　显示当 Authorware 播放声音文件时，从硬盘上读取该文件的传输速
率。该值的计算方式是声道、示例大小和示例速率 3 个值相乘的结果。

打开【属性】检查器中的【计时】选项卡，即可显示对【声音】图标一些相关设置
参数，如图 6-5 所示。

在【计时】选项卡中，各个选项主要用来控制声音文件的播放，其说明分别如下所示。

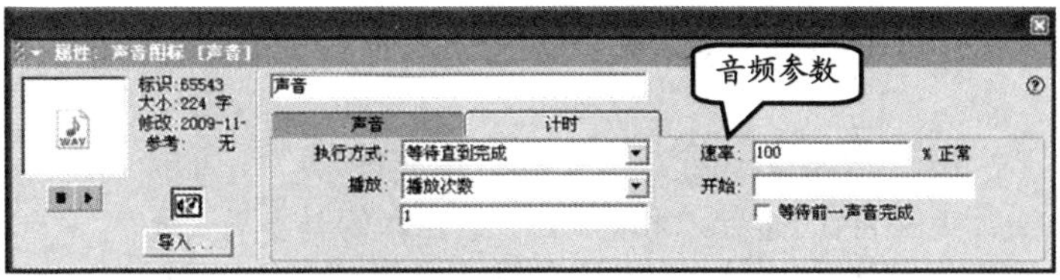

图 6-5　【计时】选项卡

❏ **执行方式**

该下拉列表包含了等待直到完成、同时、永久 3 个选项，用来控制流程线上声音图标后面的图标播放的时间。其中，【等待直到完成】选项用来表示在声音文件播放完成后，才继续播放流程线上的下一个图标内容；【同时】选项表示将同时执行声音图标和它后面的设计图标；【永久】选项表示将保持声音图标永久处于被激活状态。

❏ **播放**

该下拉列表框中包含了播放次数和直到为真两个选项，用来设置声音文件的播放次数。其中，【播放次数】选项用来指定想要播放的次数，可以是数值，也可以是变量和表达式；【直到为真】选项表示重复播放该声音文件，直到文本框中变量或表达式的值为真，但需要选择【执行方式】为【永久】选项。

❏ **速率**

设置声音播放的速度。当该值为 100 时表示使用声音文件原来的播放速度；低于这个值表示比原来速度要慢；高于这个值表示要比原来的速度快。也可以输入一个变量或表达式来表示播放速度。

❏ **开始**

决定何时开始播放声音文件。在此文本框内可以输入变量或者表达式，当其值由假（False）变为真（True）时，可以从头开始播放声音；而当其值由真（True）变为假（False）时，则不播放声音。在不输入任何内容时，系统默认的值为真（True）。

提 示

在交互程序设计过程中，用户可以通过在【开始】文本框中输入相应的变量或条件表达式，来控制声音的适时播放，但注意，有些声卡不支持变速播放。

❏ **等待前一声音完成**

当程序中有多个声音图标时，该复选框才可用。启用该复选框，可以使【声音】图标的声音，在前一个声音图标的声音播放完后，才开始播放。如果取消该复选框，则执行到该图标时，会立即停止播放前一个声音图标的声音。

2. 其他导入声音的方法

直接把 Windows 操作系统中的声音文件拖入到流程线上，Authorware 会自动在流程线上创建一个【声音】图标，并把声音存储在程序内部，【声音】图标的标题自动命名为声音文件名，如图 6-6 所示。

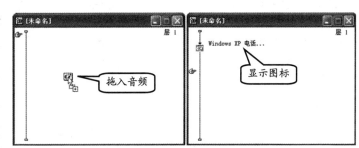

图 6-6　向流程线拖入音频文件

3．导入素材文件

用户除通过上述方法导入音频文件外，还可以执行【文件】|【导入和导出】|【导入媒体】命令，在弹出的【导入哪个文件？】对话框中，选择需要导入的音频文件，并单击【导入】按钮，如图 6-7 所示。

导入音频文件后，Authorware 自动在流程线上添加一个【声音】图标，并把音频文件导入到该图标中，而【声音】图标的标题名称自动命名为声音文件名，如图 6-8 所示。

当然，用户也可以像类似于添加图像一样，导入多个音频文件。例如，在【导入哪个文件？】对话框中，单击右下角的【扩展】按钮，并显示【导入文件列表】内容，然后，多次单击【添加】按钮，即可选择多个音频文件，再单击【导入】按钮，如图 6-9 所示。

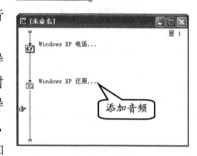

图 6-7 选择导入音频文件

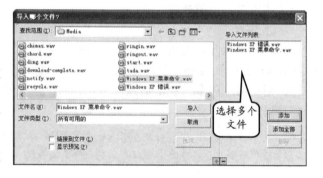

图 6-8 显示导入的音频文件

6.1.2 媒体同步

媒体同步是指根据媒体的播放过程，同步显示文本、图形、图像和执行其他内容，媒体可以是包含声音或数字化电影等基于时间的数据。

Authorware 提供的媒体同步技术允许【声音】图标和【数字电影】图标激活任意基于媒体播放位置和时间的事件。只要将文本、图形、图像的显示和对其他事件的计时同音频或视频信息并列，就能够方便地在媒体播放的任意时刻控制各种事件。

选择工具箱中的【声音】图标，将其拖入到设计窗口的流程线上。然后，在该图标的右侧放置一个其他图标，如【群组】图标。这时会出现一个像小时钟的图标，该图标为媒体同步标记，如图 6-10 所示。

双击媒体同步标记，打开【属性】检查器，并对媒体同步分支的同步属性进行设置，以决定媒体同步图标的执行情况，如图 6-11 所示。

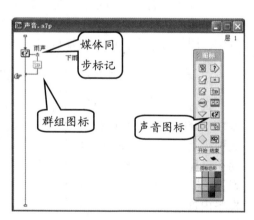

图 6-10 创建媒体同步分支显示

在【媒体同步】属性面板中，各个选项的含义如下所示。

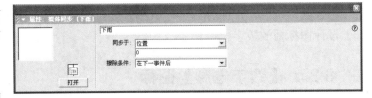

图 6-11　【媒体同步】属性面板

❑ **标题**

在该文本框中输入图标的名称，如"下雨"。

❑ **同步于**

在该下拉列表下可以设置媒体同步图标的执行选择，包含【位置】和【秒】两个选项。其中，【位置】选项表示根据媒体的播放位置决定媒体同步图标的执行时机。

此时必须在其下方的文本框中，输入代表媒体播放位置的数值或表达式。对于【声音】图标，播放位置以毫秒为单位。而【秒】选项表示根据媒体的播放时间决定媒体同步图标的执行时机。

此时，必须在下方的文本框中输入代表媒体播放时间的数值或表达式。播放时间以秒为单位。

❑ **擦除条件**

用于设置是否擦除媒体同步图标的内容，包含有【在下一事件后】、【在下一事件前】、【在退出前】和【不擦除】4 个选项。

其中，选择【在下一事件后】选项后，表示在程序执行到下一媒体同步分支时，擦除当前媒体同步分支中的所有内容。

在程序执行到下一媒体同步分支之前，当前媒体同步分支中的所有内容将一直保留在演示窗口中。

选择【在下一事件前】选项后，表示在程序执行完当前媒体同步分支时，立即擦除当前媒体同步分支中的所有内容。

选择【在退出前】选项后，表示在程序执行完所有媒体同步分支后，再擦除当前媒体同步分支中的所有内容。

选择【不擦除】选项后，表示保持当前媒体同步分支中的所有内容不被擦除。在这种情况下，需要使用【擦除】图标来擦除被保留的内容。

由于媒体同步技术使【声音】图标可以带有媒体同步图标，所示不再能够单独作为【响应】图标、【页】图标或【分支】图标使用。如果需要在上述设计图标中使用声音信息，则必须将【声音】图标放置在【群组】图标之中。

提 示

如果为【声音】图标创建同步分支，则【声音】图标的【执行方式】属性只能被设置为两种方式：一种是【等待直到完成】选项，另一种是【同时】选项。

如果【声音】图标已被设置为【永久】方式，则在创建了媒体同步分支之后，会自动转换为【同时】方式。另外，在所有媒体同步分支执行完毕之前，程序流程线上的【声音】图标之后的设计图标不会得到执行。

6.2 【数字电影】图标

应用数字化电影技术，可以使多媒体设计更加生动、形象、逼真。在多媒体作品中可以导入数字电影，并且对数字电影播放进行控制，以及在 Authorware 中使用【数字电影】设计图标播放数字化电影。

6.2.1 【数字电影】图标

数字化电影可以提供丰富的动画效果及伴随音效，它的来源一般有两种：一种是使用专门的动画制作软件制作，因为 Authorware 本身不能产生数字信息，必须利用其他的制作工具（如 Director 动画制作软件）来制作 Authorware 支持的数字电影格式，然后将其导入 Authorware 程序中；另一种是使用影像捕捉编辑软件，通过视频捕捉卡把捕捉到的录像片转化为计算机能够处理的数字化电影文件。

利用 Authorware 的【数字电影】 图标，可以方便地在多媒体应用程序中导入用 3ds Max、Director、Easy 3D 等专业动画制作软件制作的数字电影。Authorware 支持的数字电影格式有：

❑ DIR、DXR（Macromedia Director 文件）
❑ AVI（视频 for Windows）
❑ MOV（QuickTime for Windows）
❑ PICS（只能在 Mac 平台上使用）
❑ FLC/FLI
❑ MPEG
❑ BMP Bitmap Sequence（位图组合文件）

在这些 Authorware 支持的文件格式中，PICS 和 FLC/FLI 格式必须内置到 Authorware 中，而其他格式的文件只能作为外部文件链接到 Authorware 中。

6.2.2 【数字电影】图标属性

选择工具箱中的【数字电影】图标，将其拖放到设计窗口的流程线上，并命名为"电影"，如图 6-12 所示。

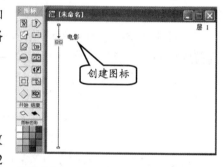

图 6-12　添加【数字电影】图标

然后，执行【修改】|【图标】|【属性】命令，打开【属性】检查器，如图 6-13 所示。

单击【导入】按钮，在弹出的对话框中选择要导入的电影文件，然后单击【导入】按钮，如图 6-14 所示。

图 6-13　【数字电影】图标的【属性】检查器

此时，在【数字电影】图标的【属性】检查器中，通过【电影】选项卡可以看到所导入的视频文件内容，如图 6-15 所示的界面。

1．预览窗格

在【属性】检查器的最左侧，有视频文件的预览窗格。通过该窗格，用户可以查看当前视频文件的格式。

2．播放控制按钮

在窗格的下面，包含了停止、播放、单步后退和单步前进 4 个视频播放的控制按钮。用户可以通过单击这些按钮，来控制视频的播放效果。

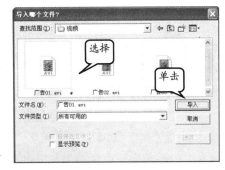

图 6-14 导入外部视频文件

3．帧

在帧计数器区域，显示当前导入的数字电影的总帧数和当前播放的帧的位置。该区域中显示的内容，会随着数字电影的播放情况随时更新。

图 6-15 视频文件信息

4．【导入】按钮

通过单击该按钮可以导入需要添加到【数字电影】图标中的视频文件。

5．【标题】文本框

用来设置【数字电影】图标的标题名称，如果在拖放该图标时没有为图标命名，则系统默认为"未命名"。

6．文件

在该文本框中显示导入的外部数字电影文件所在的路径及文件名。可以在该文本框中直接输入要导入的文件路径和文件名，也可以输入一个变量或表达式来指定路径和文件名。

7．存储

该文本框将以灰色显示。该参数主要显示导入的数字电影文件是作为外部文件，还是作为内部文件来存储的。

8．层

在该文本框中，用来设置导入的【数字电影】图标与其他图标之间的层次关系。如果不指定，默认的层次为 0。

9．模式

在该下拉列表中，选择数字化电影的覆盖显示模式，包含有【不透明】、【透明】、【遮隐】和【反转】4 个选项。

❑ **【不透明】选项**

可以使数字化电影可以得到较快的播放速度，外部存储类型的数字化电影只能设置
为此模式。

❑ **【透明】选项**

可以使其他显示对象能透过数字化电影的透明部分显示出来。

❑ **【遮隐】选项**

可以使数字化电影边沿部分的透明色起作用，而内部的黑色或白色内容仍然保留。
当为数字化电影选择此模式时，Authorware 会花一定的时间为每一帧图像创建遮罩。

❑ **【反转】选项**

使数字化电影在播放时以反色显示，其他显示对象能透过数字化电影显露出来。

提　示

显示模式只适用于内部存储的文件，如 PICS 格式的数字电影文件，其他外部存储的数字电影文件
的显示模式只能是【不透明】模式。

10．防止自动擦除

启用该复选框，将阻止【数字电影】图标被其他图标设置的自动擦除选项所擦除。
只能通过【擦除】图标来擦除这个【数字电影】图标。

11．擦除以前内容

启用该复选框，系统将在擦除流程线上【数字电影】图标前面所有图标的显示内容
后，再显示该【数字电影】图标的内容。

12．直接写屏

启用该复选框，Authorware 将把数字电影显示在所有其他显示对象之上。此后，如
果取消该复选框，Authorware 将为数字电影分配一个最高的显示层次。

技　巧

外部保存的数字电影总是直接显示在屏幕上，被置在所有显示对象的前面。另外，【直接写屏】复
选框只适用于【不透明】显示模式。

13．同时播放声音

如果数字电影中包含有图像和声音，启用该复选框，将播放声音文件中的声音，
Authorware 默认为启用该项。如果数字电影中没有声音，该选项呈灰色不可用。

14．使用电影调色板

启用该复选框，Authorware 将使用数字电影文件本身带有的调色板，而不是
Authorware 的调色板。这个选项并不是对所有格式的数字电影文件都适用。

15. 使用交互作用

启用该复选框，将允许用户与数字电影通过鼠标或者键盘进行交互操作。

在【数字电影】图标的【属性】检查器中，打开【计时】选项卡，可以打开如图 6-16 所示的界面。

1. 执行方式

在该下拉列表中包含了 3 个选项，用来控制数字电影的播放与程序中其他图标运行之间的关系。

图 6-16 【计时】选项卡

- ❏ **【等待直到完成】选项**　表示在【数字电影】图标执行完后才执行后面的图标。
- ❏ **【同时】选项**　表示【数字电影】图标执行的同时，也执行后面的图标。
- ❏ **【永久】选项**　表示将保持【数字电影】图标永久处于被激活状态。

2. 播放

该下拉列表用来控制数字电影的播放方式和播放进程。其中不同格式的数字电影对应的选项内容也是不同的，该下拉列表中包含以下 6 种播放方式。

- ❏ **重复**

该播放方式使 Authorware 重复播放数字电影，直到被下一个【擦除】图标擦除，或使用系统函数 MediaPause() 来终止对该数字电影的播放。

- ❏ **播放次数**

选择该选项后，用户可以在下面的文本框中输入数值、变量或数值型表达式来控制数字电影的播放次数。Authorware 默认值是 1，如果在这里输入 0，则 Authorware 将只显示数字电影的第一帧。

- ❏ **直到为真**

选择该选项，可以在下面的文本框中设置变量或表达式。Authorware 将重复播放该数字电影文件，直到设置的变量或表达式的值为真。

- ❏ **仅当移动时**

选择该选项，Authorware 只播放该数字电影文件的第 1 帧，只有当该【数字电影】图标被一个【移动】图标移动或被用户的鼠标拖动时，该数字电影才开始播放。此选项只对内部存储类型的数字化电影有效。

❑ 次数/圈数

用来限制每一次播放中重复的次数，选择该选项，Authorware 将调整数字电影的播放速度来完成每一次播放中指定的次数。该选项只对内部存储类型的数字化电影有效。

❑ 控制暂停

对于 QuickTime 格式的电影来说，选择该选项，Authorware 将在屏幕上显示电影播放控制面板，以便用户可以对数字电影进行暂停、快进、快退及停止等播放控制。用户可以随意拖动这个面板到适当的位置。

提 示

如果播放的数字电影文件不是 QuickTime（MOV）格式的文件，则该选项不可用。在【执行方式】下拉列表中选择【同时】选项时，该选项同样不可用。

3. 速率

在该文本框中可以使用数值、变量或表达式控制数字化电影播放的速度，单位是 fps。如果在这里将播放速度设置得过快，以至于来不及完全显示出数字化电影的每一帧，Authorware 会自动略过一些帧，以尽量达到所设速度。但前提条件是【播放所有帧】复选框为不可用。

4. 播放所有帧

启用该复选框，Authorware 将以尽快的速度播放数字化电影的每一帧，不过播放速度不会超过在【速率】文本框中设置的速度。这个选项可能会导致同一个数字化电影在不同系统中以不同的速度被播放。该选项只对内部存储类型的数字化电影有效。

5. 开始帧和结束帧

通过数值、变量或表达式设置数字化电影播放的范围。当首次导入一个数字化电影时，【开始帧】总是被设置为 1，即默认情况是从第一帧开始播放；【结束帧】中是空白的。如果不想播放数字电影的全部，就可以在这里设置想播放的开始帧和结束帧的位置。

注 意

Director 和 MPEG 格式的数字化电影是不能倒放的。要注意在倒放包含有伴音的数字化电影时，伴音也会被倒放；在倒放 QuickTime 格式的数字化电影时，其中的 MIDI 伴音将得不到播放。

在【数字电影】图标的【属性】检查器中，打开【版面布局】选项卡，可以查看【数字电影】图标在【演示窗口】的位置，如图 6-17 所示。

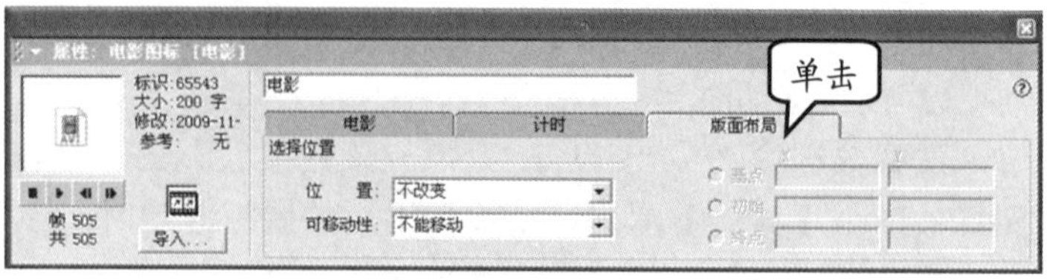

图 6-17　【版面布局】选项卡

在该选项卡中，各个选项主要用来设置数字电影在【演示窗口】的显示位置和移动特性。各个选项的含义分别如下所示。

1．位置

通过选择该下拉列表框中的选项，可以决定数字电影将在什么地方被显示，以及在什么位置显示。该列表框中有以下 4 个选项。

❏ **不改变**

选择该选项，被显示的数字电影对象将总是出现在目前被设置好的位置，除了可移动的区域，屏幕的其他地方将被置为不可用。

❏ **在屏幕上**

选择该选项，被显示的数字电影对象在保存完整的同时，可能出现在屏幕上的任意位置。在【初始】文本框中设置显示位置的初始值。

❏ **沿特定路径**

选择该选项，被显示的数字电影对象将出现在指定直线轨迹上起点和终点之间的任意点上。

❏ **在某个区域中**

选择该选项，被显示的数字电影对象将出现在指定区域中的任意一点上。

2．可移动性

该下拉列表用来设置用户是否可以移动一个数字电影显示对象，如果可以，那么设置在什么范围中移动显示对象。其中包括以下 5 个选项。

❏ **不能移动**

选择该选项，用户将无法移动【演示窗口】中的数字电影对象。

❏ **在屏幕上**

选择该选项，在保持被显示的电影对象显示完整性的前提下，即在屏幕内，用户可以将电影对象移动到屏幕任意位置。

❏ **在某个路径上**

当在【位置】下拉列表框中选择了【沿特定路径】选项时，本选项才存在，选择该选项，数字电影在定义了起点和终点的一条直线的某一点上显示。

❏ **在指定区域**

当在【位置】下拉列表框中选择了【在某个区域中】选项时，本选项才存在，选择该选项，数字电影出现在定义了范围的矩形区域内。显示的位置由【起点】文本框中的数值决定。

❏ **任何地方**

选择该选项，用户可以将数字电影对象移动到任意位置，甚至可以将它移出屏幕。

3．位置坐标区域

在该区域中可以设置起点、初始和终点的坐标。设置的办法取决于在前面位置的设置模式。

6.3 DVD 图标

DVD 图标是 Authorware 7.0 中新添的功能，它取代了以前的视频图标，以前视频的函数和变量现在都用 DVD 的函数和变量来代替。DVD 图标是在程序设计中使用较少的一种图标，它用来驱动计算机外部的硬件设备来播放视频，比如录像机、DVD 影碟机、放映机和投影仪等。

在 Authorware 中，使用 DVD 图标驱动外部设备时，并非所有的硬件设备都能和 Authorware 软件兼容。因此，在购买和安装硬件前，必须检查和确认 Authorware 是否支持该硬件。但是如果没有正确设置和安装连接硬件，或者没有安装合适的驱动程序，也将导致所使用的视频信息的程序运行不正常。

图 6-18　添加 DVD 图标

利用 DVD 图标播放视频信息，首先拖放一个 DVD 图标到流程线上，如图 6-18 所示。

当拖放一个 DVD 图标到流程线上时，一般都没有连接外部媒体设备，所以双击【视频】图标时会出现一个提示，要求用户设置外部设备。单击【安装视频设备】按钮后，弹出【视频设备】对话框。

❏　视频模拟卡

在计算机屏幕上播放视频信号，需要在计算机中安装一个视频模拟卡，并在该下拉列表中选择相应视频模拟卡的名称。

如果在视频播放器上连接一个外部显示设备，并在该设备上显示视频信号，就不需要视频模拟卡了。只要将视频模拟卡的驱动程序安装到 Authorware 所在目录下，该视频模拟卡的名称便会出现在此下拉列表中。

❏　视频播放

如果使用外部媒体播放器，则在此下拉列表中选择相应的播放器名称。只要将播放器的驱动程序安装到 Authorware 所在目录下，该播放器的名称便会出现在此下拉列表中。

❏　视频端口

选择视频硬件连接的计算机端口，可以选择 Com1、Com2 或 Com3。

双击该图标，打开 DVD 图标的【属性】检查器，如图 6-19 所示。在属性检查器中，用户可以根据需要，设置相关的参数。

在 DVD 图标的【属性】检查器中，其中，【视频】

图 6-19　DVD 图标的【属性】检查器

选项卡中各参数的含义如下所示。

❏　【文件】选项　文本框确定文件的位置。

❏　【冻结】选项　选择当视频信号播放完毕后，视频的结束帧是否可以保留在屏幕上。其中，【从不】为不保留，【显示最末帧】为播放结束帧图像并保留在屏幕上。

❏　【视频】选项　显示视频。

❏　【全屏】选项　是否全屏显示。

Authorware 多媒体制作标准教程（2013—2015 版）

□ 【用户控制】选项
当前设置中的视频内容，其各控制名称包含有全屏、菜单、第一帧、快退、播放、暂停、逐帧播放、快放和最后一帧，如图6-20所示。

□ 【字幕】显示标题。

□ 【声音】播放声音。

在DVD图标的【属性】检查器中，用户可以打开【计时】选项卡，并设置视频播放过程中的相关参数，如图6-21所示。

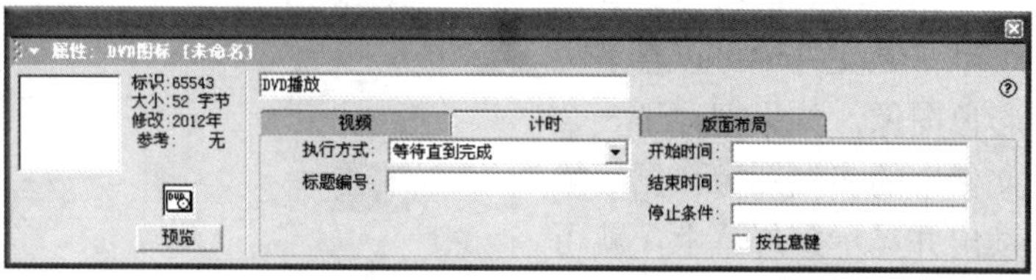

弹出【控制器】工具栏。通过【控制器】工具栏，可以播放

图 6-20 显示【控制器】工具栏

图 6-21 【计时】选项卡

在该选项卡中，包含的参数如下。

□ 【执行方式】选项

在该选项中，用户可以单击后面的下拉按钮，并设置播放视频信号时，其他流程的执行方式，与【数字电影】图标类似。

其中，包含【等待直到完成】和【同时】两个选项。【等待直到完成】选项表示在DVD图标执行完后才执行后面的图标。而【同时】选项表示DVD图标执行的同时，也执行后面的图标。

□ 【开始时间】和【结束时间】选项

设置视频信号播放的起始帧和终止帧时间，用于播放视频信号的某一段。

□ 【停止条件】选项

在文本框中输入一个变量或表达式，当该变量或表达式的值为真时，Authorware将停止视频信号的播放。

□ 【按任意键】选项

启用【按任意键】复选框，则用户按下任意键都将使视频信号停止播放。

6.4 导入其他多媒体对象

在Authorware中，除了可以使用一些能够加载声音和视频的图标外，还可以插入一些其他的动画格式，如GIF动画、Flash动画和QuickTime动画等。

在多媒体作品中，加载这些多媒体对象，可以大大丰富作品的界面，提高作品的观赏价值。

6.4.1 导入GIF动画

导入GIF动画，与导入音频和视频的方法有一些不同。因为在【图标】工具箱中，并不包含该动画格式的图标，所以用户需要通过插入的方法添加该动画。

1. 了解 GIF 动画

GIF(Graphics Interchange Format)的原义是"图像互换格式"，是 CompuServe 公司在 1987 年开发的图像文件格式。

目前，几乎所有相关软件都支持 GIF 格式的动画，公共领域有大量的软件在使用 GIF 图像文件。

GIF 格式的特点是其在一个 GIF 文件中可以存多幅彩色图像，如果把存于一个文件中的多幅图像数据逐幅读出并显示到屏幕上，就可构成一种最简单的动画，如图 6-22 所示。

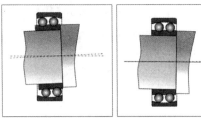

图 6-22 不同位置的虚线

在下图中，用户可以看到小球的移动，以及虚线的不同显示位置，体现出图形的动画效果。

但是，GIF 动画图片的失真较大，一般经过羽化等效果处理的透明背景图都会出现杂边，而要处理掉这些难看的杂边是件很复杂费时的工作。

2. 添加 GIF 动画

新建 Authorware 文件，执行【插入】|【媒体】|【Animated GIF】命令，打开【Animated GIF Asset 属性】对话框，如图 6-23 所示。

在该对话框中，各个选项主要用来对导入的 GIF 动画进行属性设置，其含义分别如下所示。

图 6-23 Animated GIF Asset 属性

- ❑ **播放** 单击该按钮可以预览 GIF 动画。
- ❑ **帧** 显示 GIF 动画的总帧数。
- ❑ **宽** 显示 GIF 动画的宽度，以像素为单位。
- ❑ **高** 显示 GIF 动画的高度，以像素为单位。
- ❑ **导入** 在该文本框中指定 GIF 动画的路径和文件名。
- ❑ **媒体链接** 决定是否把 GIF 动画文件作为外部链接。如果启用，则链接外部文件，否则导入到程序内部。
- ❑ **回放** 决定是否把 GIF 动画文件直接显示到屏幕上。
- ❑ **速率** 设置播放 GIF 动画的速度。在该下拉列表中包含有 3 种模式，【平常】模式表示以动画的原始速率进行播放；【固定】模式表示后面的文本框变为可用，在该文本框中可以设定动画的播放速率；【锁步】模式表示动画的播放速率和文件的整体播放速率相同。

- ❏ 浏览 单击该按钮将弹出【打开文件】对话框来导入本地 GIF 文件。
- ❏ 网络 单击该按钮，打开 Open URL 对话框输入 Internet 地址和文件名，导入的 URL 地址和文件名显示在【链接】文本框中。

在【Animated GIF Asset 属性】对话框中，单击右侧的【浏览】按钮，弹出【打开 Animated GIF 文件】对话框，选择合适的 GIF 动画文件，并单击【打开】按钮，如图 6-24 所示。

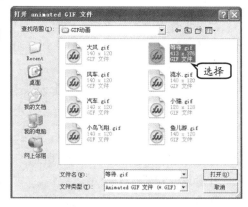

图 6-24 选择 GIF 文件

然后，返回【Animated GIF Asset 属性】对话框，可以看到【导入】文本框中，文件在计算机中的位置路径，单击【确定】按钮，如图 6-25 所示。

当确认导入 GIF 动画文件后，则 GIF 动画图像将导入到【演示窗口】中，效果如图 6-26 所示。

如果用另外一种方法导入 GIF 动画，可以单击【Animated GIF Asset 属性】对话框中

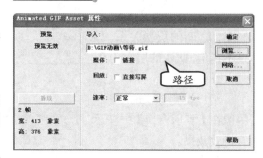

图 6-25 确定导入图像

的【网络】按钮。在弹出的【Open URL】对话框中，输入 GIF 动画所在的 URL 地址，以实现对 GIF 动画文件的链接，单击 OK 按钮，如图 6-27 所示。

图 6-26 导入的 GIF 动画

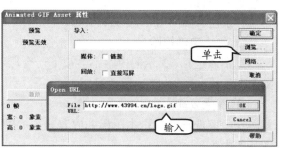

图 6-27 Open URL 对话框

在【Animated GIF Asset】对话框中，【媒体】属性中的【链接】选项表示该 GIF 文件被链接到程序中，即将引入的 GIF 文件作为外部文件。当 Authorware 运行到该图标时，会在指定的位置找到该文件，然后将其读入内存中，否则程序将把该 GIF 文件加入到程序中；【回放】属性中【直接写屏】选项表示文件的上方不能出现其他的对象。导入此文件后，在流程线上可以看到特殊的 GIF 图标，如图 6-28 所示。

如果想要对【GIF 动画】图标进行【属性】设置，可以双击该图标。然后，在【属性】检查器中进行相关的设置，如图 6-29 所示。

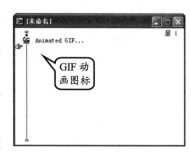

在【属性】检查器的【功能】选项卡中，用户可以查看名称、符号和文件等参数信息。

然后，打开【显示】选项卡，并在该选项卡中设置 GIF 动画的显示参数，如图 6-30 所示。

图 6-28　GIF 动画图标

其参数的含义如下所示。

❑ 层

该文本框用来设置导入的【GIF 动画】图标与其他图标之间的层次关系。如果不指定，默认的层次为 0。

图 6-29　【GIF 动画】图标的【属性】检查器

❑ 特效

用户设置该 GIF 动画图像在【演示窗口】中演示的特效效果。

❑ 模式

在该模式的下拉选项中，用户可以设置不透明、遮阴、透明、反转、擦除和

图 6-30　【显示】选项卡

阿尔法模式等选项。该选项与【工具】栏中的【模式】选项效果相同，不再详细说明。

❑ 颜色

设置图像显示的【前景色】与【背景色】效果。该项设置与工具栏中的【前景色】与【背景色】设置方法及效果相同。

❑ 防止自动擦除

选中该选项，显示的内容不会被下一个显示的图标自动擦除，要想擦除只能使用【擦除】图标。

❑ 擦除以前内容

选中该选项，显示本图标的内容前先把以前显示的【显示】图标擦除，然后显示该图标的内容。

❑ 直接写屏

选中该选项，除了相当于把【层】设置为最大以外，还使【特效】属性设置的过渡效果失效。

6.4.2　导入 Flash 动画

Flash 动画是目前非常流行的一种媒体介质，具有应用范围广、制作简单、效果丰富等优点。如果能将 Flash 动画应用到多媒体作品中，可以大大增强多媒体作品的展示效果。

1．了解 Flash 动画

Flash 是于 1999 年 6 月推出的优秀网页动画设计软件。它是一种交互式动画设计工具，用它可以将音乐、声效、动画以及富有新意的界面融合在一起，以制作出高品质的网页动态效果。

Flash 动画最早通过网络流通，并随着网络技术的飞速发展，深入人们的日常生活。这一优秀的矢量动画编辑工具给人们带来了强有力的冲击，使人们能够轻易地将丰富的想象力可视化。

Flash 制作的动画片现已在电视台动画频道陆续播放，都受到了业内人士及大众的一致好评。可见，中国电视观众已经完全接受了 Flash 动画这种新的艺术表现形式。

短短几年时间，Flash 动画就从网络迅速推广到影视媒介，其发展速度之快，出乎很多人的意料。

2．添加 Flash 动画

在 Authorware 中，导入 Flash 动画的方法与 GIF 动画基本相同。选择设计窗口中的流程线，执行【插入】|【媒体】|【Flash Movie】命令，打开如图 6-31 所示的对话框。

与【GIF Asset 属性】对话框相比，该对话框在原有的基础上新增了一些选项用来设置 Flash 动画的属性。新增选项的含义如下所示。

图 6-31　【Flash Asset 属性】对话框

- **预载**　指定是否在播放之前把 Flash 动画预先加载到内存。如果不启用该复选框，将在播放的同时加载。

- **图像**　指定在播放动画时是否显示画面。
- **声音**　指定在播放动画时是否播放声音。
- **暂停**　如果启用该复选框，播放 Flash 动画时只显示第 1 帧，等使用播放命令时才开始播放动画；如果不启用该复选框，立即自动播放动画。
- **循环**　如果启用该复选框，循环播放动画；如果不启用该复选框，只播放一遍。
- **品质**　设置播放动画的质量。在该下拉列表中，包含有【高】、【低】、【自动-高】和【自动-低】4 个选项。其中，【高】选项可以强制使电影以高质量显示，但程序运行速度会比较慢；【低】选项可以强制使电影以较低的质量显示，从而获得较快的运行速度；【自动-高】选项可以尝试使用平滑效果显示图像，但如果不能以平滑效果显示，则以原效果演示；【自动-低】选项可以尝试关闭平滑效果演示，但如果不能关闭，则以原效果演示。
- **比例模式**　设置动画播放时的显示比例。在该下拉列表中，包括有【显示全部】、【无边界】、【精确适配】、【自动大小】和【无比例】5 个选项。如【显示全部】

选项，程序在运行时将维持原窗口的长宽比，对窗口进行缩放以显示所有的 Flash 动画；【无边界】选项，则程序维持原窗口的长宽比，对窗口进行剪裁，同时不改变窗体的边界；【精确适配】选项，则程序根据 Flash 电影的大小进行缩放，而不必保持原窗口的长宽比；【自动大小】选项，则程序根据电影的大小自动调整；【无比例】选项，则程序保持原窗口的大小。

❑ **比例** 指定显示的大小与原始大小的百分比。

在【Flash Asset 属性】对话框中，单击【浏览】按钮，则弹出【打开 Shockwave Flash 影片】对话框，选择要导入的 Flash 动画文件，如图 6-32 所示。

然后，单击【打开】按钮，返回到【Flash Asset 属性】对话框，如图 6-33 所示。

最后，在【Animated GIF Asset 属性】对话框中，单击【确定】按钮，即可将外部的 Flash 动画文件导入到窗口中，效果如图 6-34 所示。

导入此文件后，在【设计】窗口中的流程线上可以看到特殊的 Flash 动画图标，如图 6-35 所示。

如果想要对 Flash 图标进行属性设置，首先在流程线上双击该图标，然后再打开【属性】检查器，并进行相关设置，如图 6-36 所示。

在 Flash 图标的【属性】检查器中，其设置参数与 GIF 动画的【属性】检查器的设置参数几乎相同，所以在此不再详细说明。

图 6-32　选择外部的 Flash 动画

图 6-33　显示选择 Flash 动画路径

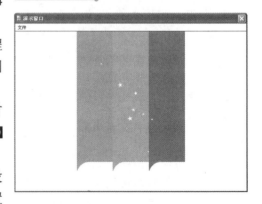

图 6-34　Flash 动画

图 6-35　Flash 动画图标

图 6-36　【Flash 动画】图标的【属性】检查器

6.4.3 导入 QuickTime 媒体

QuickTime 是苹果公司开发的数字影视规范，它包括多种媒体数据的压缩和解压缩技术。与 GIF、Flash 文件一样，也可以在 Authorware 中导入使用，从而使 Authorware 的多媒体作品更加丰富。

导入 QuickTime 文件，必须保证系统中已经安装了 QuickTime 3 以上的版本。如果当前操作系统满足这个条件，可以新建一个文件，执行【插入】|【媒体】|【QuickTime】命令，打开如图 6-37 所示的对话框。

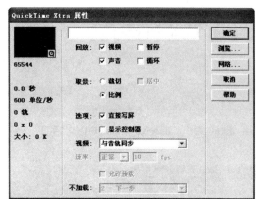

图 6-37　【QuickTime Xtra 属性】对话框

与 GIF 动画和 Flash 动画属性对话框相比，该对话框中新增加了以下几个选项。

1．取景

设置影片的取景方式，包含【裁切】、【居中】和【比例】3 个选项，其介绍如下。

❑ **裁切**

当对 QuickTime 影片进行旋转、缩放、平移时，影片按原来的尺寸播放，超出 QuickTime 区域的部分被裁切掉。

❑ **比例**

当对 QuickTime 影片进行旋转、缩放、平移时，影片适应 QuickTime 区域的大小进行缩放。

❑ **居中**

不选择该选项，影片的画面与 QuickTime 区域的左上角对齐；选择该选项，影片的画面在 QuickTime 区域居中对齐。

2．视频

设置视频的播放属性。在该下拉列表中包含有【与音轨同步】和【播放每 1 帧】两个选项，其具体含义如下所示。

❑ **与音轨同步**　与声音同步播放。

❑ **播放每 1 帧**　播放影片的每 1 帧，不播放声音。

3．允许预载

该选项指定是否在播放之前把动画预先加载到内存。如果不启用该复选框，将是边播放边加载。

单击该对话框中的【浏览】按钮，在弹出的另一个对话框中，选择一个 QuickTime 格式的文件，然后单击【打开】按钮，如图 6-38 所示。

最后，在返回的【QuickTime Xtra 属性】对话框中单击【确定】按钮，即可将外部的 QuickTime 动画文件导入到窗口中，效果如图 6-39 所示。

导入此文件后，在设计窗口中的流程线上可以看到特殊的 QuickTime 动画图标，如图 6-40 所示。

图 6-38　**Choose a Movie File 对话框**

图 6-39　**QuickTime 动画**

6.5　实验指导：插入 PPT 文档

Authorware 提供了 OLE 技术和 Authorware 的功能扩展接口，通过引入其他应用程序，以对象（如 Word 文本、图形、数字电影等）方式添加到 Authorware 文件中，使 Authorware 可以显示更多类型的文件。

为了对 OLE 对象在 Authorware 的使用有更深的认识，下面就制作一个在 Authorware 中使用 OLE 嵌入 PowerPoint 演示文件。

1. 实验目的

❑ 插入对象
❑ OLE 对象属性
❑ 添加交互控制

2. 实验步骤

图 6-40　**QuickTime 动画图标**

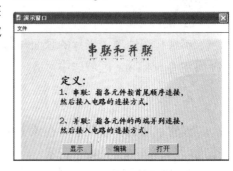

1️⃣ 新建一个文件，保存【文件名】为"插入 PPT 文档.a7p"。在流程线上，拖入一个【显示】图标，命名为"PPT OLE"。

2️⃣ 双击"PPT OLE"图标，执行【插入】|【OLE 对象】命令，弹出【插入对象...】对话框。

3️⃣ 在该对话框中单击【由文件创建】单选按钮，并单击【浏览】按钮。在弹出的【浏览】对

话框中，选择导入的 PPT 文件，如"串联和并联电路.ppt"，单击【打开】按钮，如图 6-41 所示。

4️⃣ 返回到【插入对象...】对话框后，单击【确定】按钮。此时，PPT 文件会在【演示窗口】中显示出来，如图 6-42 所示。用户可以通过鼠标拖动来调整 OLE 显示窗口的大小。

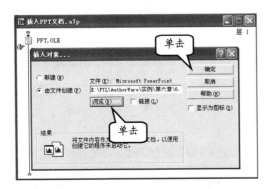

图 6-41 【插入对象...】对话框

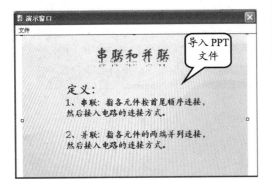

图 6-42 OLE 演示窗口

5 单击【演示窗口】中的 OLE 对象,执行【编辑】|【演示文稿 OLE 对象】|【属性】命令,如图 6-43 所示。

图 6-43 单击 OLE 对象的属性选项

6 在弹出的【对象属性】对话框中,单击【激活触发条件】下拉按钮,并选择【单击】选项;启用【打包为 OLE 对象】复选框,单击【确定】按钮,如图 6-44 所示。

图 6-44 【对象属性】对话框

7 在"PPT OLE"显示图标下面拖入一个【交互】图标,命名为"交互控制",并在其右边拖入 3 个【计算】图标,【交互响应】为"按钮"类型。然后,分别对这 3 个按钮,命名为"显示"、"编辑"和"打开"。最后,再分别双击【计算】图标,在【代码】编辑器中输入下列内容。

在"显示"分支中输入:OLEDoVerb
(IconID@"PPT OLE","显示")
在"编辑"分支中输入:OLEDoVerb
(IconID@"PPT OLE","编辑")
在"打开"分支中输入:OLEDoVerb
(IconID@"PPT OLE","打开")

8 执行【文件】|【保存】命令,对所制作的文件进行保存。然后,在【设计】窗口中可看到所创建的流程线效果,如图 6-45 所示。再单击【运行】按钮,查看添加 PPT 文件后的效果。

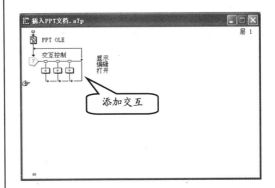

图 6-45 设计的流程线效果

本例将利用视频影像剪辑编辑"电脑网络"课件。在这个课件中，安排了一系列视频。通过这些视频的播放，使同学们对使用 PING 命令、查看网络连接、交换机之间的连接、局域网设备等内容有所认识。

1.　实验目的

❑　使用【数字电影】图标
❑　设置特效
❑　使用【交互】图标

2.　实验步骤

1️⃣　新建文件，并保存【文件名】为"视频课件"。打开【属性：文件】检查器，设置窗口的【大小】为【根据变量】。

2️⃣　在主流程线上添加一个【显示】图标，命名为"背景图片"。双击该图标，单击工具栏中的【导入】按钮，弹出【导入哪个文件？】对话框。然后，在该对话框中，选择"背景.jpg"图片，启用【链接到文件】复选框，并单击【导入】按钮，如图 6-46 所示。

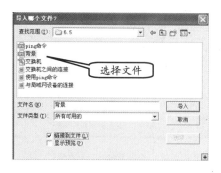

　图 6-46　导入图片文件

3️⃣　在【演示窗口】中将显示导入的背景图片。然后，单击工具栏上的【运行】按钮，调整【演示窗口】的大小和图片大小一致，如图 6-47 所示。

　图 6-47　调整【演示】窗口的大小

4️⃣　再拖入一个【显示】图标，命名为"电脑网络"。双击该图标，打开【绘图】工具箱，选择【文本】工具，并在【演示窗口】中，分别输入"电"、"脑"、"网"和"络"4 个文字，分别设置【字体】为【华文琥珀】；【大小】为40，并设置文字到合适的位置，如图 6-48 所示。

图 6-48 添加文字的【显示】图标

5. 在流程线上再添加一个【显示】图标，命名为"所讲知识"。同时，打开"背景图片"和"电脑网络"图标，在背景图片的右侧添加"使用 PING 命令查看网络连接"、"交换机之间的连接"、"与局域网设备的连接"文本。

6. 用【绘图】工具箱中的【选择/移动】工具，选中这些文本，调整文本框的大小，使文本呈竖排显示。按住 Shift 键，同时使用【选择/移动】工具，选中这 3 个文本，再执行【修改】|【排列】命令，单击【靠上对齐】和【水平方向等距离】按钮，如图 6-49 所示。

图 6-49 排列文本

7. 再添加一个【移动】图标，命名为"移动"。选中"电"、"脑"、"网"和"络"4 个文字，并按 Ctrl+G 键对文字进行群组。或者，执行【修改】|【群组】命令，如图 6-50 所示。

图 6-50 群组文字

8. 单击【移动】图标后，在【演示窗口】中单击"电脑网络"文本，使其成为移动对象。然后，在【属性】检查器中，设置【定时】为【速率】选项；【类型】为【指定固定路径的终点】选项，并拖动文本形成固定的路径，再双击正三角符号，使路径变为曲线，如图 6-51 所示。

图 6-51 设置移动对象

9. 拖放【交互】图标到流程线上，命名为"引用视频"，再在其右侧拖入 3 个群组图标，【交互类型】为【热区域】类型，并根据文本内容对群组中的图标进行命名。然后，移动和调整热区域方框的位置和大小，使它们与各自的文字相对应，如图 6-52 所示。

10. 打开第 1 个群组图标的分支流程线，并添加一个【显示】图标。然后，导入"ping 命令"图片，并在【属性】检查器中设置【特效方式】为【DmXP 过渡】分类中的【发光波纹展示】选项，如图 6-53 所示。

图 6-52 程序主流程线和各热区域

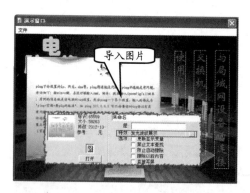

图 6-53 导入图片并设置特效

11　在支流程线上添加【等待】图标和【擦除】图标。双击【等待】图标，在【属性】检查器中，启用【事件】右边的【单击鼠标】复选框；禁用其他的复选框。再选择【擦除】图标，在【属性】检查器中，设置【特效方式】为【DmXP 过渡】分类中的【波纹展示】选项，如图 6-54 所示。

12　拖放【数字电影】图标到分流程线上，并双击该图标，打开【属性】检查器，再单击【导入】按钮。

13　在弹出的【导入哪个文件？】对话框中，选择"使用 PING 命令查看网络连接"电影剪辑，单击【导入】按钮。

14　在【演示窗口】中显示电影剪辑内容。然后，在【属性】检查器中，选择【计时】选项卡，

设置其【执行方式】为【同时】，如图 6-55 所示。

图 6-54 添加【等待】图标和【擦除】图标

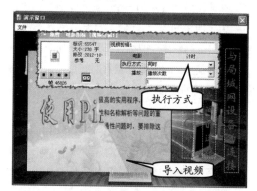

图 6-55 导入电影剪辑

15　双击"交换机之间的连接"群组图标，在分支添加流程线上，添加各个图标。其中，在【显示】图标中导入"交换机"图片，【数字电影】图标中导入"交换机之间的连接"电影剪辑。并在【属性】检查器中，设置与第 1 个群组图标分支中图标相关参数相同。创建及设置后，则分支流程线效果如图 6-56 所示。

16　双击第 3 个群组图标，在其分支流程线上，添加一个【数字电影】图标，命名为"视频剪辑三"。然后，在该图标中导入"与局域网设备的连接.mpg"视频剪辑文件，并进行相关的属性设置，如图 6-57 所示。

17　单击工具栏上的【保存】按钮，对该课件程序进行保存。再单击【运行】按钮，可以浏览课件效果。

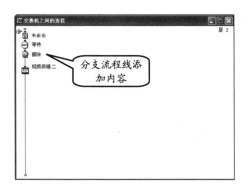

图 6-56 第 2 个群组中分支流程线上
的图标内容

图 6-57 第 3 个群组图标

6.7 实验指导：调用音量控制程序

使用 Authorware 制作课件时，如何加入音量控制程序呢？考虑到 Authorware 的外部函数功能比较强大，因此决定使用外部函数，调用 Windows 自带的音量控制程序，从而实现音量控制。

1. 实验目的

❑ 使用【数字电影】图标
❑ 载入外部函数
❑ 调用 Windows 自带的音量控制程序

2. 实验步骤

1 新建一个文件，保存【文件名】为"音量控制"。然后，执行【窗口】|【面板】|【函数】命令，或直接单击工具栏中的【函数】按钮 [fo]，打开【函数】面板。在【分类】列表中，选择"音量控制.a7p"，如图 6-58 所示。

图 6-58 打开【函数】面板

2 单击【函数】面板左侧底部的【载入】按钮，打开【加载函数】对话框。然后，选择 Authorware 安装目录下的 WINAPI.U32 文件，单击【打开】按钮，如图 6-59 所示。

图 6-59 加载 **WINAPI.U32** 文件

3 在弹出的【自定义函数在 WINAPI.U32】对

话框中，选择左侧列表中的 WinExec 选项，单击【载入】按钮，即可加载所需要的外部函数，如图 6-60 所示。

图 6-60　加载 WinExec 函数

4　在流程线上添加一个【数字电影】图标，命名为"烟火"。在该图标中，导入"烟火 flash（原画）.mpg"文件。然后，在【数字电影】图标下，再添加一个【声音】图标，导入"快乐的节日.mp3"音乐，如图 6-61 所示。

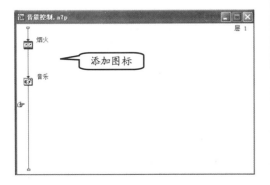

图 6-61　导入电影和音乐

5　双击【声音】图标，在【属性】检查器中，选择【计时】选项卡。设置【执行方式】为【同时】选项，如图 6-62 所示。

6　在流程线上再拖入一个【交互】图标，并在右侧添加一个【计算】图标，【交互类型】为【按钮】选项，命名为"控制音量"。然后，再在【交互】图标的下面，添加一个【显示】图标，并输入按钮的名称，如"音量控制"，如图 6-63 所示。

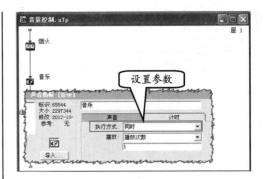

图 6-62　设置【声音】图标的执行方式

图 6-63　添加【交互】图标

7　单击"控制音量"图标，在【属性】检查器中，打开【响应】选项卡。然后，启用【范围】中的【永久】复选框，如图 6-64 所示。

8　双击【计算】图标，在【代码】编辑器中输入 "WinExec("Sndvol32.exe",1)" 代码，如图 6-65 所示。而 "Sndvol32.exe" 文件就是 Windows 的音量控制程序的执行文件。

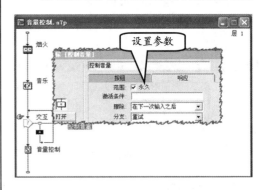

图 6-64　设置【交互】的属性

9　为了使【演示窗口】中的按钮图标美观漂亮，可以双击"按钮"交互图标，在【属性】检查器中，单击【按钮】按钮。然后，在弹出的【按钮】对话框中，再单击【添加】按钮，如图 6-66 所示。

图 6-65 添加代码

图 6-66 打开【按钮】对话框

⑩ 在弹出的【按钮编辑】对话框中，单击【图案】右边的【导入】按钮，如图 6-67 所示。

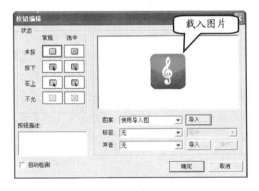

图 6-67 打开【按钮编辑】对话框

⑪ 在弹出的【导入哪个文件？】对话框中，选择要导入的按钮图标，单击【导入】按钮，

如图 6-68 所示。这时，再依次单击【确定】按钮，关闭所弹出的对话框。

⑫ 单击工具栏上的【保存】按钮保存该课件程序，并按 Ctrl+R 键，运行该程序，如图 6-69 所示。

图 6-68 导入按钮图标

⑬ 在运行的【演示窗口】中，单击【音量控制】按钮，即可弹出 Windows 音量控制程序。此时，通过【主音量】面板，可以调整音量的大小，如图 6-70 所示。

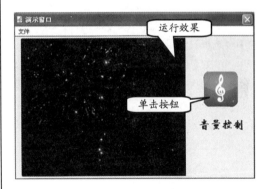

图 6-69 运行程序效果图

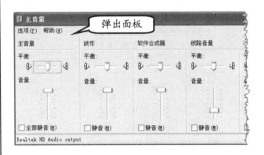

图 6-70 音量控制程序

一、填空题

1. 在使用【声音】图标时，必须注意有关软硬件环境的问题，例如，计算机要安装_____。

2. 如果要强制使电影以较低的质量显示，从而获得较快的运行速度，用户可以在【Flash Asset 属性】对话框的【品质】下拉列表中，选择_____选项。

3. 当对一个声音文件设置了【同时】或【永久】选项后，如果想让 Authorware 在播放完这个声音文件后，再播放当前导入的声音文件，应该选中_____复选框。

4. 在【数字电影】图标的属性检查器中，【播放】列表框用来控制数字电影的播放方式和播放进程。选出 Authorware 只播放该数字电影文件第一帧的选项_____。

5. 外部保存的数字电影总是直接显示在屏幕上，被放置在所有显示对象的前面。【直接写屏】复选框只适用于_____显示模式。

6. 在【数字电影】图标属性检查器中，【模式】列表框用于设置数字化电影的覆盖显示模式。其中，选择_____选项，可以使数字化电影边沿部分的透明色起作用，而内部的黑色或白色内容仍然保留。

二、选择题

1. 利用 Authorware 提供的【声音】图标，可以在多媒体作品中加载各种各样的声音信息，并且可以根据作品中的设置进行播放。选择 Authorware 支持的声音文件格式_____。

    A. AIFF

    B. MP3 Sound

    C. PCM 和 SWA

    D. VOX 和 WAVE

2. 如果选中_____复选框，则该声音文件只是和 Authorware 程序建立了链接关系，并没有真正包含进去，这样在文件打包时，将该声音文件同时提供给用户。

    A. 存储

    B. 示例大小

    C. 链接到文件

    D. 示例速率

3. 如果要同时执行声音图标和它后面的设计图标，必须选中_____选项。

    A. 播放次数

    B. 直到为真

    C. 永久

    D. 同时

4. 有关 WAV 格式的声音文件，下列说法不正确的一项是_____。

    A. WAV 格式的声音文件，主要优点是通用性好，在各种平台上都能够正常播放，但是它有一个不容忽视的缺点就是文件尺寸大

    B. 如果在设计多媒体时，将所有的声音采用这种格式存储，仅声音数据就有可能占上百兆存储空间

    C. 如果 WAV 格式文件是一个单声道声音文件，可以利用 Authorware 提供的一个声音文件压缩工具 Voxware Encoder 来压缩

    D. Voxware Encoder 是一种支持处理单声道 WAV 文件转换为 VON 格式的声音文件软件

5. 利用 Authorware 的【数字电影】 📷 图标，可以方便地在多媒体应用程序中导入用 3ds Max、Director、Easy 3D 等专业动画制作软件制作的数字电影。Authorware 支持的数字电影格式有_____。

    A. PICS（只能在 Mac 平台上使用）

    B. AVI（视频 for Windows）

    C. FLC/FLI

    D. DIR、DXR（Macromedia Director 文件）

6. 数字化电影可以提供丰富的动画效果及伴随音效。下列选项中，说法不正确的一项是__

_____。

   A．Authorware 本身不能产生数字信息

   B．使用影像捕捉编辑软件，通过视频捕捉卡把捕捉到的录像片转化为计算机能够处理的数字化电影文件进行导入

   C．Authorware 可以导入利用其他工具制作的数字电影格式

   D．可以在 Authorware 中编辑导入的电影文件

三、简答题

1．播放视频信息要有哪两大硬件的支持？

2．在 Authorware 中使用视频信息必须满足哪些条件？

3．使用【数字电影】图标播放数字化电影的方法有哪些？

4．在【Animated GIF Asset 属性】对话框的【速率】下拉列表中，包含哪些选项？

四、上机练习

1．插入一个 gif 动画

首先新建文件，执行【插入】|【媒体】|【Animated GIF】命令，弹出【Animated GIF Asset Properties】对话框，再单击【浏览】按钮。

这时，弹出【Open Animated GIF file】对话框，选择需要添加的 GIF 动画文件，并单击【打开】按钮，如图 6-71 所示。

图 6-71　导入 GIF 动画

在主流程线上将会显示一个名为"Animated

GIF..."的图标，按 Ctrl+Shift+D 键，打开【属性：文件】检查器，设置【大小】为【根据变量】选项。

最后，调整【演示窗口】的大小，并对文件进行保存，再单击【运行】按钮，即可运行该程序，如图 6-72 所示。

图 6-72　运行效果

2．插入数字电影

数字化电影可以提供丰富的动画效果及伴随音效，本练习要求利用【数字电影】图标，在 Authorware 中添加一个广告片。

首先新建文件，并在主流程线上添加一个【数字电影】图标，命名为"数字电影"。

然后，双击该图标，在【属性】检查器中单击【导入】按钮，如图 6-73 所示。

在弹出的【导入哪个文件？】对话框中，找到需要导入的广告片文件，单击【导入】按钮，如图 6-74 所示。

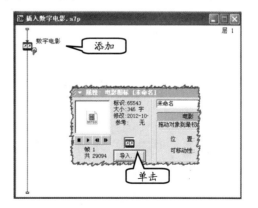

图 6-73　打开【属性】检查器

再按 Ctrl+Shift+D 键，打开【属性：文件】检查器，设置【大小】为【根据变量】选项。然后，单击工具栏上的【运行】按钮，调整【演示窗口】的大小，最后再保存该课件内容即可。

图 6-74　导入数字电影

第7章

交互与响应

在之前的章节中，已经详细介绍了为 Authorware 动画添加各种文本、图形、图像、音频、动画和视频等图标以及相关的内容。根据这些添加方法的学习，用户已经可以制作一些简单的多媒体应用程序。

然而，多媒体应用程序的核心是交互性。通过获取用户的反馈，并针对这些反馈进行处理，再返回出相应的结果。

本章通过介绍 Authorware 的【交互】图标的使用，帮助用户了解如何实现真正的互动程序设计。

本章学习要点：

➢ 交互图标的使用
➢ 按钮响应
➢ 热区响应
➢ 热对象响应
➢ 文本输入响应
➢ 下拉菜单响应
➢ 目标区域响应
➢ 其他交互响应方式

7.1 使用【交互】图标

在计算机应用过程中，交互性并不少见。尤其在用户进行一系列的操作时，可以通过执行过程反馈交互信息等。

【交互】图标是 Authorware7.0 中最重要的图标之一。它可以创建所有 Authorware 的交互行为，为用户提供输入文本、选择菜单、单击按钮以及移动到热区等多种互动事件的监听、处理和返回。

7.1.1 【交互】图标的响应类型

在 Authorware 中，【交互】图标可以为用户提供 11 种基本的交互。在制作多媒体应用程序时，通过在流程线上插入【交互】图标以及相应的【群组】图标后，将弹出一个名为【交互类型】的对话框，供用户选择交互的类型，如图 7-1 所示。

在 Authorware 中，【交互】图标可以创建的 11 种交互类型如下所示。

图 7-1　【交互类型】对话框

1. 按钮

按钮是 Windows 操作系统中最常见的交互组件。在 Authorware 中，按钮可以响应各种鼠标单击事件，并执行相应的命令，进入指定的交互分支，如图 7-2 所示。

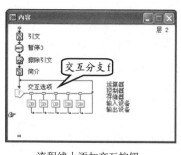

流程线上添加交互按钮

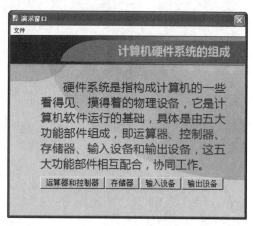

【演示】窗口中的按钮

图 7-2　按钮交互流程与程序中的按钮

2. 热区

如果用户通过 Dreamweaver 创建热区操作，在 Authorware 来理解热区是非常简单的事情。

Authorware 多媒体制作标准教程（2013—2015 版）

因为，Authorware 中的热区与 Dreamweaver 中的热区非常相似，用户可以在某一个图片上创建一个文本区域，并为该区域中的内容添加各种交互命令。例如，进入指定的分支，或擦出屏幕等内容，如图 7-3 所示。

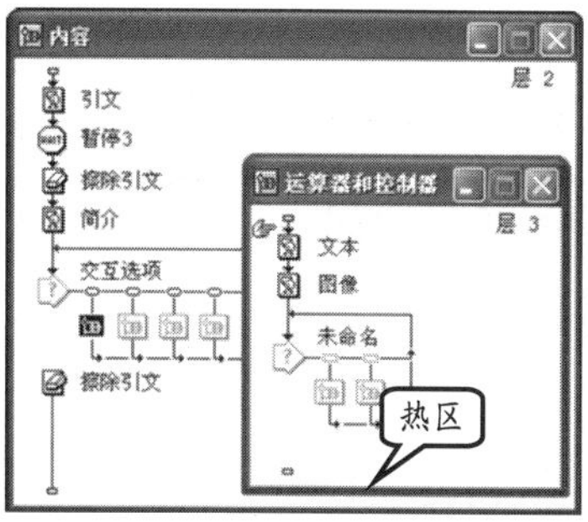

3. 热对象

热对象事实上是一种更加复杂的热区。热区只能为图像添加矩形的交互区域，而热对象则允许用户添加矩形、椭圆形、多边形等任意类型的交互区域，如图 7-4 所示。

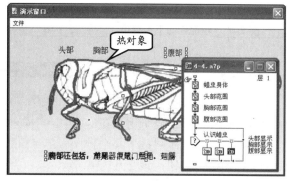

图 7-3 热区交互流程

4. 目标区

目标区是一种根据用户拖曳对象而发生响应的交互区域。在拥有目标区的应用程序中，往往会提供一些允许用户拖曳的对象。

当用户将这些对象拖曳到指定的目标区之后，就会触发相应的事件，对用户的交互进行处理。例如，在各种拼图游戏中，目标区的交互就得到了广泛的应用，如图 7-5 所示。

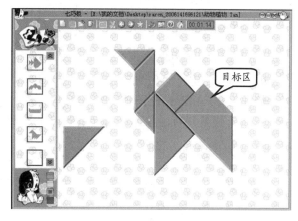

图 7-4 程序中的热对象与热对象交互流程

5. 下拉菜单

在 Windows 操作系统中，每一个窗体都会有固定的菜单栏，为用户提供各种重要的操作命令。

而在 Authorware 应用程序中，用户同样可以创建自定义的菜单栏，如图 7-6 所示。并在菜单栏中设置不同的分类，以及每个类型的项目，如图 7-7 所示。

图 7-5 使用 Authorware 制作的七巧板游戏

6. 条件

这种交互方式是通过定义表达式来实现的，当程序检测到该表达式的值为真时，将进入相应的交互分支，如图 7-8 所示。

7. 文本输入

这种交互方式类似于登录对话框。当程序遇到文本输入交互方式时，会出现一个文本输入框，如

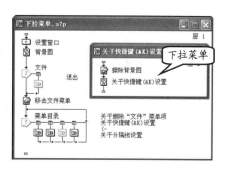

图 7-6 下拉菜单交互流程

果用户在该文本框内输入的内容与预先设定的内容相同，那么将执行相应交互分支，如图 7-9 所示。

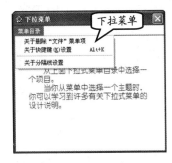

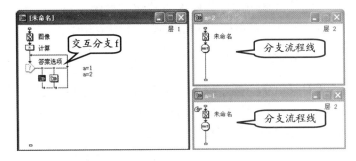

图 7-7　程序中的下拉菜单　　图 7-8　条件交互流程

8．按键

这种交互方式类似于编程语言中的键盘事件，用于监听用户在键盘上的操作。一旦用户按下某个预先定义好的键盘按钮，该交互方式即可监听到用户输入的内容，并根据原设定执行指定的命令。

9．重试限制

这种交互方式的作用是限制用户对某一个重复的动作进行的次数。例如，输入密码、选择项目等。

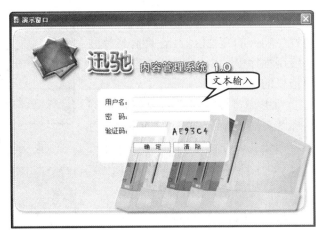

图 7-9　Authorware 文本输入框

一旦监听到用户进行的操作次数超过限制的次数，就会执行相关的指令。

10．时间限制

这种交互方式的作用是限制用户在进行某项操作时消耗的时间。如超过预先设定的时间，则退出用户交互。

11．事件

事件是实现用户交互性最重要的内容，若没有事件的发生，则无法触发某些操作。

在 Authorware 中，用户可以通过之前的 10 种交互内容，以可视化的方式实现交互，也可通过事件使用脚本代码的方式来实现交互性。

7.1.2　创建【交互】图标

在 Authorware 程序中，实现交互除了可以使用【交互】图标外，还可以使用【框架】图标和【导航】图标，这些内容将在下一章详细介绍。

Authorware 多媒体制作标准教程（2013—2015 版）

一个交互结构可以独立完成一次交互，并且具备交互方式、分支处理和结果显示 3个要素。

例如，通过【图标】工具栏，先拖动一个【交互】图标到流程线上，如图 7-10 所示。然后，选择除了【交互】图标以外的任意图标（如选择【显示】图标），将其拖动到【交互】图标的右侧，如图 7-11 所示。

这时弹出【交互类型】对话框，在该对话框中选择一种交互响应方式，单击【确定】按钮，如图 7-12 所示。

图 7-10 　创建【交互】图标

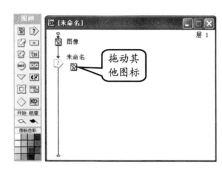

图 7-11 　拖动其他图标

如果用户继续在交互图标的右侧添加除了【交互】图标外的其他图标，此时不再弹出【交互类型】对话框，而是继续使用前一个图标的交互类型。

如果用户想要改变其交互响应类型，则可以双击【交互】图标后面添加的图标上的分支交汇处，弹出【交互】图标的【属性】检查器，并在【类型】下拉列表中选择其他的交互类型，如图 7-13 所示。

图 7-12 　选择交互类型　　　　图 7-13 　修改交互类型

7.2 【交互】图标的属性

与其他类型的图标类似，用户也可以通过【交互】图标的【属性】检查器，设置其各种具体属性。

7.2.1 【交互】图标的基本属性

选中【交互】图标后，即可在【交互】图标的【属性】检查器中，查看其基本交互属性以及 4 种选项卡，如图 7-14 所示。

在【属性】检查器中，用户在左侧可以看到【交互】图标的基本属性，主要包括图标的名称、交互文本区域两个部分。

图 7-14 【交互】图标的【属性】检查器

□ 【交互】图标的名称

在 Authorware 中，用户可以为每一个【交互】图标设置一个唯一的图标名称，供 Authorware 或 JavaScript 等脚本语言调用。

□ 【文本区域】按钮

用户可以为【交互】图标添加一个交互作用的文本字段，根据文本字段的输入情况，执行相应的指令。

在【交互】图标的【属性】检查器中，单击【文本区域】按钮后，即可打开【属性：交互作用文本字段】对话框。

在【属性：交互作用文本字段】对话框中，用户可以方便地设置文本字段的属性，并将其插入到各种图标中，例如【显示】图标等，如图 7-15 所示。

打开【属性：交互作用文本字段】对话框后，可查看的 3 个选项卡如下。

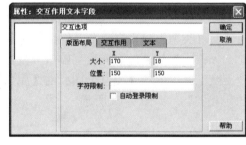

图 7-15 设置交互作用文本字段的属性

1.【版面布局】选项卡

【版面布局】选项卡是设置交互作用文本字段在应用程序中的基本属性，包括如下几种选项。

- □ **大小** 定义文本字段的大小，单位为像素。其中第一个输入文本域设置宽度，第二个输入文本域设置高度。
- □ **位置** 定义文本字段在应用程序中的位置。其中第一个输入文本域定义横坐标，第二个输入文本域定义纵坐标。
- □ **字符限制** 定义文本字段中允许用户输入的字符数量。
- □ **自动登录限制** 定义禁止用户设置自动输入内容并登录系统。

2.【交互作用】选项卡

在交互文本字段的【交互作用】选项卡中，用户可以设置文本字段在交互行为发生时的一些属性，如图 7-16 所示。

在【交互作用】属性的对话框中，主要包括以下几种属性。

❑ **作用键**　定义发生交互作用时所使用的快捷键。

❑ **输入标记选项**　定义是否允许用户输入标记。

❑ **忽略无内容的输入选项**　定义如未输入文本内容则忽略该文本字段。

❑ **退出时擦除输入的内容选项**　定义鼠标光标滑开时清除文本字段的内容。

3.【文本】选项卡

在该选项卡中，用户可以设置文本字段中文本的样式属性，如图7-17所示。

在【文本】选项卡中，主要包括以下几种设置属性。

❑ **字体**　定义文本字段中的字体类型。

❑ **大小**　定义文本中字体的大小，单位为点。

❑ **风格**　定义文本的风格样式，包括粗体、斜体和下划线等。

❑ **颜色**　定义文本的前景色和背景色。

❑ **模式**　定义字体的处理方式，包括【透明】、【不透明】、【反转】和【擦除】等。

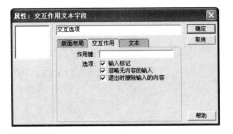

图7-16　【交互作用】属性

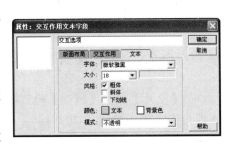

图7-17　【文本】选项卡

7.2.2 【交互作用】选项卡

在【交互】图标的【属性】检查器中，用户可以打开右侧的【交互作用】选项卡，主要用于设置与交互有关的各种属性，如图7-18所示。

图7-18　【交互作用】选项卡

1. 擦除

在【擦除】选项的下拉列表中，用户可以选择擦除【交互】图标内容的方式。包括3种选项，如下所示。

❑ **在下次输入之后**　设置下一次进入交互后擦除【交互】图标中的内容。

❑ **在退出之前**　设置退出【交互】图标后擦除【交互】图标中的内容。

❑ **不擦除**　不自动擦除【交互】图标中的内容，除非使用【擦除】图标。

2. 擦除特效

单击【添加特效】按钮 ，即可弹出【擦除模式】对话框，从中选择擦除【交互】图标内容的特效选项，如图7-19所示。

3．在退出前中止

当进行交互时，将执行该层的内容。如果设置该选项，则执行【交互】图标完成后，将暂停播放该层内容。默认为循环播放。

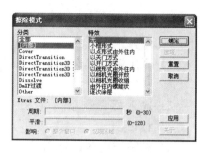

4．显示按钮

定义在暂停播放时是否显示等待的按钮。选中【在退出前终止】的复选框后可用。

图 7-19 选择擦除特效

7.2.3 CMI 选项卡

在【交互】图标【属性】检查器中的 CMI 选项卡，主要用于设置计算机管理教学等相关的内容，如图 7-20所示。

1．知识对象轨迹

定义是否启动当前【交互】图标的知识跟踪属性。

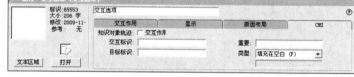

图 7-20 CMI 选项卡

2．交互标识

定义该【交互】图标的 ID，供 CMIAddInteraction 系统函数的 InteractionID 参数调用。

3．目标标识

定义该【交互】图标的分支 ID，供 CMIAddInteraction 系统函数的 ObjectiveID 参数调用。

4．重要

设置该【交互】图标分支在整个交互结构中的重要性，供 CMIAddInteraction 系统函数的 Weight 参数调用。

5．类型

定义测验题的题型，包括如下几种选项。

❑ **多项选择** 允许在答案选项中选择多个值。

❑ **填充在空白** 设置测验题为填空题。

❑ **从区域** 使用在下方文本框中设置的题型。选中该项后，即可在下方的输入文本框中输入题型的代号，见表 7-1。

表 7-1 Authorware 知识对象的题型代号

代号	题　型	代号	题　型
C	多项选择题	P	性能题
F	填空题	S	排序题
L	类似题	T	判断题
M	匹配题	U	不可预料的题型（例如简答题等）

7.3　按钮响应

按钮响应在交互程序中使用的比较广泛，它的响应方式也十分简单。当交互程序运行时，用户只需单击该【交互】按钮，程序就会执行该按钮所对应的分支。

7.3.1　创建按钮响应

在 Authorware 中，用户可以通过【等待】图标或【交互】图标创建两种类型的按钮，即等待按钮和交互按钮。这两种类型的按钮在应用上有一些区别。

在 Authorware 中创建按钮响应，首先应为应用程序添加一个【交互】图标，并为交互图标右侧插入一个【群组】图标，在弹出的【交互类型】对话框中选择【按钮】选项，并单击【确定】按钮，如图 7-21 所示。

设置群组的标题为"进入"，然后单击群组图标上方的椭圆形按钮图标，打开按钮的【属性】检查器，单击【按钮…】按钮，如图7-22 所示。

在弹出的【按钮】对话框中，设置【系统按钮】为【宋体】，单击【确定】按钮。然后，在【属性】检查器中，设置按钮的【高度】为20px，如图 7-23 所示。

双击按钮的椭圆形图标，即可在弹出的【演示窗口】对话框中，设置按钮在应用程序中的位置，如图 7-24 所示。

双击【交互】图标右侧的【群组】图标，即可在弹出的【进入】对话框中插入其他各种图标，制作按钮转到的分支流程，如图 7-25 所示。

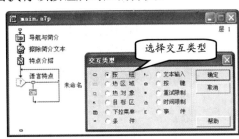

图 7-21　添加【群组】图标

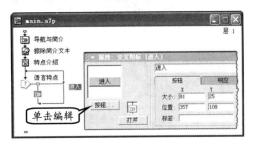

图 7-22　设置按钮属性

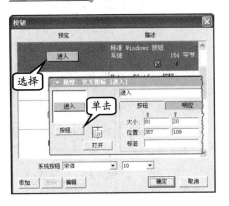

图 7-23　设置按钮字体和高度

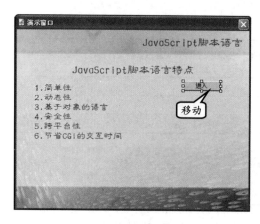

图 7-24 设置按钮位置

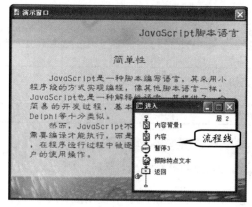

图 7-25 制作分支流程

最后，用户可以通过上述方法，在流程线上添加【交互】图标的其他分支图标，并设置按钮的属性，制作分支流程的图标，如图 7-26 所示。

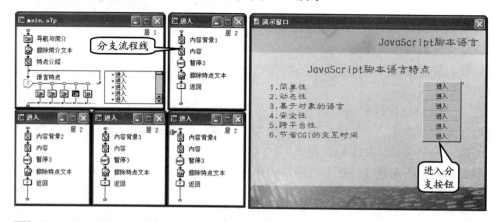

图 7-26 制作分支流程

7.3.2 按钮的属性

在为多媒体应用程序添加按钮时，用户可以在【属性】检查器中设置按钮的各种基本属性。例如，设置按钮的样式、大小和位置、响应的方式等。在之前的小节中已经介绍了【属性】检查器的【响应】选项卡，因此，本节着重介绍按钮的【属性】检查器中其他的各种设置，如图 7-27 所示。

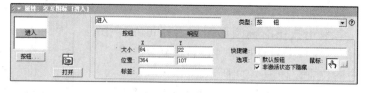

图 7-27 按钮的【属性】检查器

在【属性】检查器中还包括了一个设置【按钮】属性的重要部分，即在【按钮】选项卡中，允许用户设置如下所示的按钮的一些基本属性。

Authorware 多媒体制作标准教程（2013—2015 版）

1. 大小

【大小】选项用于设置按钮在多媒体应用程序中所占据的面积。其中，X 为按钮的宽度，Y 为按钮的高度。其单位为像素。

2. 位置

【位置】属性用于设置按钮在多媒体应用程序中的坐标位置。将整个多媒体应用程序的窗体看作是一个坐标平面，程序窗体的左上角看作是坐标原点。X 为按钮在程序窗体中的横坐标，Y 为按钮在程序窗体中的纵坐标。

> **注　意**
>
> 与 Photoshop 等图像处理软件不同，在 Authorware 中，衡量按钮坐标位置的标记点并非按钮的中心，而是按钮的左上角。

3. 标签

定义按钮上方的标签文本内容。如标签文本较多，则按钮的宽度和高度会根据标签内的文本自动调整。

4. 快捷键

定义通过键盘使用该按钮时的快捷键。当用户激活该按钮所在的窗体时，即可通过键盘来使用该按钮。一个按钮可以设置多个快捷键，这些快捷键需要以竖线符"|"隔开。

> **提　示**
>
> Authorware 的快捷键设置是区分大小写的。因此，如只设置了大写字母 A，则小写字母 a 将不会起作用。在设置按钮的快捷键时，可以使用一些特殊的关键字。

5. 选项

用于设置按钮的两个进阶属性，如下所示。

❏ **默认按钮**

定义是否使按钮成为默认的按钮。对于默认按钮，用户按 Enter 键即相当于单击该按钮。同一交互窗体中，只允许存在一个默认按钮。

❏ **非激活状态下隐藏**

定义当按钮不可用时隐藏。

6. 鼠标

设置鼠标划过该按钮时的鼠标指针样式。单击其右侧的【鼠标指针】按钮，即可打开【鼠标指针】对话框，在列表中选择多种鼠标指针，如图 7-28 所示。

图 7-28　【鼠标指针】对话框

> **提　示**
>
> 用户可以单击【添加...】按钮，在弹出的【加载指针】对话框中选择新的指针文件，将其导入到多媒体应用程序中。

7.3.3 按钮的响应

【响应】选项卡用于设置交互响应的各种复杂属性，如图 7-29 所示。在更改交互响应类型时，【响应】选项卡并不会发生改变。

在【响应】选项卡中，主要包括以下几种属性。

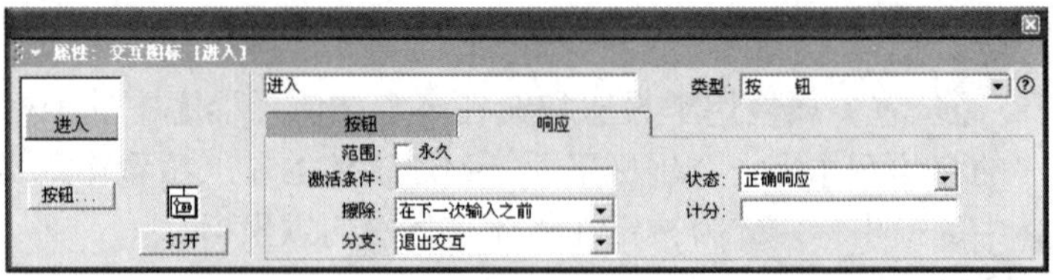

1. 范围

该属性主要用来定义

图 7-29 【按钮】的【响应】选项卡

交互行为响应的范围。在选中【永久】复选按钮后，将把响应设置为永久交互。

> **注　意**
>
> 在 Authorware 中，文本输入响应、按键响应、时间限制响应、条件响应等类型不能被设置为永久交互。

2. 激活条件

定义响应被激活的条件，例如，输入一个条件表达式，则只有当其值为 True 时才会激活响应。如将其保持为空白，则相当于设置其为逻辑常量 True。

3. 擦除

设置当前分支交互在执行后的擦除方式。包括 4 个主要的选项，如下所示。

❑ **在下一次输入之后**　定义进入下一个交互响应后开始擦除操作。

❑ **在下一次输入之前**　定义进入下一个交互响应之前就开始擦除操作。

❑ **在退出时**　定义在退出当前交互时开始擦除操作。

❑ **不擦除**　定义不进行擦除操作。

4. 分支

设置在当前分支执行后，应用程序所执行的方向。主要包括 4 个选项，如下所示。

❑ **重试**　再次执行当前分支。

❑ **继续**　进入下一个交互响应的分支。

❑ **退出交互**　退出当前交互分支。

❑ **返回**　返回上一交互（只有设置永久交互时可用）。

5. 状态

定义是否跟踪判断用户的响应状态。该属性共有 3 个选项，如下所示。

❑ **不判断**　不对用户的响应进行任何判断，将来也无法知道用户操作的正误。

❑ **正确响应**　记录用户正确响应的次数，并将其保存在系统变量 TotalCorrect 中。

❑ **错误响应**　记载用户错误响应的次数，并将其保存在系统变量 TotalWrong 中。

6. 计分

计算本次响应的得分，为一个数值表达式。通常正确时为正数，错误时为负数。

7.3.4　按钮的样式

在按钮的【属性】检查器中，单击【按钮...】按钮，即可打开【按钮】对话框，并在该对话框中选择按钮的各种样式，如图 7-30 所示。

在【按钮】对话框中列出了 Macintosh、Windows3.1、Windows，以及 Native Platform 等 4 类 12 种按钮，包括普通按钮、单选按钮和复选按钮等。

在发布面向多种操作系统平台的多媒体应用时，用户可选择不同的按钮风格，如表 7-2 所示。

图 7-30　设置按钮样式

表 7-2　按钮风格与作用

名　称	作　用
标准 Macintosh	基于早期 Macintosh 操作系统的按钮风格
标准 Windows3.1	基于早期 Windows3.x 操作系统的按钮风格
标准 Windows	基于标准 Windows9x 和 WindowsNT 操作系统的按钮风格
Native Platform	基于当前操作系统的按钮风格

在按钮的样式列表下方，提供了【系统按钮】的输入文本域，允许用户在此设置按钮标签文本的字体和字号。

7.3.5　创建新按钮

在【属性】检查器中单击【按钮...】按钮后，弹出【按钮】对话框，如图 7-31 所示。

用户再单击【按钮】对话框中的【添加...】按钮，在弹出的【按钮编辑】对话框中创建新的按钮，如图 7-32 所示。

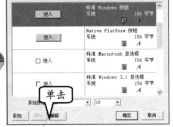

图 7-31　打开【按钮】对话框

在【按钮编辑】对话框中包括【状态】、【按钮描述】以及【按钮图像】3 个部分，其中各种选项设置的作用如下所示。

- ❏ **常规** 定义按钮在未从键盘或鼠标中获得焦点时的状态。
- ❏ **选中** 定义按钮在从键盘或鼠标中获得焦点后的状态。
- ❏ **未按** 定义按钮在未发生鼠标事件时的状态。
- ❏ **按下** 定义按钮在被鼠标按下时发生的状态。
- ❏ **在上** 定义按钮在被鼠标划过时发生的状态。
- ❏ **不允** 定义按钮在被禁用时的状态。
- ❏ **按钮描述** 该输入文本域的作用是允许用户为按钮设置名称或描述内容。

图 7-32 编辑按钮

- ❏ **图案** 定义用户当前选择状态下的按钮图像。主要包括两个选项，其中，【使用导入图】选项为按钮应用导入的图像；【无】选项，则不使用导入的图像，保持按钮的图像为空。
- ❏ **标签** 定义是否显示按钮的标签，以及按钮标签的对齐方式。主要包括两个选项，其中，【显示卷标】为按钮显示可在预览的图像域中拖曳的标签文本；【无】选项为不显示标签文本。
- ❏ **对齐方式** 为按钮的标签文本设置对齐方式。当【标签】设置为【显示卷标】时可用。其中，【左对齐】即设置按钮的标签文本于文本字段的左侧；【居中】设置按钮的标签文本于文本字段的中央位置；【右对齐】设置按钮的标签文本于文本字段的右侧；【声音】定义当用户对按钮进行各种交互操作时按钮发出的声音。
- ❏ **自动检测** 保持单选按钮或复选按钮的选中状态。

提 示

在为按钮设置了【显示卷标】的属性后，可以使用在按钮预览的图像域中拖曳按钮的标签，将其放置在图像域中的任意位置。

在设置完成按钮后，单击【确定】按钮。此时，在【按钮】对话框的列表中，即可查看用户自定义的按钮，如图 7-33 所示。

提 示

选中按钮后，用户还可以在【按钮】对话框中单击【删除】按钮，删除当前选择的自定义按钮。用户也可以单击【编辑】按钮，在弹出的【按钮编辑】对话框中编辑自定义按钮。Authorware 不允许用户删除和编辑系统预置的 12 种按钮。在编辑这些按钮时，系统会提示是否需要创建并编辑这 12 种按钮的副本。

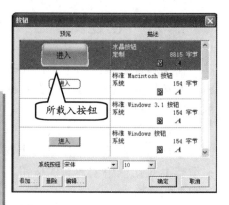

图 7-33 创建的自定义按钮

7.3.6 按钮的快捷键

快捷键是指以键盘控制界面中的菜单、按钮等组件的一种方式。在许多编程语言中，都提供了定义快捷键的方法。在 Authorware 7.0 种，允许用户以可视化的方式定义各种组件的快捷键。以按钮组件为例，要为其设置大写字母 A 的快捷键，可在其【属性】检查器中输入大写字母 A，如图 7-34 所示。

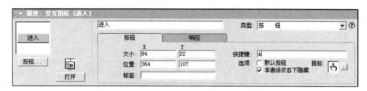

图 7-34 输入快捷键

如果需要为组件设置多个快捷键，则可用竖线符"|"将这些快捷键隔开，例

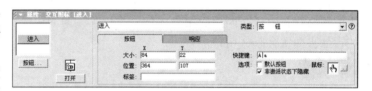

图 7-35 设置多个快捷键

如，设置某个按钮的快捷键为大写 A 和小写 a，如图 7-35 所示。

在设置快捷键时，用户也可以设置功能键。在设置功能键时，可以直接输入功能键名称的关键字。关于键盘功能键的关键字，如表 7-3 所示。

表 7-3 键盘功能键的中英文名称与关键字对照表

中文名	英文名	关键字	中文名	英文名	关键字
退格键	Backspace	Backspace	中断键	Break	Break
删除键	Delete 或 Del	Delete	回车键	Enter	Enter 或 Return
制表键	Tab	Tab	退出键	Esc	Escape
初始键	Home	Home	结尾键	End	End
插入键	Insert 或 Ins	Ins 或 Insert	暂停键	Pause	Pause
上翻页键	Page Up	PageUp	下翻页键	Page Down	PageDown
方向键（上）	Up Arrow	UpArrow	方向键（下）	Down Arrow	DownArrow
方向键（左）	Left Arrow	LeftArrow	方向键（右）	Right Arrow	RightArrow
数字功能键	F1 到 F12	F1 到 F12			

除了功能键外，Authorware 还允许用户为组件设置组合键。在 Authorware 中，允许设置的组合键主要包括以下 12 种，如表 7-4 所示。

表 7-4 组件的组合键

组合键类型	关 键 字	示 例
Ctrl 与字母键	Ctrl 直接加字母	CtrlA、Ctrla（不区分后续字母大小写）
Ctrl 与数字键	Ctrl 直接加数字	Ctrl0、Ctrl1（不区分后续数字是否为小键盘）
Ctrl 与符号键	Ctrl 直接加符号	"Ctrl~"、"Ctrl["（不允许使用上档键符号）
Ctrl 与功能键	Ctrl 直接加功能键关键字	CtrlHome、CtrlEnd（不区分后续关键字大小写）
Alt 与字母键	Alt 直接加字母	AltA、Alta（不区分后续字母大小写）
Alt 与数字键	Alt 直接加数字	Alt0、Alt1（不区分后续数字是否为小键盘）

组合键类型	关 键 字	示 例
Alt 与符号键	Alt 直接加符号	"Alt~"、"Alt["（不允许使用上档键符号）
Alt 与功能键	Alt 直接加功能键关键字	AltHome、AltEnd（不区分后续关键字大小写）
Ctrl 与 Alt 与字母键	CtrlAlt 直接加字母	CtrlAltA、CtrlAlta（不区分后续字母大小写）
Ctrl 与 Alt 与数字键	CtrlAlt 直接加数字	CtrlAlt0、CtrlAlt1（不区分后续数字是否为小键盘）
Ctrl 与 Alt 与符号键	CtrlAlt 直接加符号	"CtrlAlt~"、"CtrlAlt["（不允许使用上档键符号）
Ctrl 与 Alt 与功能键	CtrlAlt 直接加功能键关键字	CtrlAltHome、CtrlAltEnd（不区分后续关键字大小写）

在同一个交互窗体中应避免设置相同的快捷键，否则容易造成用户误操作。如果为不同的交互窗体（在同一应用程序中）设置了相同的快捷键，则只有当前处于激活状态的窗体快捷键会起作用。

注　意

不要使用一些操作系统默认占用的快捷键组合，否则很容易引起用户误操作造成不必要的损失。例如，在 Windows 操作系统中，Alt+F4 键用于关闭窗口。在为某个组件应用 Alt+F4 键为快捷键后，很容易造成用户在按按钮时关闭窗体。

7.4　热区响应

热区是【演示窗口】中一个指定的矩形区域，该区域能够响应用户的操作。热区响应其实很像按钮响应：二者都是矩形的，而且都能使用系统函数设置其属性。此外，二者都支持热键的操作。

两者的不同之处是：按钮有自己的外观，而热区没有外观，是看不见的矩形区域；按钮只响应鼠标的单击，而热区不仅能响应单击，还能响应双击和鼠标位于其上。

如果想让用户看得见热区的位置，可以在与热区重合处绘制图形或者放一个图片。

7.4.1　创建热区响应

热区比按钮的组件更加强大，不仅支持按钮的所有功能，还可以响应鼠标双击，以及鼠标滑过等用户交互事件源。使用热区可以建立更加丰富的事件响应模型。

例如，为一个多媒体应用程序创建一个热区响应，可先在流程线中添加一个【交互】图标。然后，在【交互】图标的右侧添加一个【群组】图标，在弹出的【交互类型】对话框中，选择【热区域】单选按钮，单击【确定】按钮，如图 7-36 所示。

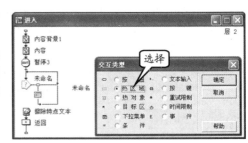

图 7-36　选择【热区域】按钮

然后，即可双击热区域之前的【显示】标题，再按住 Ctrl 键双击【交互图标】右侧的交互虚线矩形图标，在【显示】标题上方拖

Authoware 多媒体制作标准教程（2013—2015 版）

曳热区，设置热区的位置和大小，如图 7-37 所示。

其次，双击【交互】图标右侧的【群组】图标，在弹出的对话框中，插入【显示】
图标，并输入单击热区产生的文本，再插入一个【等待】图标，控制流程在此暂停，如
图 7-38 所示。

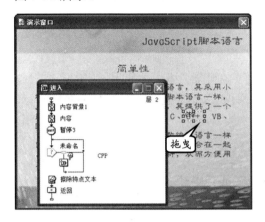

图 7-37 设置热区的位置和大小　　　　图 7-38 制作热区的【显示】图标

最后，选中热区的虚线矩形图标，在【属性】检查器中设置热区的属性，即可完成
热区响应的创建，如图 7-39 所示。

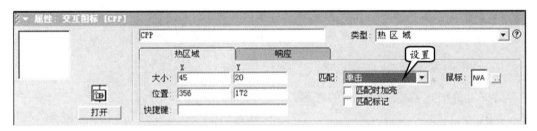

图 7-39 设置热区的属性

7.4.2 热区响应的属性

在热区的【属性】检查器中，用户可以方便地设置热区的各种属性。在之前的小节
中，已经介绍过其中的【响应】选项卡。在此，着重介绍【热区域】选项卡，如图 7-40
所示。

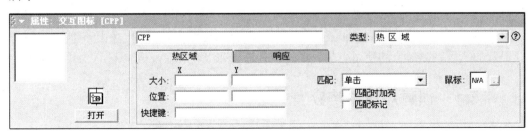

图 7-40 热区的【属性】检查器

在热区【属性】检查器中的【热区域】选项卡中，主要包括以下几种选项。

1．大小

【大小】选项用于设置热区在多媒体应用程序中所占据的面积。其中，X 为热区的宽度，Y 为热区的高度。其单位为像素。

2．位置

用于设置热区在多媒体应用程序中的坐标位置。将整个多媒体应用程序的窗体看作是一个坐标平面，程序窗体的左上角看作是坐标原点。X 为热区在程序窗体中的横坐标，Y 为热区在程序窗体中的纵坐标。

3．快捷键

用于定义显示热区内容时所需按的快捷键，既可以使用单个键，也可以使用组合键或功能键。

4．匹配

定义匹配用户操作的事件的监听方式，包括以下 3 种。
- **单击**　定义热区监听用户的鼠标单击事件。
- **双击**　定义热区监听用户的鼠标双击事件。
- **指针处于指定区域内**　定义热区监听用户的鼠标划过事件。

5．匹配时加亮

定义匹配时加强显示热区中的内容。

6．匹配标记

定义匹配时为热区添加标记。当鼠标划过或单击热区时，在热区的前方绘制一个带阴影的矩形。

7．鼠标

设置鼠标划过该热区时的鼠标指针样式。

7.5　热对象响应

热对象响应是热区响应的扩展，也是一种非常重要的交互类型。相比只能以矩形方式显示的热区，热对象的使用更加灵活，往往不受形状的限制，可以任意由用户定义。

7.5.1　创建热对象响应

在使用热对象响应中，用户指定一个【显示】图标为热对象，程序可以响应用户对热对象的单击、双击和鼠标位于热对象之上的事件。

按钮响应和热区响应所响应的对象都只限于矩形，而热对象并不限于矩形，可以是任意形状的绘图对象和图片对象。热对象响应与热区响应有一些类似之处，热对象响应的主要特点是：

- ❑ 一个热对象必须单独放置在一个显示图标中。
- ❑ 热对象可以是任意形状的绘图对象、图片对象。
- ❑ 用户的鼠标操作事件只对热对象的不透明区域有效，透明区域不响应操作。
- ❑ 热对象可以是静止的，也可以是运动的。
- ❑ 利用热对象响应，可以模拟非矩形的按钮和热区。

创建热对象响应包括 3 个步骤。

首先，在影片的主流程中放置一个【显示】图标作为热对象所在的位置。再为该热对象导入一个不规则形状的图像（例如，背景透明的PNG 图像等），并设置其【模式】为【阿尔法】，如图 7-41 所示。

图 7-41　设置图像透明度

然后，为图像拖曳一个【交互】图标，为其重命名。在【交互】图标右侧添加一个【群组】图标，在弹出的【交互类型】对话框中，选择【热对象】单选按钮，并单击【确定】按钮，如图 7-42 所示。

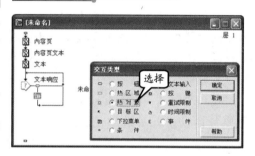

图 7-42　设置交互类型

将【群组】图标重命名为"文本热对象"，然后双击新添加的【群组】图标，在弹出的【文本热对象】对话框中，制作单击热对象所显示的内容，并添加一个【暂停】图标和一个【擦除】图标，将单击热对象所显示的内容擦除，如图 7-43 所示。

返回主流程线所在的对话框，按住 Ctrl键分别双击"内容页"、"内容页文本"以及"文本"等【显示】图标，再双击空心"米字"形的【热对象】图标❋，将所有显示内容列出到【演示窗口】。

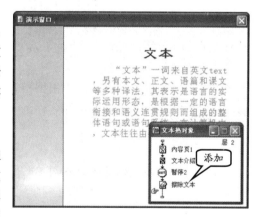

图 7-43　为【群组】图标添加内容

打开【属性】检查器，在【热对象】选项卡中显示"单击一个图像，把它定义为本反馈图标的热对象"时，单击导入的图标，如图 7-44 所示。

最后，单击【属性】检查器中的【鼠标指针】按钮。在弹出的【鼠标指针】对话框中，设置热对象的鼠标指针样式，完成热对象交互的制作，如图 7-45 所示。

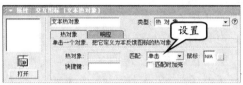

图 7-44　设置交互对象　　　　　定义热对象属性

7.5.2　热对象响应的属性

在热对象交互的【属性】检查器中，主要包括一些基本的设置以及【热对象】、【响应】两个选项卡。在之前已经介绍了【响应】选项卡的参数内容，现在来讲【热对象】选项卡中各种参数设置，如图 7-46 所示。

在热对象【属性】检查器的【热对象】选项卡中，主要包括以下几种选项设置。

图 7-45　设置鼠标指针样式

1．热对象

热对象的文本域用于显示当前热对象交互时反馈的热对象名称，是

图 7-46　热对象的【属性】检查器

不允许用户输入内容的。当用户根据指定的步骤选择了热对象的内容后，即可在此处显示该热对象所在的【显示】图标名称。

2．快捷键

用于设置模拟鼠标选中该热对象时所需要按下的快捷键。关于快捷键，请参考之前相关的小节。

3．匹配

匹配用户交互事件的类型。热对象与按钮组件相比，具有更加完善的功能，支持以下 3 种鼠标监听事件。

- ❏ **单击**　定义热对象监听用户的鼠标单击事件。
- ❏ **双击**　定义热对象监听用户的鼠标双击事件。
- ❏ **指针在对象上**　定义热对象监听用户的鼠标滑过事件。

Authorware 多媒体制作标准教程（2013—2015 版）

4．匹配时加亮

定义匹配用户交互事件时，加强显示热对象中的内容。

5．鼠标

设置鼠标划过该热对象时的鼠标指针样式。

7.6 文本输入交互

在计算机中，键盘也是重要的用户输入设备。文本输入交互方式可以接受用户从键盘上输入的文字、数字或符号等，并判断其输入的正确性。

7.6.1 文本输入交互的设置

文本输入响应类型的交互方式可以接受用户从键盘输入的文字、数字、标点符号等内容，并判断输入的这些内容是否与预设的条件相一致。

在 Authorware 中，文本输入交互是一种相当重要的交互。在各种集成数据库的复杂多媒体应用程序中，文本输入交互具有重要的地位。

文本输入交互通常使用在一些登录窗口或获取用户输入的信息窗口中，如根据用户输入的信息显示指定的图像等。

首先，为程序的主流程线添加一个名为"主背景"的【显示】对象，并导入背景图像。

在【属性】检查器中，设置"主背景"的【层】为 0。然后，再添加一个名为"输入框背景"的【显示】对象，并导入"输入框背景"的素材图像，如图 7-47 所示。在【属性】检查器中，设置【层】为 6，如图 7-48 所示。

在主流程线中，导入一个【交互】图标，并在【交互】图标的右侧插入一个【显示】图标。在弹出的【交互类型】对话框中，选择【文本输入】选项，并单击【确定】按钮，如图 7-49 所示。

将【交互】图标右侧的【显示】图标命名为"01"，为其导入第一张素材图像，设置

图 7-47 导入素材背景和输入框背景

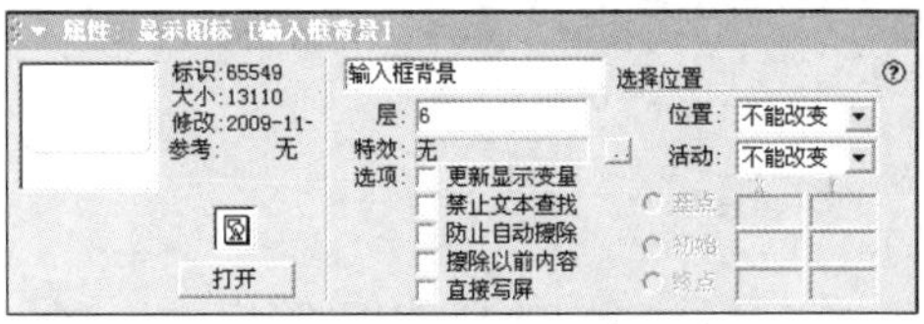

图 7-48 设置【显示】图标层次

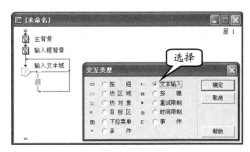

图 7-49 设置交互类型

其【层】为 1。用同样的方式添加第 2 个、第 3 个和第 4 个【显示】图标，并分别设置名称、导入素材图像，并设置【层】的层数，如图 7-50 所示。

选中【交互】图标，在【属性】检查器中，设置【层】为 7，如图 7-51 所示。

在【属性】检查器中单击【文本区域】按钮，在【演示窗口】中显示一个输入文本域。同时，弹出【文本区域】对话框。

在【演示窗口】中，调节输入文本域的大小和位置，输入标题。然后，在弹出的【属性：交互作用文本字段】对话框中，选择【文本】选项卡，并设置输入文本域的样式，如图 7-52 所示。

最后，单击【确定】按钮，关闭【属性：交互作用文本字段】对话框，完成应用程序制作。

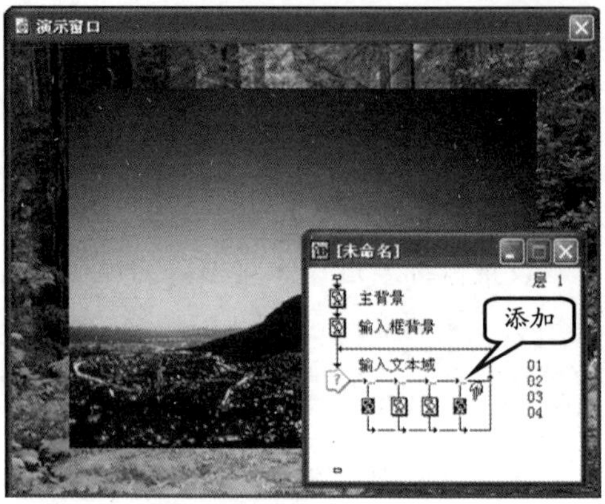

图 7-50　添加【显示】图标并设置属性

图 7-51　设置【交互】图标层次

7.6.2　文本输入响应的属性

与之前介绍的各种组件类似，文本输入的【属性】检查器也包括一个【响应】选项卡和一个【文本输入】选项卡，如图 7-53 所示。

在文本输入的【属性】检查器中，【文本输入】选项卡可设置文本输入响应的一些基本属性，如下所示。

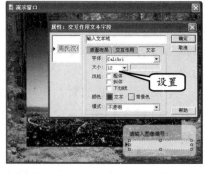

图 7-52　设置输入文本域属性

1．模式

定义匹配文本输入的字符串。如该属性为空，则输入的内容将与文本输入类型的【交互】图标右侧图标的标题相匹配。用户可以对其使用通配符和转义符、表达式等内容，以与程序运行时改变的匹配内容进行关联。

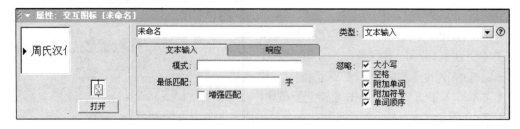

图 7-53　文本输入的属性

Authorware 多媒体制作标准教程（2013—2015 版）

如果用户需要在其中输入字符串常量，则必须将字符串常量以双引号""""括起来。除此之外，用户还可以在其中使用以双减号"--"开头的代码注释。

2. 最佳匹配

定义【交互】图标的输入文本域中最少需要匹配的单词数。例如，【模式】的输入文本域中有 4 个单词，而此输入文本域中的数字为 3，则意为只要用户输入 4 个单词中的 3 个匹配就符合匹配要求。如属性为空，则代表必须完全匹配。

3. 增强匹配

定义增加常识匹配的次数。即允许将匹配内容分几次输入。例如，【模式】属性的内容有 5 个单词，可以每输入其中的一个单词加回车，待输入完 5 个单词并且全部正确时再完成匹配。

4. 忽略

设置进行匹配时可以忽略的内容，主要包括 5 个复选框。
- ❑ **大小写** 英语等使用拉丁字母的语言往往区分大小写。选中该选项，则允许用户输入的单词中大小写与匹配的内容不一致。
- ❑ **空格** 忽略单词中的半角空格。
- ❑ **附加单词** 忽略多余的单词。例如，匹配 4 个单词，用户在输入这 4 个单词后另外输入了 3 个单词，选中该项后，将仍然认为用户输入正确。
- ❑ **附加符号** 忽略用户输入内容中多余的标点符号。
- ❑ **单词顺序** 忽略用户输入多个单词之间的顺序。即使顺序与设置的内容不符，仍然将其识别为正确。

7.6.3 文本输入域的属性

在 Authorware 中，只须为【交互】图标设置【文本输入】类型，然后在【属性：交互作用文本字段】对话框中，设置文本输入域的属性，如图 7-54 所示。

打开文本输入域的【属性：交互作用文本字段】对话框的方法：一，在【交互】图标的【属性】检查器中，单击【文本区域】按钮；二，选中并双击文本输入域。

在【属性：交互作用文本字段】的对话框中，主要包括 3 个选项卡，其中各参数内容如下。

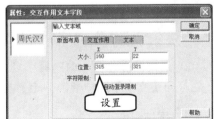

图 7-54 设置文本输入域的属性

1．大小

定义文本输入域的大小。其中，X 为文本输入域的宽度，Y 为文本输入域的高度。

2．位置

定义文本输入域的坐标位置。其中，X 为文本输入域的横坐标位置，Y 为文本输入域的纵坐标位置。

3．字符限制

定义允许用户输入的最大字符限制。如将该项目留空，则表示不限制输入的字符数。

4．自动登录限制

定义在输入达到最大字符限制的字符数后，是否自动结束输入。如选中，则将自动跳转到下一个项目，否则不做任何操作。

打开【交互作用】选项卡，可以定义与用户交互操作有关的各种属性，主要包括 4 种设置，如图 7-55 所示。

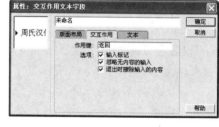

1．作用键

定义结束用户输入的按钮的标签。在文本输入的交互类型中，允许用户指定超过一个的结束按钮。在此，可将多个结束按钮的标签以竖线符"|"的方式分隔开。

图 7-55　【交互作用】选项卡

2．选项

定义 3 个与交互相关的重要属性，如下所示。

❑ **输入标记**　定义是否显示文本输入的按钮。

❑ **忽略无内容的输入**　是否忽略空的输入。只有匹配文本为通配符星号"*"时才有意义。

❑ **退出时擦除输入的内容**　定义是否在退出交互时擦除输入的文本内容。

打开【文本】选项卡，并定义文本输入域中文本的样式，如图 7-56 所示。

1．字体

【字体】选项用于定义输入文本域中的字体。通常可选择宋体、新宋体或微软雅黑等系统自带的字体。

2．大小

【大小】选项用于定义输入文本域中字体的大小。其选项包括【其他】、10 和 12 共 3 种。如果选择【其他】选项，用户可在右侧的输入文本域中输入自定义的字体大小，单位为磅。

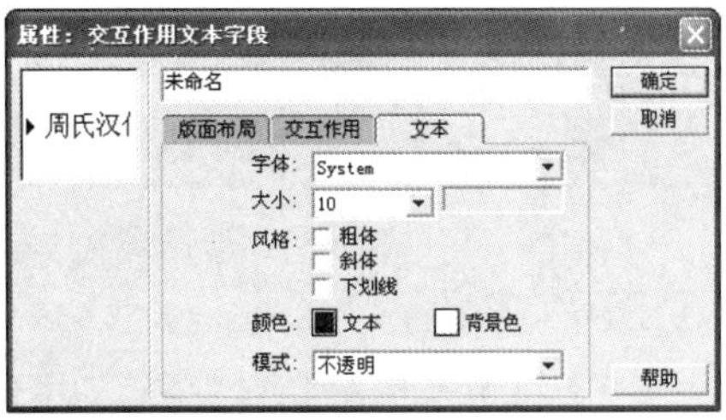

图 7-56　【文本】选项卡

3．风格

【风格】选项用于定义输入文本域中字体的一些具体风格，包括以下 3 个复选框。
- ❑ **粗体**　将输入文本域中的字体加粗。
- ❑ **斜体**　将输入文本域中的字体倾斜。
- ❑ **下划线**　为输入文本域中的字体添加下划线。

4．颜色

【颜色】选项用于定义文本输入域的各种颜色设置，包括两种子选项，如下所示。
- ❑ **文本**　定义文本输入域中文本的颜色（前景色）。
- ❑ **背景色**　定义文本输入域中背景的颜色。

5．模式

【模式】选项用于定义文本输入域的显示方式，包括 4 种子选项，如下所示。
- ❑ **不透明**　定义文本输入域的背景颜色为不透明。
- ❑ **透明**　定义文本输入域的背景颜色为透明。
- ❑ **反转**　定义文本输入域的背景颜色为透明，文本颜色与背景下方的颜色为相反色。
- ❑ **擦除**　定义文本输入域的背景颜色为透明，文本颜色为白色。

7.6.4　特殊字符的使用

在之前的小节中介绍文本输入模式时，讲解了可使用的各种类型字符，包括表达式、转义符和通配符等。其中，转义符、通配符等字符都属于特殊的字符。本节将着重介绍 Authorware 软件的各种特殊字符的使用方法。

1．通配符

通配符是指可以代替一个或多个字符的一种特殊符号。在 Authorware 的界面操作和代码编写过程中，经常需要匹配一个或多个字符串。此时，允许用户使用 2 种类型的通配符，即星号"*"和问号"?"。
- ❑ **星号"*"**　指代任意数量的字符组成的字符串。
- ❑ **问号"?"**　指代任意一个字符。

通配符既可以单独使用，也可以与其他的普通字符、转义符等联合使用。

在进行界面操作时，在各种输入文本域中添加的通配符同样需要以引号括起来。例如，定义为任意某一个字符，需输入""?""而非"?"。

2．转义符

转义符也是一种特殊字符。由于通配符和一些特殊功能的符号已经被赋予了特殊的含义。因此，在将这些特殊符号作为普通的字符输出时，需要使用一种替代的字符，这种字符就是转义符。很多编程语言都有转义符或转义的功能，Authorware 也不例外。

例如，在之前的小节中已经介绍过，起分隔作用的竖线符"|"，以及用于定义次数的井号"#"等，都需要通过转义符才能转换为字符串并正确地输出。常用的转义符包括如下几种。

❑ 井号（#）

井号"#"的作用是定义次数。其后往往会跟一个数字用于定义固定的次数。如果需要将井号"#"输出，可根据不同的情况进行处理。如果井号"#"后跟的字符不是数字，则井号"#"不需要转义，即可直接输出；如果井号"#"后跟的字符是数字，就需要同时输入两个井号"#"，例如，"##10"并不表示重复 10 次，而是表示"#10"这个字符串。

❑ 竖线符（|）

竖线符"|"的作用是表示并列的多项选择。如某个字符串是以竖线符"|"为开头，则不需要转义，直接使用即可。如某个字符串中包含竖线符"|"且不在字符串的开头，则需要同时使用两个竖线符"|"，以对其进行转义。

❑ 星号（*）和问号（?）

如果在字符串中需要表述星号"*"和问号"?"，可在星号"*"或问号"?"之前添加一个转义符号斜杠"\"。

7.7　下拉菜单响应

在各种标准界面风格的 Windows 软件中，几乎都包含有菜单栏，在菜单栏中提供软件的各种重要功能。

在 Authorware 开发的多媒体应用程序中，同样允许用户定义各种菜单栏，这就需要使用下拉菜单响应类型的交互。

7.7.1　创建下拉菜单响应

下拉菜单响应的交互，事实上就是将多媒体应用程序的一些按钮集成到窗体的菜单栏中。Authorware 允许用户建立多列的单级菜单栏，并为菜单栏添加各种操作行为。

1．添加单个菜单

在为 Authorware 多媒体程序添加菜单栏时，首先应在整个程序的【属性】检查器中选中【显示菜单栏】的复选框。然后，在多媒体应用程序的主流程线中添加一个【显示】图标，作为应用程序的背景，导入素材图像，如图 7-57 所示。

然后，为主流程线添加一个【交互】图标，将【交互】图标命名为"壁纸欣赏 1"，在【交互】图标右侧添加一个【显示】图标，在弹出的【交互类型】对话框中选择【下拉菜单】，如图 7-58 所示。

设置图标的名称为"人物"，双击【显示】图标，为【显示】图标导入素材图像，如图 7-59 所示。

图 7-57　导入素材图像

图 7-58　选择【交互类型】

图 7-59　导入素材图像

用同样的方法，制作菜单的其他 3 个项目，然后即可分别在流程线中单击下拉菜单的图标目，在【属性】检查器中为选项设置快捷键，如图 7-60 所示。

最后，保存应用程序，并执行【调试】|【重新开始】命令，即可浏览影片，执行自定义菜单上的命令，如图 7-61 所示。

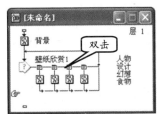

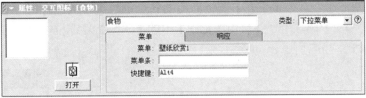

图 7-60　制作菜单项目

2．添加多个菜单

使用 Authorware 除了可以添加单个的菜单外，还可以添加第二个甚至更多的菜单。在添加多个菜单时，每个菜单都需要创建一个【交互】图标。

例如，为上一小节中的例子再添加一个菜单，在主流程线中再插入一个【交互】图标，并在【交互】图标的右侧插入一个【显示】图标，设置【交互类型】为【下拉菜单】

选项，如图 7-62 所示。

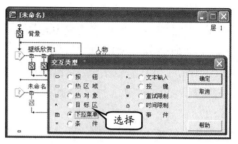

图 7-61　完成菜单的设置　　　　　图 7-62　设置交互类型

分别为【交互】图标和其右侧的【显示】图标设置名称，并双击【显示】图标，为其插入图像，如图 7-63 所示。

用同样的方式再添加两个【显示】图标，为其命名并导入素材。最后，为【下拉菜单】添加一个【计算】图标，命名为"返回"。双击该【计算】图标，在弹出的【返回】对话框中，输入返回的名称为"背景"的【显示】图标，如图 7-64 所示。

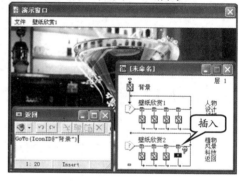

图 7-63　设置图标名称并导入素材　　　　图 7-64　插入【计算】图标并输入代码

选中两个【交互】图标右侧的各个下拉菜单的图标目，在【属性】检查器中，选择【响应】选项卡，并启用【范围】中的【永久】复选框，再设置【分支】为【返回】选项，如图 7-65 所示。

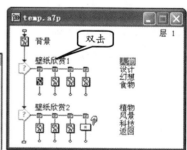

图 7-65　设置各下拉菜单的属性

最后，可执行【调试】|【重新开始】命令，在【演示窗口】中测试各下拉菜单，如图7-66所示。

7.7.2 下拉菜单响应的属性

在下拉菜单图标的【属性】检查器中，允许用户对下拉菜单的基本属性以及进阶的交互响应进行设置。在之前的小节中，已经介绍过【响应】选项卡。此时，将着重介绍【菜单】选项卡，如图7-67所示。

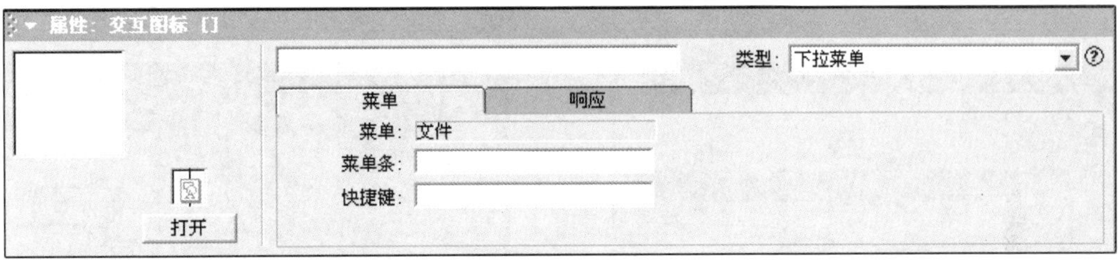

图7-66 测试下拉菜单

图7-67 菜单选项卡

在【菜单】选项卡中，主要包括3个选项。

1．菜单

定义所属菜单栏的标题，通常与下拉菜单的父【交互】图标一致。

2．菜单条

下拉菜单的菜单项标题。允许使用表达式，用于通过脚本控制菜单项的变化。在该输入文本域中还允许使用注释、转义符等。

3．快捷键

设置菜单项的热键，其键名须符合之前章节中介绍的Authorware快捷键规则。

7.8 目标区域响应

目标区域响应是一种基于鼠标事件的交互响应方式。在该交互响应中，需要用户先创建一个目标区域。然后，当用鼠标将某个显示对象拖动到目标区域后，即可实现目标区域响应。

7.8.1 创建目标区域响应

创建目标区域响应时，需要事先为影片添加用于移动的图像对象。例如，先在主流程添加一个【显示】图标，将其命名为"中国国旗"，并导入【显示】图标的图像素材，如图 7-68 所示。

为主流程添加【交互】图标，并在【交互】图标右侧添加一个【显示】图标。在弹出的【交互类型】中选择"目标区"，并将【显示】图标命名为"中国"，如图 7-69 所示。

选中【目标区】交互的箭头图标，单击"中国国旗"的【显示】图标中的图像，即可在【演示窗口】中设置目标区的大小和位置，使其与背景中的选框相吻合，如图 7-70 所示。

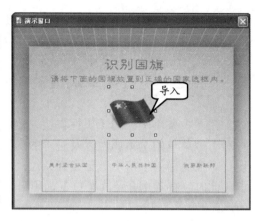

图 7-68　插入【显示】图标并导入素材

图 7-69　设置交互类型

双击名为"中国"的【显示】图标，在【显示】图标中输入"回答正确！"的文本，完成【目标区域】的添加。

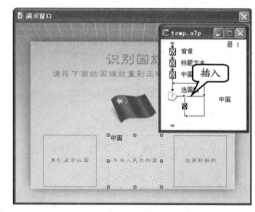

图 7-70　设置目标区的大小和位置

7.8.2　设置目标区域的属性

在用户选择【目标区】交互的箭头图标之后，可在【目标区】交互的【属性】检查器中设置各种目标区域的属性，如图 7-71 所示。

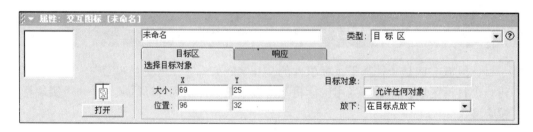

图 7-71　【目标区】交互的属性

在【属性】检查器中，【响应】选项卡中的内容已在之前的小节中介绍过。以下主要介绍【目标区】选项卡中的内容。

Authorware 多媒体制作标准教程（2013—2015 版）

1. 目标对象

显示当前用户选择的作用于目标区的对象所在的图标名称。

2. 允许任何对象

选中该项目后，所有在多媒体应用程序中显示的内容都可拖放到目标区中进行交互。

3. 放下

定义在发生响应后对拖曳内容的动作，包括如下 3 种选项。

- ❏ **在目标点放下**　也就是目标对象将停留在释放位置。
- ❏ **返回**　当释放位置不在目标区内，则停留在释放位置；如果在目标区内，将返回到移动前的位置。
- ❏ **在中心定位**　当释放位置不在目标区时，将停留在释放位置；如果在目标区域内，将吸引到目标区中心。

7.9　其他交互响应

在之前的各节内容中，已介绍了几种基本的交互响应类型。在 Authorware 中共有 11 种交互响应类型。在掌握了之前的 6 种交互响应类型后，本节简要介绍其他 5 种交互响应类型。

7.9.1　条件响应

条件交互可以对某个不确定的因素进行实时判断，并根据事先的设置来决定分支的流向。例如在登录窗口中，程序可以根据输入的用户名是否存在来决定程序的流向。条件交互通常与变量、表达式配合使用，共同实现判断过程。

在创建条件交互时，可以先拖入一个【交互】图标到流程线上，接着拖动一个其他图标到【交互】图标的右侧，这时在弹出的【交互类型】对话框中选中【条件】单选按钮。这样就创建了一个条件交互，如图 7-72 所示。

双击条件交互响应符号，弹出【属性】检查器，打开【条件】选项卡，如图 7-73 所示。

　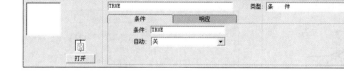

图 7-72　条件响应　　　**图 7-73**　条件响应的属性

该选项卡中的【条件】文本框用于设置条件，在这里可以输入变量或表达式，当它的值为真时，也就是条件满足时执行相应的图标。

【自动】下拉列表是用来设置当用户没有输入任何值进行响应时，Authorware 如何自动匹配条件响应。其中包括以下 3 个选项。

- ❑ **关** 自动匹配关闭，也就是只有当用户对交互作出响应，并且当【条件】文本框内的值为真时，才执行相应的分支。
- ❑ **为真** 只要【条件】文本框内的值为真，Authorware 就会重复匹配条件的响应。
- ❑ **当由假为真** 只有当【条件】值由假变为真时，才执行相应的交互分支。

7.9.2 重试限制

重试限制实际上就是为某个交互限制响应的次数。例如在登录窗口中，可以通过重试限制交互来限制其输入口令的次数。

当创建完成一个登录交互时，可以接着向【交互】图标右侧拖入一个【群组】图标，命名为"成功"。双击交互响应符号，弹出该交互响应类型的【属性】检查器，在【类型】下拉列表中选择【重试限制】选项卡，在【重试限制】选项卡中只有一个【最大限制】文本框，该文本框是用于输入限制次数，如图 7-74 所示。

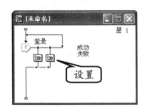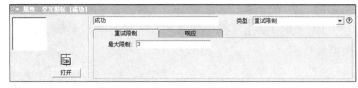

图 7-74 设置重试限制

7.9.3 时间限制响应

时间限制就是要求用户在规定时间内做出选择，当超过规定时间，将自动退出交互程序。时间限制主要是使用时间来限制用户对某个交互响应的选择。例如在登录窗口中，当用户在一定时间内，无法输入正确的密码，那么系统将自动退出。

当创建完成一个登录交互时，可以接着向【交互】图标右侧拖入一个【群组】图标，命名为"成功"。双击交互响应符号，弹出该交互响应类型的【属性】检查器，在【类型】下拉列表中打开【时间限制】选项卡，如图 7-75 所示。

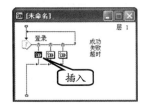

图 7-75 【时间限制】的属性

在【时间限制】类型的交互响应中,【属性】检查器中主要包括以下几种选项。

1. 时限

定义限制用户进行交互的时长。

2. 中断

主要用来决定执行时间限制交互过程中,用户跳转到其他操作时,Authorware 如何关闭当前的时间限制交互响应。

在下拉列表中主要包括了以下 4 个选项。

❏ **继续计时** 选择该选项后,Authorware 将继续计时,该选项也是系统默认选项。

❏ **暂停,在返回时恢复计时** 选择该选项后,Authorware 将暂停计时,当程序回到时间限制交互图标时,将从离开该图标时开始计时,并继续执行程序。

❏ **暂停,在返回时重新开始计时** 选择该选项,Authoware 将暂停计时,当程序回到时间限制交互图标时,重新开始计时。如果在跳转前已经超时,则返回时将重新计时。

❏ **暂停,在运行时重新开始计时** 暂停计时,程序返回时间限制交互图标后,重新开始计时。但是其前提条件是在跳出时间限制交互图标时,时间并没有超过限制。

3. 选项

该项目用于定义时间限制交互的其他 2 种选项。

❏ **显示剩余时间** 定义在多媒体应用程序中以文本的方式显示当前用户交互所剩余的时间提示。

❏ **每次输入重新计时** 定义当前设定的时长为 2 次用户进行输入交互之间的时间间隔。

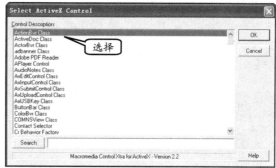

图 7-76 【Select ActiveX Control】对话框

7.9.4 事件响应

事件响应是一种比较特殊的响应方式。主要用于响应 Xtras 插件对象发送的事件。为应用程序添加事件响应的方法如下所示。

执行【插入】|【控件】|【ActiveX】命令,在弹出的【Select ActiveX Control】对话框中,选择所需的控制描述选项,单击 OK 按钮,如图 7-76 所示。

然后命名为"主画面过渡"。接着再拖入一个【交互】图标,添加一个【群组】图标,并把它的分支设置成事件响应,命名为"事件响应",如图 7-77 所示。

双击事件交互符号,弹出【属性】检查器,如图 7-78 所示。

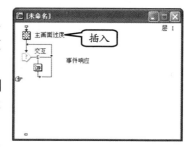

图 7-77 事件交互

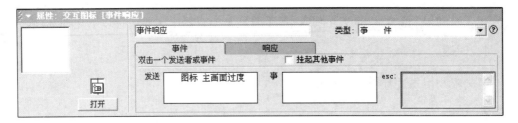

图 7-78　【属性】检查器

在事件类型的交互响应中，主要包括以下几种设置项目。

❑ **发送**　该文本框中列出在主流程线上使用的 Xtras 事件源对象。

❑ **事**　该文本中列出在主流程线上 Xtras 事件源对象所使用的事件响应名称。

❑ **esc**　显示对所选事件的描述。

❑ **挂起其他事件**　用于设置在事件响应过程中是否暂停对其他事件的响应。

7.9.5　按键响应

按键响应是一种比较简单的响应方式。响应的是用户按键的动作。由于按钮响应、热区响应、热对象响应 3 种交互响应类型都具有热键的属性，因此事实上这 3 种交互响应已经包括了按键响应的内容。

按键交互的创建方法是，先拖入一个【交互】图标，命名为"选择题"，输入题目内容。再拖入一个【显示】图标，在弹出的【交互类型】对话框中选择【按键】单选按钮，并命名"答案 A"，如图 7-79 所示。

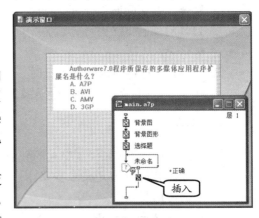

图 7-79　设置题目和添加交互

双击该按键交互符号，在弹出的【属性】检查器中设置【快捷键】，然后即可制作具有按键交互性的应用程序，如图 7-80 所示。

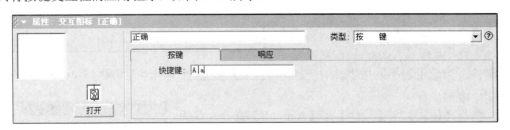

图 7-80　设置快捷键

7.10　实验指导：制作菜单选题系统

菜单一直是软件不可缺少的部分，所以在窗口中添加菜单功能，会给操作人员一种亲切感。

在 Authorware 中，可以利用【交互】图标来制作下拉菜单。例如，通过该图标制作一个选题界面，使选择下拉菜单中的选项时，可以调用相应的答题界面。

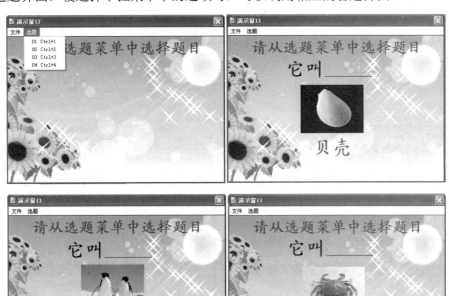

1．实验目的

❑ 添加文本
❑ 添加【交互】图标
❑ 设置图标属性

2．实验步骤

1️⃣ 新建一个文件，保存【文件名】为"菜单选题系统"。然后，按 Ctrl+Shift+D 键，弹出【属性】检查器，并设置【大小】为"512×342"选项。

2️⃣ 单击工具栏中的【导入】按钮，导入一幅图片。这时，在【设计】窗口的流程线上，添加一个【显示】图标，命名为"背景"，如图 7-81 所示。

3️⃣ 再拖入一个【显示】图标，为其命名为"文字"。双击该图标，选择【文本】工具，并在【演示窗口】中输入"请从选择菜单中选择题目"文本，设置【字体】为【楷体】；【大小】为 26，【颜色】为【绿色】，并移动

到窗口的中央位置，如图 7-82 所示。

图 7-81　导入背景图片

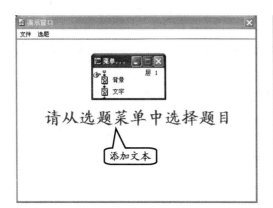

图 7-82 添加文本内容

4 在【属性】检查器中单击【特效】中的【浏览】按钮。在弹出的【特效方式】对话框中，设置【内部】分类中的【水平百叶窗式】选项，并单击【确定】按钮，如图 7-83 所示。

图 7-83 设置特效

5 再拖入一个【移动】图标至流程线上，并双击该图标，弹出【属性】检查器。在检查器中，设置【类型】为【指向固定点】选项，然后通过【选择/移动】工具，将文本内容拖动到最后要放置的位置，如图 7-84 所示。

6 在【设计】窗口中的流程线上再拖入一个【交互】图标，为其命名为"选题"。再在【交互】图标的右边拖入一个【群组】图标，并设置【交互类型】为【下拉菜单】选项。然后，再分别拖入 3 个【群组】图标，同样设置【交互类型】为【下拉菜单】选项，并分别为它们命名 01、02、03 和 04，如图 7-85 所示。

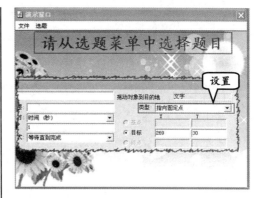

图 7-84 添加【移动】图标

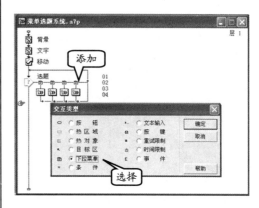

图 7-85 添加【交互】和【群组】图标

7 单击 01 交互图标，在【属性】检查器中，打开【菜单】选项卡，设置【快捷键】为 1，如图 7-86 所示。

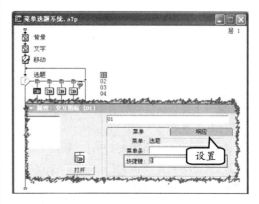

图 7-86 设置 01 菜单属性

8 再打开【响应】选项卡，并启用【范围】中的【永久】复选框，其他的选项不变。再分别设置其他 3 个"下拉菜单"交互图标的属性，其设置参数相同，如图 7-87 所示。

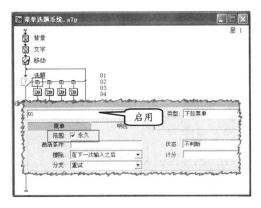

图 7-87　设置 01 响应属性

⑨ 双击"01"图标，在其分支流程线上添加两
个【显示】图标，分别命名为"贝壳"和"问
题"。在第一个【显示】图标中导入一张贝
壳的图片，并移动图片到窗口的中央位置。
在另一个【显示】图标中，输入"它叫＿＿"
文本，并更改字体和大小，如图 7-88 示。

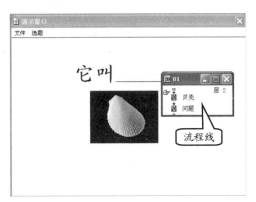

图 7-88　添加显示图标

⑩ 再在分支流程线上添加一个【等待】图标。
双击该图标，在【属性】检查器中，禁用【事
件】中的【单击鼠标】和【按任意键】复选
框；设置【时限】为 2；并启用【选项】右
边的【显示倒计时】复选框，如图 7-89 示。

⑪ 再拖入一个【显示】图标，为其命名为"答
案"。在【演示窗口】中，输入"贝壳"文
本，设置【颜色】为【绿色】。再在【属性】
检查器中，单击【特效】右边的【浏览】按
钮。在弹出的【特效方式】对话框中，设置

【内部】分类为【小框形式】选项，单击【确
定】按钮，如图 7-90 所示。

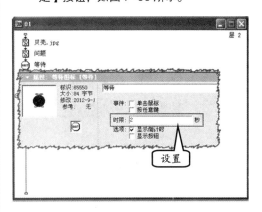

图 7-89　添加等待图标

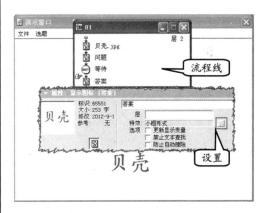

图 7-90　添加文本内容

⑫ 为了显示答案后保持停留一段时间，所以在
分支流程线上，再添加一个【等待】图标，
为其命名为"等待"。双击该图标，在【属
性】检查器中，禁用【事件】后面的【单击
鼠标】和【按任意键】复选框；设置【时限】
为 5，如图 7-91 示。

⑬ 依据上述操作方法，分别设置 02、03 和 04
分支图标，并分别导入相关的图片（如螃蟹、
企鹅、海葵），属性与特效参数设置相同。
此时在主流程线和各分支流程线所创建的
图标效果，如图 7-92 所示。

⑭ 经过上面的设置，就完成了一个菜单选题系
统的制作。这时可以单击工具栏中的【运行】
按钮　　，查看菜单的使用效果。

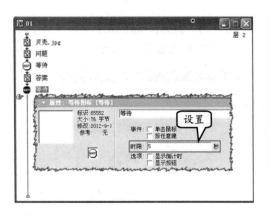

图 7-91　添加【等待】图标

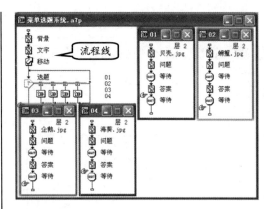

图 7-92　全部流程线

7.11　实验指导：利用框架制作课件

在第 3 章的实验指导中制作了一个图片欣赏的动画，它们之间实现的是自由变化翻页功能，但是在制作讲解课件的过程中，通常要对各个页面进行控制，实现手动翻页功能，实现返回上一页、跳到下一页、首页和末页等功能。

1．实验目的

❑ 添加框架
❑ 删除多余图标
❑ 修改图标内容

2．实验步骤

1️⃣ 新建一个文件，保存【文件名】为"利用框架制作课件"。然后在【属性：文件】检查器中，设置【大小】为【根据变量】选项。

2️⃣ 在流程线上拖入一个【显示】图标，命名为"背景"，并导入一幅背景图片。

3️⃣ 再拖入一个【框架】图标到流程线上，命名为"确定安装"。双击【框架】图标，此时的框架支流程线，如图 7-93 所示。

4️⃣ 保留其中的"Exit framework"、"Previous page"、"Next page"导航按钮，并分别更改名字为"退出"、"上一页"、"下一页"，其余的导航图标全部删除，最后更改【显示】图标的名称为"标题"，如图 7-94 所示。

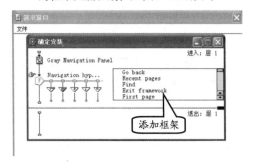

图 7-93　添加框架按钮

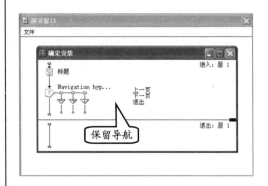

图 7-94　删除部分导航按钮

5 在【演示窗口】中删除"导航按钮"面板，并双击"上一页"按钮图标 ⇦。在【属性】检查器中，单击【按钮】按钮。然后，在弹出的【按钮】对话框中，选择一种按钮样式，单击【确定】按钮，如图 7-95 所示。

图 7-95　更改按钮样式

6 用户使用同样方法，分别对"下一页"和"退出"按钮图标进行按钮样式的更改，如图 7-96 所示。

> **注　意**
>
> 当显示第一幅图片时，单击向前按钮，将会显示第四幅图片。同样，当显示第四幅图片时，单击向后按钮，会显示第一幅图片。但如果使用框架结构演示某个过程，就不希望程序具有这种功能，那么就可以做下面的设置。

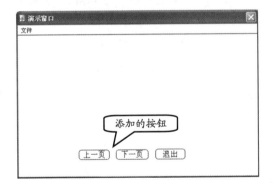

图 7-96　更改其他按钮样式

7 在【框架】图标的右侧，依次拖入 4 个【显示】图标，分别命名为"安装界面"、"选择安装磁盘"、"安装进度"和"安装完成界面"，如图 7-97 所示。

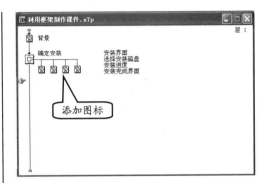

图 7-97　添加【显示】图标

8 双击"安装界面"显示图标，导入关于软件安装的图片，如图 7-98 所示。然后以同样的方法导入其他 3 个显示图标的内容。

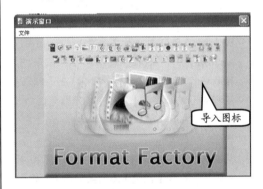

图 7-98　导入软件安装界面

9 打开"确定安装"框架图标。双击"上一页"图标上方的交互分支。在弹出的【属性】检查器中，打开【响应】选项卡，并在【激活条件】文本框中，输入 Prevpage 内容，如图 7-99 所示。

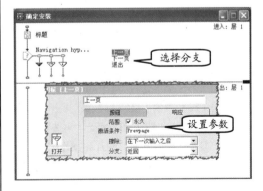

图 7-99　设置"上一页"属性

10 用同样的方法定义 Nextpage 变量来控制
"下一页"按钮，如图 7-100 所示。

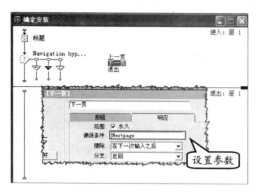

图 7-100 设置"下一页"属性

11 选择"安装界面"图标，执行【修改】|【图标】|【计算】命令。在【计算】图标的【代码】编辑窗口中，输入 "Prevpage = 0
Nextpage = 1"代码，如图 7-101 所示。

12 用同样的方法完成对第二个、第三个【显示】图标的设置，并在【代码】编辑器窗口中，输入"Prevpage:=1"和"Nextpage:=1"代码。

13 用同样的方法完成对"安装完成界面"图标的设置，并在【代码】编辑器窗口中，输入"Prevpage:=1"和"Nextpage:=0"代码。

图 7-101 输入代码内容

14 单击工具栏中的【运行】按钮，弹出安装前的背景界面，如图 7-102 所示。再按 Ctrl+P
键，显示"安装界面"图片和操作按钮。

15 当单击"下一页"按钮，就跳转到"选择安装磁盘"页面。而此时，"上一页"按钮为"灰色"显示，代表禁用状态，如图 7-103
所示。

图 7-102 显示背景图片

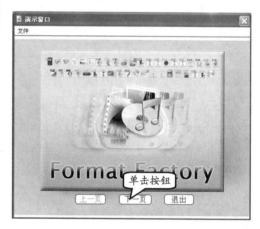

图 7-103 显示安装界面

16 到最后一张图片时，"下一页"按钮为"灰色"显示，代表禁用状态。而用户只能单击"上一页"按钮，查看第一张"安装界面"图片，如图 7-104 所示。

图 7-104 显示最后一张图片

一、填空题

1．Authorware 提供了_____种交互类型。

2．通过设置某一图片或文字的轮廓为热区的交互方式被称为_____。

3．按_____组合键可以打开属性检查器。

4．希望执行完交互分支后退出交互程序，执行下一个图标的选项是_____。

5．当用户希望在单击热区域后，该区域以高亮度显示，则可以选择_____。

6．当用户希望当条件值由假变为真时，才执行相应的交互分支，则可以选择_____。

二、选择题

1．下面关于创建交互说法不正确的是_____。

　　A．【交互】图标本身具有显示功能，用户可以把所要显示的内容直接放在【交互】图标内

　　B．如果要在【交互】图标中嵌套【交互】图标，那么就需要借助【群组】图标实现

　　C．除了【交互】图标之外，其他任何图标可以生成交互分支

　　D．一个【交互】图标可以包含一个或多个分支，这多个分支只可以是一种交互类型

2．在【擦除】选项中，如果想在退出交互后，再执行下一个图标可以选择_____。

　　A．在下一次输入之后

　　B．在下一次输入之前

　　C．在退出时

　　D．不擦除

3．激活条件可以用于_____交互类型。

　　A．文本输入

　　B．条件

　　C．重试限制

　　D．按钮

4．下列可以设置为永久型交互类型的选项是_____。

　　A．文本输入、按键、热区域

　　B．按键、时间限制、重试限制

　　C．目标区域、条件、事件

　　D．按键、重试限制、下拉菜单

5．如果用户希望在文本输入交互内输入的文字至少有三个字符可以匹配，则可以在_____。

　　A．在【最低匹配】文本框内输入匹配字符的个数

　　B．选择【增强匹配】复选框

　　C．选择【附加单词】复选框

　　D．选择【单词顺序】复选框

6．在【时间限制】交互过程中，如果希望 Authorware 暂停计时，当程序回到时间限制交互图标时，从离开该图标时开始计时，并继续执行程序的选项是_____。

　　A．暂停，在返回时恢复计时

　　B．继续计时

　　C．暂停，如运行时重新开始计时

　　D．暂停，在返回时重新开始计时

三、简答题

1．简述 Authorware 中提供的交互类型都有哪些。

2．简述创建一个按钮交互响应类型的方法。

3．如何对一个已经设置好的交互响应类型进行更改？

四、上机练习

1．制作单态按钮

利用按钮交互类型中对按钮的更改，设置一个单态按钮。运行程序时，在【演示窗口】中，将显示一个图形的开关。当用户单击鼠标左键，则按下时开关实现闭合状态，鼠标释放时开关立即实现断开状态。

首先，新建一个文件，保存【文件名】为"单态按钮"，设置【演示窗口】的【大小】为"512x342"选项。

在流程线上，拖入一个【交互】图标，再在【交互图标】的右侧拖入一个【群组】图标，【交

互类型】为【按钮】选项，流程线如图 7-105
所示。

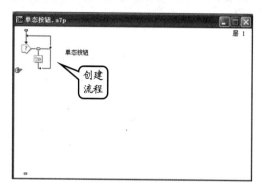

图 7-105 程序流程线

单击"单态按钮"按钮的分支交互，在【属性】检查器中单击【按钮】按钮 按钮... 。在弹出的【按钮】对话框中，单击【添加】按钮 添加... ，如图 7-106 所示。

图 7-106 【按钮】对话框

在【按钮编辑】对话框中选择【常规】列【未按】行的按钮，再击【图案】行中的【导入】按钮 导入... 。

在弹出的【导入哪个文件？】对话框中，选择"断开.bmp"图片，单击【导入】按钮。此时，在【按钮编辑】对话框中，将显示导入的图片，如图 7-107 所示。

再选择【常规】列【按下】行的按钮，单击【图案】行中【导入】按钮。并在弹出的【导入哪个文件？】对话框中，选择"闭合.bmp"图片，单击【导入】按钮。此时，在【按钮编辑】对话框中，将显示导入闭合状态的图片，如图 7-108 所示。最后单击【确定】按钮返回【按钮】对话框，再单击【确定】按钮。

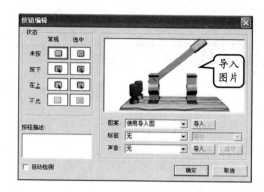

图 7-107 导入未按时按钮图片

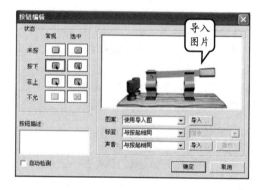

图 7-108 导入按下时按钮图片

最后，调整按钮在【演示窗口】中的位置，再单击工具栏中的【运行】按钮，即可显示当前未按下鼠标状态图片，如图 7-109 所示。

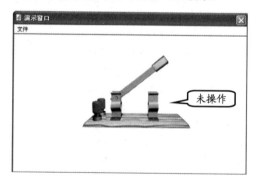

图 7-109 未按鼠标时的状态

当鼠标按下时，则显示闭合状态的图片，如图 7-110 所示。这时，已经实现图片按钮的效果，而当鼠标释放时，开关立即断开。

2．制作双态按钮

利用按钮交互类型中对按钮的更改，设置一个双态按钮。运行程序时在【演示窗口】中出现一个开关，鼠标每单击一次，就在闭合与断开之间切换。

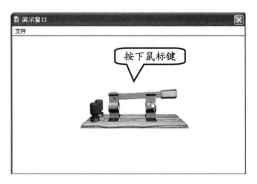

可以参照单态按钮的制作方法，先制作一个单态按钮。然后，打开【按钮编辑】对话框，选择【常规】列【未按】行的按钮，单击【图案】行的【导入】按钮，在打开的【导入哪个文件？】对话框中，选择"断开.bmp"图片。

再分别为【常规】列【按下】行的按钮导入"闭合.bmp"图片；为【选中】列【按下】行的按钮，导入"闭合.bmp"图片；为【常规】列【在上】行的按钮，导入"断开.bmp"图片；为【选中】列【在上】行的按钮，导入"闭合.bmp"图片。

最后，单击【确定】按钮，关闭所有的对话框。然后，调整按钮在【演示窗口】中的位置，并保存该文件，即可单击【运行】程序。

在【演示窗口】中，单击，即将开关处于闭合状态，再单击开关处于断开状态。每单击一次，就在闭合与断开之间切换。

第 8 章

结构化设计

在【交互】图标中，可以建立各种响应类型的分支，当程序执行到【交互】图标时，大都由用户决定执行分支。

而在 Authorware 中，还有另一种用来生成分支的图标，也就是【决策】图标。该图标与【交互】图标不同，【决策】图标的执行不是由用户实时操作控制的，而是完全由【决策】图标的属性设置控制的。

本章将详细为读者介绍【决策】图标、【框架】图标和【导航】图标的结构及其功能。

本章学习要点：

➢ 【决策】图标
➢ 分支结构分类
➢ 【框架】图标
➢ 【导航】图标

8.1 【决策】图标

前面章节所介绍的图标，基本上都是按照从上向下的顺序执行的，对于较复杂的程序，这显然是无法满足要求的。

在【决策】图标中，程序的循环不需用户的参与，循环的条件和循环次数在【决策】图标的属性中就能设置。

【决策】图标的附加【计算】图标与其他图标的附加【计算】图标不同，而与【交互】图标的附加【计算】图标有些类似，即每一次循环进入【决策】图标时都要执行一次【决策】图标的附加【计算】图标中的程序。

8.1.1 创建分支结构

分支结构由【决策】图标、判断分支的路径及分支线组成。【决策】图标是分支结构的核心，程序根据【决策】图标的设定，沿流程线经过该图标，然后再沿着分支路径执行下去。

在创建分支结构时，首先要将一个【决策】图标拖入到流程线上，然后再拖入几个其他的图标至【决策】图标的右侧，这样即可生成一个分支结构，如图 8-1 所示。

图 8-1　分支结构

> **提 示**
>
> 从上图可以看出分支结构与交互结构大致上相同，都具有若干个分支，但它们执行的原理却是不一样的。对于【交互】图标，用户是通过直接与交互循环进行交互来选择分支的。而对于【决策】图标，用户不能与其分支进行交互，而是通过获取路径的参数，并通过参数的符合来执行相应的分支。

在【交互】图标、【决策】图标、【框架】图标等具有分支结构的图标中，每次显示在屏幕上的图标最多只能有 5 个。当超过 5 个图标后，就会在屏幕右侧建立一个滚动窗口，用户可以通过拖动滚动条或单击滚动按钮来选择图标，如图 8-2 所示。

在【决策】图标的右侧可以放置除【决策】图标、【交互】图标和【框架】图标以外的任何图标。而【决策】图标、【交互】图标和【框架】图标可以通过放置在【群组】图标内作为分支结构的一部分。在建立了分支结构之后就可以创建每一个分支的内容了。

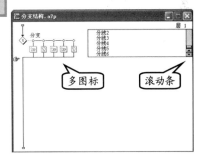

图 8-2　多个分支

分支线的作用是设置分支路径完成后模块的走向，它是位于分支路径之下的流程线的一部分。

> **提 示**
>
> 【决策】图标与【交互】图标、【框架】图标不同，【决策】图标没有演示窗口，所以【分支】图标不能在演示窗口中显示图形和文本等媒体对象，但它可以将要表达的各种媒体作为分支结构的分支内容来显示。

8.1.2 分支属性设置

双击【决策】图标中的分支符号，打开【属性】检查器，可以对分支进行以下设置，如图 8-3 所示。

例如，在【擦除内容】下拉列表中，可以决定该分支中的内容何时被分支结构的自动擦除功能擦除。

在该下拉列表中包括 3 个选项，其具体含义如下所示。

❑ **在下个选择之前**　执行完该分支即擦除。

❑ **在退出之前**　在退出整个分支结构时才擦除。

❑ **不擦除**　不被自动擦除。只有用【擦除】图标才能擦除。

在启用【执行分支结构前暂停】复选框后，程序执行完该分支后将暂停，并显示继续按钮，按下该按钮程序才继续运行。

分支的【属性】检查器是对各个分支进行设置的，【决策】图标的【属性】检查器是对整个分支结构进行设置。

双击【决策】图标，打开【决策】图标的【属性】检查器，如图 8-4 所示。在建立分支结构后，必须对其中的选项进行设置。

图 8-3　分支【属性】检查器

1.【重复】选项

【重复】下拉列表中包括 5 个选项，通过选择不同的选项，从而决

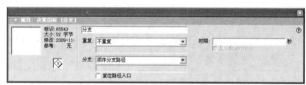

图 8-4　【决策】图标的【属性】检查器

定在一个【决策】图标中的分支是否被循环执行，以及被循环执行的次数。当选择不同的选项时，其流程线的走向也不同。

❑ **固定的循环次数**　在选择该选项后，下方的次数栏可用，填入数值后，分支结构将会按这个值执行。如果输入值小于 1，那么就不执行分支结构中的任何分支。

❑ **所有路径**　直到每个分支都至少执行过一次后，才退出分支结构。

❑ **直到单击鼠标或按任意键**　不断的执行分支结构中的分支，直到用户单击鼠标或按任意键，才退出分支结构。该选项在播放动画或数字电影时十分有用，用户可以自己控制播放的过程。

❑ **直到判断值为真**　在选择该选项后，下方的表达式栏可用，填入变量或表达式后，就按其逻辑值执行。如果该值为假，就继续执行分支结构。直到该值为真时，才退出分支结构。

❑ **不重复**　只在分支结构中执行一次分支，就退出分支结构。至于会执行哪一个分支，则取决于以下所设置的分支执行方式。

2.【分支】选项

在【分支】下拉列表中设置在分支结构中执行分支的方式，其包括4个选项。

❏ **顺序分支路径**

从左到右依次执行分支结构中的各个分支。

❏ **随机分支路径**

每次都在所有的分支中，随机地抽选一个分支执行，直到达到【重复】选项中所设置的值。

在多次随机选择后，有些分支被执行过多次，而有些分支可能从未被执行过。在选择该选项后，流程线上的【决策】图标将变成图8-5所示。

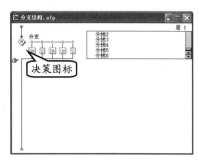

❏ **在未执行过的路径中随机选择**

每次都在未被执行过的分支中，随机地抽选一个分支执行。在选择该选项后，【决策】图标如图8-6所示。

图 8-5 随机执行分支【决策】图标

> **提 示**
>
> 在这种情况下，如果在【重复】文本框内输入的次数等于分支总数，那么就可以保证每个分支都被执行一次，执行分支的顺序是随机的。如果所输入的值小于分支总数，则只有部分分支被执行，哪些分支被执行是随机决定的。如果所输入的值大于分支总数，则先将所有分支按随机顺序执行一遍，再在剩余次数内重新执行。

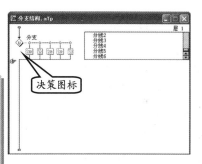

图 8-6 随机选择未执行过的【决策】图标

❏ **计算分支结构**

在选择该选项后，下方的文本框可用，在该文本框内填入常数、变量或表达式后，就按其当前值执行。如果该值当前等于1，就执行第1分支。如果该值当前等于2，就执行第2分支。依此类推，直到达到总次数为止。

3.【复位路径入口】选项

当启用【复位路径入口】复选框后，如果设置了以上第一种或第三种分支执行方式之一，系统会记录已执行过的分支的路径，以便决定下次执行哪个分支。

当程序从分支结构内跳到分支结构外执行，然后又返回该分支结构时，就根据原先对分支路径的记录继续执行分支结构。如果选择了这个选项，在跳出后又返回分支结构时，系统将删除原先的记录。

4.【时限】文本框

用来限制用户在分支图标中停留的时间。时间栏里可以给出以常数、变量或表达式表示的限定时间值，单位为秒。

在执行【分支】图标时，一旦超过限定时间，无论当时执行到哪个分支，程序都将退出【分支】图标，执行主流程线上的下一个图标。

如果设置了限制时间，【显示剩余时间】复选框变为可用。启用该复选框后，屏幕上将出现一个时钟，用于提示执行当前分支结构的剩余时间。

8.2 分支结构分类

上一节已经为大家介绍了如何使用【分支】图标进行各类判断，以及【分支】图标的属性检查器。在选择分支的过程中，可以有以下 4 种方式，即顺序、循环、随机和条件。

8.2.1 顺序分支

顺序分支结构是指程序按顺序执行分支结构中的各个分支。例如，在制作一个图片欣赏时，可以首先拖入一个【决策】图标。

然后，在【决策】图标的右侧拖入 6 个【群组】图标，分别命名为"图片 1"、"图片 2"、"图片 3"、"图片 4"、"图片 5"和"图片 6"，如图 8-7 所示。

双击【决策】图标，在弹出的【属性】检查器中，选择【重复】下拉列表中的【固定循环次数】选项，并在下面的文本框内输入 6；选择【分支】下拉列表中的【顺序分支路径】选项，如图 8-8 所示。

双击"图片 1"群组图标上的分支符号，并在弹出的【属性】检查器中，选择【擦除内容】下拉列表中的【在下个选择之前】选项。然后以同样的方法设置其他【群组】图标的分支，如图 8-9 所示。

分别打开这五个【群组】图标，在其中插入【显示】图标与【等待】图标。然后，在这些【显示】图标内分别导入图片，如图 8-10 所示。最后，运行程序，将会依次显示这 6 个画面。

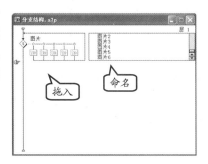

图 8-7　流程线

图 8-8　【属性】面板

图 8-9　设置分支属性

Authorware 多媒体制作标准教程（2013—2015 版）

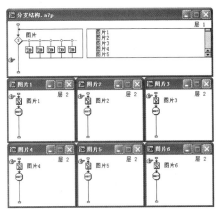

图 8-10　设置图片显示

8.2.2　条件分支

条件分支实际上是一种条件响应方式，它可以在【属性】面板的【分支】下拉列表中进行选择。

例如，首先选择工具箱中的【交互】图标，将其拖入到流程线上。然后，在其右侧拖入一个【计算】图标，如图 8-11所示。

双击【交互】图标右侧的"小按钮"图标，打开【交互】图标的【属性】检查器。然后，在【类型】下拉列表中选择【文本输入】选项；在【分支】下拉列表中选择【退出交互】选项，如图 8-12所示。

双击【计算】图标，在弹出的对话框中输入"q:=NumEntry"代码，如图8-13所示。

在流程线上拖入一个【决策】图标。双击该图标，在打开的【属性】检查器中，选择【分支】下拉列表中【计算分支结构】选项，表示需要经过判断条件来决定所要执行的路径，如图 8-14所示。

在【决策】图标的右侧拖入 3 个【群组】图标，并更改其名称为"群组 1"、

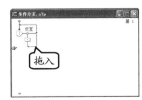

图 8-11　拖入图标

图 8-12　设置【交互】图标的属性

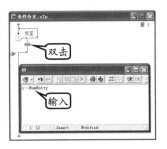

图 8-13　输入代码

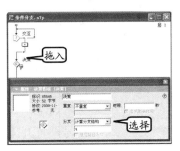

图 8-14　设置【决策】图标属性

"群组 2"和"群组 3"，如图 8-15 所示。

　　分别在这三个【群组】图标中，添加【显示】图标和【等待】图标，并在【显示】图标中，添加图像或文字等内容，如图 8-16 所示。

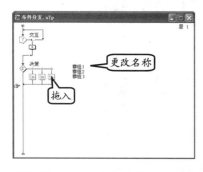

图 8-15　拖入【群组】图标　　　　图 8-16　添加【显示】图标和【等待】图标

　　运行程序，在【演示窗口】中，显示一个输入文本框。然后，在文本框中输入 2，并按 Enter 键，系统将会执行【决策】图标的第二个分支，如图 8-17 所示。

图 8-17　执行第二分支

8.2.3　循环分支

　　循环分支结构就是程序在分支中循环执行，但并不确定要执行哪一条路径。在图片欣赏的实例中，可以设置为不停的随机播放图片，只有在单击鼠标后才会退出分支结构。

　　首先在流程线上拖入一个【决策】图标。然后，在该图标的右侧拖入三个【群组】图标，并依次命名为"群组 1"、"群组 2"、"群组 3"，如图 8-18 所示。

图 8-18　流程图

　　双击【决策】图标，打开【属性】检查器，在【重复】下拉列表中，选择【直到单击鼠标或按任意键】选项；在【分支】下拉列表中，选择【随机分支路径】选项。

　　程序将随机的进入任何分支，只有当用户单击鼠标或按键盘上任意键时，才会停止循环，如图 8-19 所示。

图 8-19　【决策】图标属性面板

　　双击【群组】图标上的分支符号，打开【判断路径】的【属性】检查器，在【擦除内容】下拉列表中，选择【在下个选择之前】选项，如图 8-20

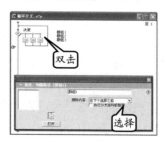

图 8-20　设置【判断路径】属性

所示。

接下来就是设置三个【群组】图标中的内容，分别向【群组】图标内放置一个【显示】图标、【等待】图标和【计算】图标，如图 8-21 所示。

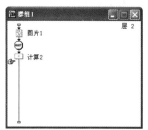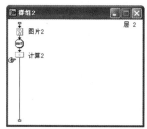

图 8-21　【群组】图标内容

双击【显示】图标，打开【演示窗口】并导入一张图片。然后，双击【等待】图标，在打开的【属性】检查器中，设置【时间】为 5 秒。使用相同的方法，设置其他群组中的【显示】图标和【等待】图标，如图 8-22 所示。

双击流程线上的【计算】图标，在打开的对话框中，输入"num：=1"。然后，使用相同的方法，在其他两个【计算】图标的对话框中输入"num：=2"和"num：=3"，如图 8-23 所示。

图 8-22　导入图像及设置等待时间　　图 8-23　输入代码

最后运行程序，可以发现每隔 5 秒钟切换一次图片，直到单击鼠标或按任意键时结束。

在【决策】图标中选择【随机分支路径】后，并在【属性】检查器中通过改变【重复】下拉列表中的选项，实现不同的循环控制方式。

❑ **选择【固定的循环次数】选项**　当选择该选项后，程序将循环一定的次数，只需在其下面的文本框内输入循环的次数，也可以输入变量、函数或表达式，程序会自动计算其值，并根据计算结果来决定循环执行的次数。

❑ **选择【所有的路径】选项**　表示分支被循环执行，直到所有的分支都执行完毕。

❑ **选择【直到单击鼠标或按任意键】选项**　表示循环执行【决策】图标下的所有分支，直到单击鼠标或按任意键为止。

❑ **选择【直到判断值为真】选项**　该选项表示用条件来控制循环。在选择该选项后，需要在其下方的文本框内输入条件，在这里可以使用变量、函数或表达式，Authorware 会自动计算其值。当程序执行循环时，如果条件为真则停止，否则循环执行该分支图标的内容。

❑ **选择【不重复】选项**　程序只执行按分支方式选择的一条路径。

8.2.4 随机分支

随机分支结构将会随机地选择将要执行哪个分支。在设置该类型的结构时，只须在【属性】检查器中设置分支选项即可。

创建随机分支结构时，首先在设计窗口的流程线上拖入一个【决策】图标，并命名为"判断"。然后，在【决策】图标的右侧拖入 4 个【群组】图标，分别命名为"图片 1"、"图片2"、"图片 3"和"图片 4"，如图 8-24 所示。

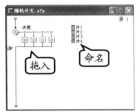

图 8-24　流程图

双击【决策】图标打开【属性】检查器。在【重复】下拉列表中选择【固定的循环次数】选项，并在下面的文本框内输入 3。

然后，在【分支】下拉列表中选择【在未执行过的路径中随机选择】选项，如图 8-25 所示。

图 8-25　【决策图标】属性面板

在这 4 个【群组】图标中分别拖入【显示】图标和【等待】图标。然后，设置【显示】图标的名称为"图片 1"、"图片 2"、"图片 3"和"图片 4"，如图 8-26 所示。

图 8-26　设置【群组】图标内容

双击"图片 1"【群组】图标中的【等待】图标，在打开的【属性】面板中，设置等待时间为 2 秒。使用相同的方法，在其他【群组】图标中设置等待时间为 2 秒，如图 8-27 所示。

单击【运行】按钮 ▶ 后，可以看

图 8-27　输入等待时间

到在播放过程中，程序会随机选取某一个图片进行播放，直到播放完预先设定的次数。

8.3 【框架】图标

【框架】图标与【交互】图标在功能上大致相同，都属于功能图标，本身没有单独存在的意义。其中，【框架】图标为用户提供了方便简单的跳转功能。

8.3.1 认识【框架】图标

【框架】图标是 Authorware 中最特殊的图标，与【导航】图标配合使用，即使用户没有在流程线上拖入【导航】图标，【框架】图标内部也含有 8 个【导航】图标。

一个【框架】图标可以包括多个其他的图标，这些图标被称为"页"。每页都是相对独立的部分，页与页之间靠【导航】图标来发生联系。

创建一个框架结构很简单，只要先在流程线上拖入一个【框架】图标，然后再把其他图标拖入【框架】图标的右侧形成页图标即可，如图 8-28 所示。

提　示

将一个框架作为主菜单，然后在每一页中放置创建子菜单的框架，这样就会有多层菜单的设定出现，从而构成一种较为复杂的框架设置。

实际上，一个【框架】图标是由交互框架与【导航】图标所组成的，其内部结构如图 8-29 所示。整个框架流程线被分为入口和出口。

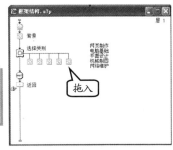

图 8-28　框架结构

在进入各个页面进行浏览前，Authorware 会先执行入口部分的内容。在入口部分为用户提供了 8 个按钮的【导航】图标，用户可以通过这些按钮来浏览页面。

当执行完入口部分后，Authorware 将自动执行第一页的内容，接着用户可以通过【导航】按钮来实现其他控制，直到退出浏览。

当退出浏览后，Authorware 将页面浏览中所有内容擦除，并中止页面中的交互，执行出口部分的内容。

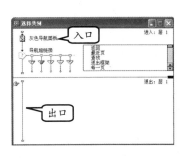

图 8-29　框架内部结构

通常情况下，比较常见的设定框架的方法是：将一个框架作为主菜单，然后在每一页中放置创建子菜单的框架，这样就会有多层菜单的设定出现，从而构成一种较为复杂的框架设置。

提　示

页不仅可以是【显示】图标，还可以是【群组】图标、【移动】图标、【擦除】图标、【等待】图标、【计算】图标等。

8.3.2　设置框架属性

右击【框架】图标，在弹出的菜单中执行【属性】命令，打开【属性】检查器。然后，左上角显示出【框架】图标内【显示】图标的内容，如图 8-30 所示。默认情况下，一般为 8 个导航按钮。

图 8-30　【框架】图标属性面板

单击【打开】按钮可以打开【框架】图标的内部结构。【页面特效】选项用来为页面之间的切换设置过渡效果。单击该选项后的按钮，就可以打开【页特效方式】对话框，在该对话框中可以选择一种切换过渡效果，如图 8-31 所示。【页面计数】用来设置框架结构中页面的数量。

单击【属性】检查器左下角的【打开】按钮，会弹出【框架】图标的内部结构窗口，如图 8-32 所示。

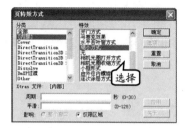

图 8-31 页特效方式

在该结构窗口中，有一个名称为"灰色导航面板"的【显示】图标，其内放置着一个按钮的框架。

另外，还有一个名称为"导航超链接"的交互结构，该交互结构的作用是实现按钮功能。该交互结构由若干【导航】图标组成，各个【导航】图标的名称也就是按钮的名称，可以通过更改【导航】图标的名称来更改按钮的名称。

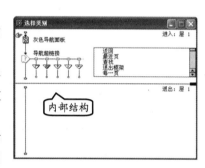

图 8-32 内部结构窗口

双击【交互】图标会打开该图标的【演示窗口】，并且可以随意地移动和删除按钮，如图 8-33 所示。

【框架】图标内部的程序允许用户任意修改，常见的修改方法如下所示。

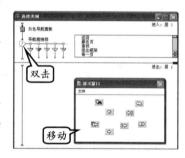

图 8-33 【交互】图标的【演示窗口】

- 修改导航按钮的外观，例如更换 8 个导航按钮上的图片或把导航按钮恢复为标准按钮。
- 删除不常用的【最近页】按钮和【查找】按钮，增加新的按钮（例如 Anywhere 导航方式的按钮）。
- 把按钮响应改为热区响应或热对象响应，以美化用户界面。
- 在入口段添加【显示】图标，其中安排所有页面共用的背景图片，并能在退出框架结构时自动擦除。
- 在入口段添加【声音】图标，其中安排所有页面共用的背景音乐，并能在退出框架结构时自动关闭背景音乐。
- 在入口段添加【移动】图标，在退出框架结构时会自动结束移动对象尚未完成的运动。
- 可以删除【框架】图标内部结构中的所有图标（只剩一个空流程线），【框架】图标下挂页图标用其他方式导航，例如在下拉菜单响应中用【导航】图标导航。

单击【导航】图标上方的按钮交互符号，打开该图标的【属性】检查器，如图 8-34 所示。

单击左上角的【按钮】按钮，弹出【按钮】对话框，如图 8-35 所示。在该对话框中用户可以设置按钮的外形。

8.3.3 实现链接功能

在创建了文本样式后，就可以把普通文本样式与某一页面系统中的具体页链接起来，从而实现超链接。

实现超链接可以在【定义风格】对话框右侧的【交互性】选项区中进行设置，在该选项区中主要包括以下选项。

图 8-34　【交互】图标的【属性】检查器

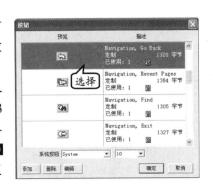

图 8-35　【按钮】对话框

- ❑ **触发交互链接**　触发交互链接主要包括单击、双击和内部指针 3 种方法。可以通过选择相应的单选按钮进行设置。如果选择【无】单选按钮，则【交互性】选项区中的所有选项都将不可用。

- ❑ **自动加亮**　启用该复选框后，当用户采取的触发方式与设定的触发方式相匹配时，文本会以高亮进行显示，从而提醒用户该样式链接已被触发。

- ❑ **指针**　该选项用来改变鼠标的样式，当用户将鼠标移动到超文本上方时，鼠标变成一种形状，以提醒用户此处文本具有链接功能。

- ❑ **导航到**　上述过程定义了超文本响应触发方式，完成以上过程后要进行实际链接。只有经过该选项之后，才能真正实现文本的链接功能。

首先在流程线上拖入一个【显示】图标，在该图标的【演示窗口】中导入一张背景图片。

然后，再拖入一个【显示】图标，在该图标的【演示窗口】中输入所要链接的文字，如图 8-36 所示。

在【文字】图标的下面拖入【等待】图标和【框架】图标，更改【框架】图标的名称为"诗歌目录"。

然后，在【框架】图标的右下角拖入 8 个【显示】图标，并分别命名为 1～9，如图 8-37 所示。

双击第 1 个【显示】图标，打开【演示窗口】。然后，在该窗口中输入诗歌标题、作者和内容，如图 8-38 所示。使用相同的方法，双击其他【显示】图标，在打开的窗口中输入相应的诗歌内容。

图 8-36　添加显示内容

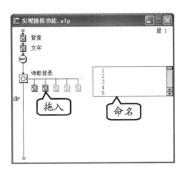

图 8-37　添加【框架】图标

执行【文本】|【定义样式】命令，打开【定义风格】对话框。在该对话框中创建【链

接样式】样式，并启用【单击】单选按钮、【指针】复选框和【导航到】复选框，如图 8-39 所示。

图 8-38　输入诗歌内容

图 8-39　创建新样式

单击【导航到】复选框右侧的按钮，打开【导航风格】属性检查器。然后，在【页】列表中，选择 1 选项，如图 8-40 所示。

图 8-40　设置【导航风格】样式

下面应用已定义好的文本样式，打开需要创建链接的图标，选择该文字，执行【文本】|【应用样式】命令，在弹出的对话框中启用【链接样式】复选框，如图 8-41 所示。

图 8-41　应用样式

运行程序，当单击窗口中的"一剪梅"诗歌标题时，将会弹出该文本链接的内容，如图 8-42 所示。

图 8-42　超链接效果图

8.3.4　设置链接样式

当单击、双击或将鼠标移动到超文本对象上时，Authorware 会自动进入该超文本所链接的页面中。而这种超文本与页面系统中某一页之间的链接就被称为超文本链接。

所谓设置文本样式，就是指定文本的各类属性，以方便以后添加的文本是同一种类型。

设置文本样式时，可以执行【文本】|【定义样式】命令，弹出【定义风格】对话框，如图 8-43 所示。在该对话框中用户可以定义文本的各种属性。

在定义完文本样式后，可以单击【添加】按钮，将新设置的样式添加到文件中，然后单击【完成】按钮即可。

例如，左上方的空白部分是样式列表，在该列表中列出了文件可使用的所有样式。如果想要修改某一个样式，首先在样式列表中选择该样式的名称，然后再修改对话框右侧的各个选项即可，如图 8-44 所示。

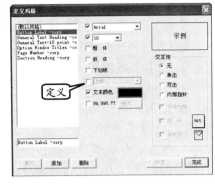

图 8-43 【定义风格】对话框

如果要添加一种新样式，首先在【样式名称】文本框中，输入样式名称。然后单击【添加】按钮，并设置其样式属性，单击【更改】按钮确认即可，如图 8-45 所示。

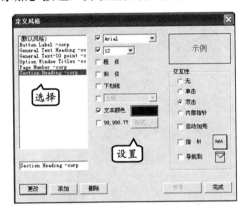

图 8-44 修改样式

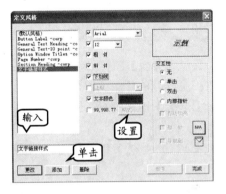

图 8-45 添加新样式

在样式列表中选择某个已创建好的样式，单击【删除】按钮就可以将该样式删除，如图 8-46 所示。

删除前

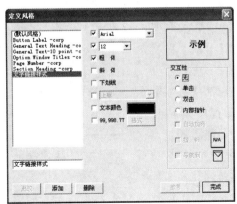

删除后

图 8-46 删除样式

对数字格式进行设置，首先启用【数字】复选框，然后单击其右侧的【格式】按钮，弹出【数字格式】对话框，如图 8-47 所示。

在【数字格式】对话框中可以对数字进行如下设置。

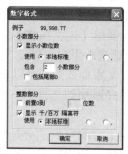

❑ **显示小数位数**　该复选框用于决定是否显示小数位数。

❑ **使用**　用于设置在显示数字时如何显示小数点。【本地标准】单选按钮表示用对话框中所设置的特殊显示结构；【句号】单选按钮表示用句号作为小数的分隔符；【逗号】单选按钮表示用逗号作为小数的分隔符。

图 8-47　【数字格式】对话框

❑ **包含小数部分**　在该文本框内输入想要显示的小数部分的个数。

❑ **前置到零**　该复选框用来确定小数点前置零的个数。

❑ **显示千/百万隔离符**　该复选框表示显示小数点后面的数字。

8.4 【导航】图标

通过【导航】图标可以控制程序跳到【框架】结构的另一图标位置。【导航】图标可以放在流程线的任意位置，但不能跳转到任何设计图标，而只能按一定的规则跳转到附属于【框架】图标的页。因此【导航】图标与【框架】图标是密不可分的。

8.4.1　认识【导航】图标

在框架中设置的【导航】图标是一种比较特殊的图标。在流程中添加框架时默认的【导航】图标有 8 个。

【导航】图标的导航方式有两种，一种是自动导航，另一种是用户控制的导航。

在框架结构中用户可以增添或删除一些【导航】图标，也可以在流程中并非框架的地方自行添加【导航】图标，如图 8-48 所示。

在流程中添加【导航】图标的目的是使程序跳转到指定的地方。但要注意的是，它只能跳转到框架结构中的页面，而不能跳转到其他图标。

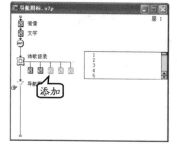
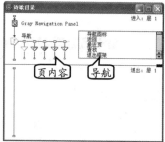

图 8-48　添加【导航】图标

也就是说，它必须与框架结构配合才能使用。如果要跳转到非框架页图标，可以在【计算】图标中放置 GoTo 语句来实现。

自动导航是在程序设计时就确定了跳转位置，一般在流程线上添加的【导航】图标

基本都属于自动导航。使【导航】图标成为自动导航的方法是：双击【导航】图标，打
开【属性】面板。在【目的地】下拉列表
选择【任意位置】选项，并且在下面的【框
架】下拉列表和【页】列表框中选择跳转
到的【框架】图标，如图 8-49 所示。

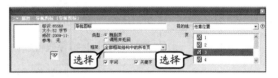

图 8-49 更改导航方式

用户控制的导航是由用户的操作来
跳转到相应的位置，这种【导航】图标通
常被放在框架的结构之中，其默认的响应类型是按钮，也可以根据需要将其改变为热区
域、热对象等其他响应。

8.4.2 【导航】图标属性

【导航】图标类似于 GoTo 函数，可以使用程序流程跳转到指定的图标位置。但不同
的是，【导航】图标只能跳转到框架结构下的页面，而不能跳转到框架结构以外，而 GoTo
函数则无此限制。

另外，进行导航跳转时，系统将跟踪若干次跳转步骤，记录最近跳转的页面，以提
供返回到这些页面的支持。而调用 GoTo 函数时，系统将不会跟踪跳转过程。

【导航】图标可以创建链接，
可以在指定的页之间跳转，所以对
【导航】图标的设置就是对页面跳
转的设置。双击【导航】图标，弹
出【导航】图标的【属性】检查器，
如图 8-50 所示。

图 8-50 【导航】图标属性面板

在【属性】检查器中，【目的
地】下拉列表中共有 5 种导航目的地类型，即【最近】、【附近】、【任意位置】、【计算】
和【查找】。这 5 种类型又可分为 14 种，并拥有 14 种不同的导航图标。各个导航图标的
名称及说明见表 8-1。

表 8-1 导航图标的名称及说明

选项	导航图标	标题	说　　明
最近			此类导航根据用户已经访问的页面进行跳转
	▽	返回	按照已经浏览页面从后向前的顺序依次翻阅
	▽	最近页	打开已经浏览页面的列表，由用户选择要跳转的页面，最后浏览的页面在列表的最上方
附近			此类导航根据各页图标在框架结构中的相对位置进行跳转
	▽	退出框架	退出框架结构或返回到导航的出发点
	▽	第一页	跳转的当前框架图标下挂的首页，即按下挂顺序最左边的一页
	▽	上一页	跳转的当前框架图标当前页的前一页，即按下挂顺序当前页左边的一页
	▽	下一页	跳转的当前框架图标当前页的后一页，即按下挂顺序当前页右边的一页

选项	导航图标	标题	说　　明
	▽	最后一页	跳转的当前框架图标下挂的末页，即按下挂顺序最右边的一页
任意位置			此类导航可以向本程序内任意框架图标的任意页进行跳转
	▽	无	直接跳转到本框架结构或其他框架结构指定的页图标，并把两个框架结构视为一体，使用"返回"、"最近页"和"查找"导航时能同时看到两个框架结构中的页面。但"第一页"、"上一页"、"下一页"和"最后一页"导航仍然限定在当前框架结构
	▽	无	跳转到其他框架结构指定的页图标，执行完程序后，当在目框架结构中使用"退出框架"退出时，返回到跳转前的框架结构
	▽	无	这是在流程线上直接人为地安放一个导航图标时默认的导航图标，当设置完导航属性后，其图标会自动改变成相应的导航图标
计算			导航到表达式计算所得的 ID 标识图标，由于 ID 标识会发生变化，最好不要使用常量，而是使用系统变量表示
	▽	无	直接跳转到本框架结构或其他框架结构中由 ID 指定的页图标。
	▽	无	跳转到其他框架结构中由 ID 指定的页图标，执行完程序后，当在框架结构中使用"退出框架"退出时，返回到跳转前的框架结构
查找			打开查找页面对话框，查找所需的页面并跳转
	▽	查找	直接跳转到查找到的本框架结构或其他框架结构中的页面
	▽	无	跳转到查找到的本框架结构或其他框架结构中的页面，执行完程序后，当在框架结构中使用"退出框架"退出时，返回到跳转前的框架结构

8.4.3 查找方式

在【导航】图标属性面板中，首先确定导航的【目的地】类型，根据跳转目标的不同，导航方式的选择也不相同。

1. 查找

查找类型主要用来设置查找的导航功能，由用户输入的关键字或预设文本决定程序的流向。查找选项的【属性】面板如图 8-51 所示。

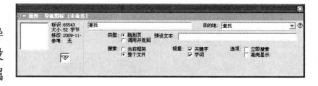

图 8-51　【查找】属性面板

在该【属性】面板中主要包括以下选项。

❏ **类型**

该选项区中的选项功能与前面所介绍的完全相同。

❏ **搜索**

该选项区中的选项可设置查找的范围，其中包含以下 2 个单选按钮。其中，【当前框架】选项表示在当前的框架结构内进行查找；【整个文件】选项表示在整个文件内进行查找。

❏ **根据**

该选项区中的选项可以设置查找的类型，其中包含以下 2 个复选框。启用【关键字】

复选框表示按照关键字进行查找；启用【字词】复选框，则按照文本进行查找。

❏ **预设文本**

在该文本框内输入的文本，会自动出现在查找对话框中作为默认查找文本。用户可以修改该文本，或单击查找按钮，直接按默认文本开始查找。

❏ **选项**

该选项区中的设置主要用来定义查找特性，主要包括以下 2 个选项。其中，【立即搜索】选项，在启用该复选框后，用户单击【查找】按钮后，Authorware 将根据用户预先设置的条件进行查找。

而启用【高亮显示】复选框后，Authorware 将把查找到的文本及其上下文都显示出来。

提 示

在【预设文本】文本框内输入文本时，需要为所输入的文本添加双引号，否则将视为变量。

2．任意位置查找

超链接的最大特点是将有关的目录标题链接到一起，大多是顺序浏览方式，但有时也需要用到一些非顺序的方式进行浏览，这就要求能将任意页链接在一起，【导航】图标正是提供了这样的功能。

在【属性】面板的【目的地】下拉列表中选择【任意位置】选项，表示可以链接到任意页。该选项为【导航】图标的默认设置，如图 8-52 所示。

图 8-52 【任意位置】属性面板

在该面板中各个选项的详细介绍如下。

❏ **类型** 用于选择跳转的类型。该选项中包括有 2 个单选按钮，【跳到页】选项表示直接跳转到【页】列表框中选定的页图标；【调用并返回】选项表示调用【页】列表框中选定的页图标并返回。

❏ **框架** 用于确定目标页，在下拉列表中包含所有【框架】图标的名称和一个目录选项。例如，在下拉列表中选择一个【框架】图标的名称，则与该【框架】图标相关的页面将出现在【页】列表中。

在下拉列表中选择【全部框架结构中的所有页】选项，程序中与所有【框架】图标相关的页面即可出现在【页】列表中，选择一个页面文件，即可作为目标页。

❏ **查找** 用于查找包含有右侧文本框中文字的页图标。

❏ **字词** 启用该复选框，将在页图标的内容中进行查找。

❏ **关键字** 启用该复选框，将在页图标的关键字中进行查找。

❏ **页** 列出页图标的标题。

3．最近查找

按照用户的浏览顺序设置导航功能，记录用户访问过的页，并建立与已浏览页的导航链接，方便用户返回到以前浏览过的页。在选择【最近】选项后，其【属性】面板如图 8-53 所示。

在该面板中只有一个【页】选项，其包含有 2 个单选按钮，详细介绍如下所示。

❑ 返回

选择该单选按钮后，程序将返回
到先前显示的一页中。如果反复单击
该【导航】图标所对应的按钮，程序
将沿着遇到过的所有页依次后退，其
图标为 ▽。

图 8-53　【最近】属性面板

❑ 最近页列表

选择该单选按钮后，在执行程序的过程中，单击该导航按钮，将弹出【最近的页】
对话框。该对话框中列出了所有曾经访问过的页面。双击列表中某一页的标题，就可以
直接转到该页，其图标为 ▽。

提　示

> 在【最近的页】对话框中，最近访问过的页面被放在最上面，而最先访问的页面被置在最下面，
> 在用户执行程序的过程中该对话框中页面列表的顺序将会发生改变。

在使用【最近的页】对话框时，通常要考虑设置导航器的通用性。执行【修改】|
【文件】|【导航设置】命令，将会打开如图 8-54 所示的对话框。

在【导航设置】对话框的【导航图标
设置到最近的】选项区中，包括了【最近
的页】的 3 个参数设置，其具体含义分别
如下所示。

❑ **窗口标题**　用于设置在浮动窗口
中的窗口标题。缺省的设置是【最
近的页】。

图 8-54　【导航设置】对话框

❑ **最近查阅过页的总数**　用于设置
在【最近的页】对话框中列出的
页的最大数目。

❑ **当页已选择时关闭**　在启用该复
选框后，一旦用户在【最近的页】
中选择了要跳转到目标页时，将
关闭该对话框。

图 8-55　【附近】属性

4．附近查找

在 Authorware 中，除了【框架】图标自带的翻页功能外，也可以自定义一种翻页的
功能，这就要用到【导航】图标中的附近查找类型。

这种查找方式为用户提供了建立前一页、下一页、第一页、最末页、退出框架/返回
的链接功能。设置附近查找功能同样是在其【属性】面板中进行设置，如图 8-55 所示。

在该检查器的【页】选项区中，包括了 5 个单选按钮，其具体含义如下所示。

❑ **前一页**　访问当前页的前一页，其图标为 ▽。

❑ **下一页**　访问当前页的后一页，其图标为 ▽。

❑ **第一页**　返回框架结构的第一页，其图标为 ▽。

Authorware 多媒体制作标准教程（2013—2015 版）

❏ **最末页**　跳到框架结构的最后一页，其图标为 ▽▽。

5．计算查找

计算查找类型是指程序根据值确定导航到的页，它的属性面板如图 8-56 所示。

在计算查找类型的【属性】检查器中，可以通过使用函数和变量让程序更加灵活。在该【属性】检查器中包括以下 2 个选项，其具体含义如下所示。

图 8-56　【计算】属性面板

❏ **类型**

该选项区用来设置导航方式，其中包括两个单选按钮。【跳到页】单选按钮用来设置其导航方式为跳转；【调用并返回】单选按钮用来设置导航方式为调用。

❏ **图标表达**

在该文本框内可以输入所链接图标的标识。另外，程序执行时，利用 Eval 函数对表达式的求值功能，灵活地导航到变量所标识的页面下。

> 输入格式为：图标标识@“图标名称”。

标识变量是系统赋给每个图标的标识，主要便于区分和调用它们。同时图标标识也是一个函数。作为变量，它有两种图标格式，一种就是用于获得指定图标的标识；另一种图标标识就是，不带任何参数，获得当前图标的标识号。此函数的语法为 number：=图标标识（“图标 Title”），返回指定图标的标识。

8.5　实验指导：制作随机选择题

每学期结束的时候都离不了考试，随着计算机技术的发展，各种考试试题由笔试改为上机考试。

这时，用户也可以通过 Authorware 软件，来制作一些简单的试题。非常方便学生的学习和测验。

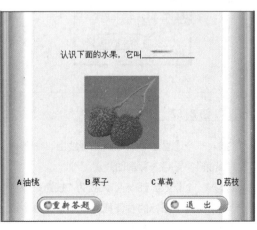

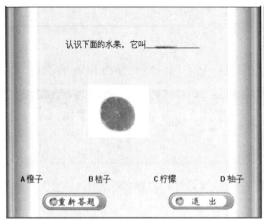

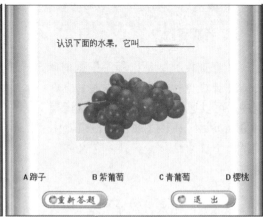

1. 实验目的

- 添加按钮交互类型
- 添加判断图标
- 添加重试限制交互类型

2. 实验步骤

1 新建文件，在【设计】窗口的主流程线上，拖入一个【计算】图标，命名为"窗口大小"。双击该图标，在【代码】编辑窗口输入"ResizeWindow(500,400)"代码，即设置【演示窗口】的大小为 500×400 比例，如图 8-57 所示。

图 8-57 设置窗口大小

2 拖入一个【显示】图标到流程线上，命名为"背景"，并导入背景图片。

3 拖入一个【交互】图标，命名为"按钮命令"。在【交互】图标的右侧拖入一个【计算】图标，并在【交互类型】对话框，选择【按钮】

单选框，单击【确定】按钮，并为【计算】图标重命名为"重新答题"，如图 8-58 所示。

图 8-58 添加【交互】和【计算】图标

4 双击"重新答题"交互分支，在【属性】检查器中，启用【范围】中的【永久】复选框；设置【分支】为【返回】选项，并单击【按钮...】按钮，更改按钮样式，如图 8-59 所示。

图 8-59 设置"重新答题"交互属性

5 在【交互】图标的右侧再拖入一个【计算】

图标,【交互类型】为【按钮】选项,命名为"退出"。双击"退出"交互分支,在【属性】检查器中,启用【范围】中的【永久】复选框;设置【分支】为【返回】选项,并单击【按钮...】按钮,更改按钮样式。

6 双击"退出"计算图标,在【代码】编辑器窗口中,输入"Quit()"函数,如图 8-60 所示。

图 8-60　输入退出函数

7 拖入一个【判断】图标,命名为"选择题"。并在其右侧拖入 4 个【群组】图标,分别命名为"选择题 1"、"选择题 2"、"选择题 3"和"选择题 4"。

8 双击【判断】图标,在【属性】检查器中,设置【重复】为"所有的路径"选项;设置【分支】为【在未执行过的路径中随机选择】选项,如图 8-61 所示。

图 8-61　设置判断图标属性

9 双击"选择题 1"【群组】图标,在分支流程线中,添加【显示】图标,并输入文字和导入图片。这时【设计】窗口和【演示窗口】内容如图 8-62 所示。

图 8-62　输入文字和图片

10 拖入一个【交互】图标,命名为"答题"。并在其右侧分别拖入 5 个【群组】图标,前 4 个图标的【交互类型】为【按钮】类型,最后一个为【重试限制】类型,并分别命名为 A、B、C、D 和"限次",如图 8-63 所示。

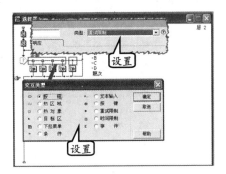

图 8-63　添加群组图标

11 双击第 1 个【群组】图标上方的交互分支,在【属性】检查器中,打开【响应】选项卡,并设置【状态】为【正确响应】选项;【分支】为【退出交互】选项,如图 8-64 所示。

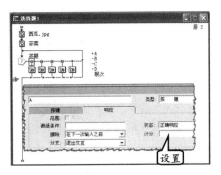

图 8-64　设置正确响应

⑫ 依次双击其他 3 个【群组】图标上方的交互分支，在【属性】检查器中，分别设置【分支】为【重试】选项；【状态】为【错误响应】选项，如图 8-65 所示。

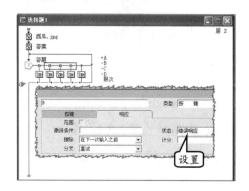

图 8-65　设置错误响应

⑬ 双击"重试限制"的交互分支，在【属性】检查器中，打开【重试限制】选项卡，设置【最大限制】为 3。即最多允许输入 3 次答案，如果这 3 次都没有输入正确答案，程序将退出交互，如图 8-66 所示。

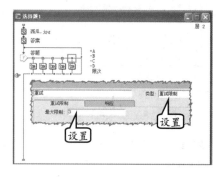

图 8-66　设置重试限制

⑭ 双击 A 群组图标，在支流程线上，拖入一个【显示】图标，并在【绘图】工具箱中，选择【文本】工具。然后，在【演示窗口】中，输入"你真棒！"文本，并设置【大小】为 22；【模式】为【透明】选项。再选择【选择/移动】工具，移动文字到合适的位置。

⑮ 再拖动一个【等待】图标，放至【显示】图标的下面。双击【等待】图标，在【属性】检查器中，设置【时限】为 1，如图 8-67 所示。

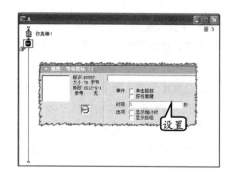

图 8-67　设置【等待】图标时限

⑯ 以同样的方法分别在 B、C、D 中拖入【显示】图标，并输入"不对"文本，设置【字体颜色】为【红色】。而设置【等待】图标的【时限】均为 1 秒。

⑰ 双击"限次"群组图标，在分支流程线上，添加一个【显示】图标，并输入"你答错了，请看下一题！"文本。再拖入一个【等待】图标，设置【时限】为 1 秒，其流程图如图 8-68 所示。

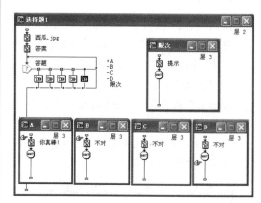

图 8-68　各【设计】窗口中的流程图

⑱ 接下来以同样的方法来创建其他 3 道选择题。接着返回主流程线，拖入一个【显示】图标，命名为"成绩"。双击该显示图标，选择【文本】工具，在【演示窗口】中输入"答对了{Totalcorrect}次，答错了{Totalwrong}次"文本，如图 8-69 所示。

⑲ 再拖入一个【等待】图标，并在【属性】检查器中，启用【事件】右边的【单击鼠标】和【按任意键】复选框；设置【时限】为 5，如图 8-70 所示。

图 8-69 成绩提示内容

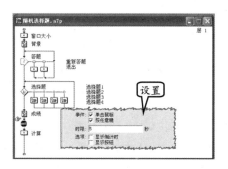

图 8-70 添加【等待】图标

20 再拖入一个【计算】图标，双击该图标，在【代码】编辑器中，输入"TotalWrong:=0 TotalCorrect:=0"代码，如图 8-71 所示。

21 为了实现重新答题的功能，在主流程线上双击"重新答题"计算图标，在弹出的【代码】

编辑器中，输入"GoTo (IconID@"选择题")"代码内容，如图 8-72 所示。

图 8-71 计算编辑器

图 8-72 实现重新答题

22 最后单击【运行】▶ 按钮，会依次看到下面的选择题画面。从键盘上按下要选择的选项，即可进行答题。

8.6 实验指导：制作拼图游戏

　　拼图游戏是 Authorware 中最经典的实例之一，下面就希望借助该实验使用户更加灵活地掌握前面所讲的内容。

　　当执行程序时，用户通过鼠标将各图块按缩略图放置在网格中相应的位置。如果位置正确，将自动将图块与网格中心对齐。如果错误，图块将自动返回到原来位置。

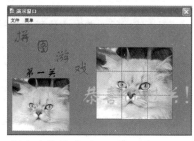

　　当拼完整个图形后，将会弹出提示信息。用户也可以通过菜单来实现退出拼图或者重新开始等操作。

1．实验目的

❑ 添加图标

❑ 添加下拉菜单交互类型

❑ 添加目标区交互类型

❑ 利用系统变量 AllCorrectMatched

2. 实验步骤

1 新建文件，保存为"拼图游戏"。在【属性】检查器中，设置【大小】为"512×342"选项；【背景色】为【松柏绿】颜色，如图 8-73 所示。

图 8-73　设置背景颜色

2 拖动一个【群组】图标到流程线上，命名为"初始化"。双击该图标，在分支流程线上拖入一个【计算】图标，命名为"初始化"，如图 8-74 所示。

图 8-74　流程线

3 双击该图标，并在【代码】编辑器中输入"grade：=1"，如图 8-75 所示。其中 grade 是自定义的变量，用于设定通过的游戏关数。

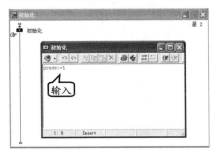

图 8-75　代码编辑器

4 在主流程线上拖入一个【交互】图标，命名为"菜单"。再向【交互】图标右侧拖入一个【群组】图标，设置【交互类型】为【下拉菜单】选项，再为【群组】图标更改名为"开始游戏"，如图 8-76 所示。

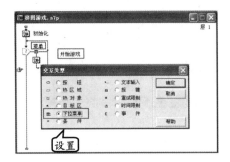

图 8-76　创建"下拉菜单"交互类型

5 双击"下拉菜单"交互分支，在【属性】检查器中，打开【响应】选项卡，启用【范围】右边的【永久】复选框，如图 8-77 所示。

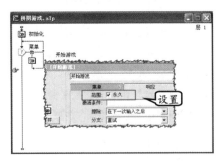

图 8-77　设置交互分支属性

> **提 示**
>
> 大多数采用菜单交互方式的场合都要求菜单命令能够随时被执行，因此需要把菜单响应范围设置为永久。

6 在【交互】图标右侧再拖入一个【群组】图标，命名为"重新开始"。也就是相当于在"菜单"中添加一个"重新开始"选项。

7 双击该图标，在分支流程线上拖入一个【计算】图标，命名为"重新开始"。双击该图标，在【代码】编辑器中，并输入"Restart（）"函数，如图 8-78 所示。

Authorware 多媒体制作标准教程（2013—2015 版）

图 8-78　设置重新开始

8　在【交互】图标右侧再拖入一个【群组】图标，命名为"退出程序"。双击该图标，在分支流程线上，拖入一个【计算】图标，命名为"退出程序"。双击该图标，在【代码】编辑器中，输入"Quit（）"函数，如图 8-79 所示。

图 8-79　设置退出

9　创建多个级别的拼图游戏，在这里可以为每个级别都单独设置一个【群组】图标。双击"开始游戏"的【群组】图标，在其分支流程线上，拖入一个【擦除】图标，命名为"擦除"。这是为了擦除其他一些可能对拼图带来的干扰。

10　双击该【擦除】图标，在【属性】检查器中选中【不擦除的图标】单选按钮，并保持其擦除列表为空。当程序运行到该图标时，将擦除所有显示内容，如图 8-80 所示。

11　连续添加两个【群组】图标，分别命名为"第一关"和"第二关"。这里用户可以自己根据情况来决定它的关数。每关的【群组】图标里都包含一个拼图游戏，流程线如图 8-81 所示。

图 8-80　设置【擦除】图标属性

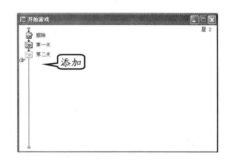

图 8-81　设置冲关数

12　双击"第一关"群组图标，在分支流程线上，拖入一个【显示】图标。导入一张所要拼图的原图，双击打开该图标，选择【文本】工具，输入"拼"、"图"、"游"和"戏"文字，并设置【字体】为【方正舒体】；【大小】为36，移动到合适位置。

13　再输入"第一关"文本，位于图片的上方位置。然后，再分别选择【绘图】工具箱中的【矩形】工具和【直线】工具，绘制方格图，如图 8-82 所示。

图 8-82　添加"第一关"内容

14　分别导入该拼图的九张局部图片，并在【演示窗口】中，打乱其顺序。这样拼图所需的图片和界面就已经制作完成了，如图 8-83 所示。

图 8-83 排列导入的 9 张局部图片

[15] 在"第一关"的分支流程线上，拖入一个【交互】图标，命名为"拼图过程"。在【交互】图标的右侧拖入一个【群组】图标，并设置【交互类型】为【目标区】选项，并命名为"第一张"。

[16] 双击该【群组】图标上方的交互分支，这时出现"目标区"控制框，单击图片并拖动到应放置的位置上，调整目标控制框的大小，使其完全包围图片所在的网格。然后，单击"图片"显示图标，把图片移到其他的位置，如图 8-84 所示。

图 8-84 调整目标区位置

[17] 打开【属性】检查器，设置【放下】为【在中心定位】选项。再选择【响应】选项卡，设置【状态】为【正确响应】选项，将该分支定义为正确响应分支，如图 8-85 所示。

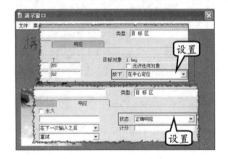

图 8-85 设置属性检查器

[18] 依照上述步骤，再在【交互】图标右侧，添加 8 个【群组】图标，其设置的目标区分别与其他 8 幅局部图片对应。然后，在【属性】检查器中，设置相关属性。

[19] 再拖入一个【群组】图标，命名为"错误反应"。双击该交互分支，在【属性】检查器中，启用【允许任何对象】复选框；设置【放下】为【返回】选项。再选择【响应】选项卡，设置【状态】为【错误响应】选项，如图 8-86 所示。

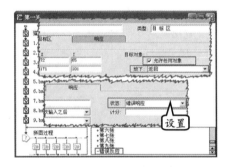

图 8-86 设置【错误响应】

[20] 此时，用户可以调整目标区域为整个大矩形框，如图 8-87 所示。

图 8-87 设置错误响应的目标区

[21] 保持以下 9 个【群组】图标内部均为空。向【交互】图标右侧再拖入一个【群组】图标，并双击该图标的交互分支。然后，在【属性】检查器中，设置【类型】为【条件】选项，并在【条件】文本框中，输入 AllCorrectMatched 变量；设置【自动】为【当由假为真】选项，如图 8-88 所示。

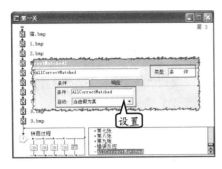

图 8-88　设置交互分支的属性

22　在主流程线上插入一个【显示】图标，命名
　　为"恭喜过关"。双击该图标，输入"祝贺你
　　过关！"文本。再拖入一个【等待】图标，并
　　在【属性】检查器中，启用【事件】后的【单
　　击鼠标】复选框；启用【选项】后面的【显
　　示按钮】复选框，而其他选项均禁用。

23　再拖入一个【交互】图标，命名为"继续"。
　　在【交互】图标右侧拖入一个【计算】图标，
　　设置【交互类型】为【按钮】选项，并重命
　　名为"升级"。调整该按钮在【演示窗口】中
　　的位置，并双击该图标，在【代码】编辑器
　　中，输入"GoTo(IconID@"第二关")"代码。

提　示

AllCorrectMatched 是 Authorware 的系统变量，
用于记录正确分支是否都被执行过，当所有正
确分支被执行后，该变量值为 True。

提　示

GoTo(IconID@"IconTitle")是 Authorware 的系
统函数，用于将流程跳转到指定图标，也就是
跳转到@后所指定的图标继续执行。

24　再拖入一个【计算】图标，命名为"退出"。
　　在其【属性】检查器中，设置与升级【计算】
　　图标参数相同，只需修改该按钮的位置。然
　　后，双击该图标，在【代码】编辑窗口中，
　　输入"Restart()"函数。

25　为了防止在程序运行时，背景图片"猫"被
　　移动，应为该【显示】图标附加一个【计算】
　　图标。例如，执行【修改】|【图标】|【计
　　算】命令，在【代码】编辑器中，输入
　　"Movable:=FALSE"代码，如图 8-89 所示。
　　这时，在【显示】图标的前边添加了一个【计
　　算】图标符号。

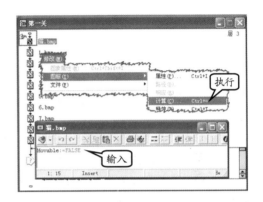

图 8-89　添加附加图标

26　此时，拼图游戏的第一关已经制作完毕，用
　　户可以完全参照前面介绍的内容来制作第二
　　关、第三关等内容，其流程线如图 8-90 所
　　示。现在，用户可以单击【运行】按钮，浏
　　览游戏效果。

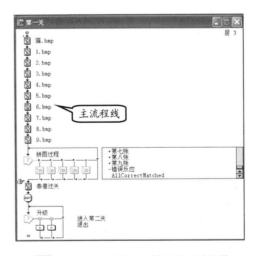

图 8-90　第一关拼图游戏流程线

一、填空题

1.【框架】图标的内部结构包括_____和出口两部分。

2.当【分支】图标的分支个数超过_____个时，将在其右侧出现列表框。

3.当需要每个分支至少执行一次时，可以在其属性检查器的【类型】下拉列表中选择_____。

4.在所有分支中随机抽取执行，直到达到所输入的重复次数为止。这种分支执行方式为_____。

5.Authorware中的导航操作，需要通过_____和【导航】图标配合使用才能完成。

6.在【导航】图标的5种类型中，用于根据用户所输入的关键字进行导航的查找方式为_____。

二、选择题

1.下面关于【框架】图标的内部结构说法不正确的是_____。

　　A.默认【框架】图标内部结构分上下两部分

　　B.其内部的所有图标都可以随意增减

　　C.在【框架】图标内部，所有【导航】图标按钮的交互方式可以更改

　　D.以上说法均不正确

2.下列图标可以出现在分支图标右侧的是_____。

　　A.【分支】图标

　　B.【交互】图标

　　C.【框架】图标

　　D.【显示】图标

3.下面关于【分支】图标说法正确的是_____。

　　A.对于【分支】图标，用户可以通过直接与交互循环进行交互来选择分支

　　B.【分支】图标本身具有显示功能，读

者可以将需要显示的内容放置在【分支】图标中

　　C.【分支】图标本身不具有显示功能，但读者可以将需要显示的内容做为分支进行显示

　　D.【分支】图标只能完成顺序结构，无法完成循环结构

4.【导航】图标包括几种跳转方式_____。

　　A.3　　　　　　　　B.4

　　C.5　　　　　　　　D.6

5.所谓超文本就是在普通文本功能基础上又增加了_____。

　　A.文字闪动效果的文本

　　B.相应导航跳转功能的文本

　　C.可以把普通文本样式与某一页面系统中的具体页链接起来，从而实现超链接

　　D.B和C

6.退出框架/返回的图标是_____。

　　A.　　　　　　　　B.

　　C.　　　　　　　　D.

7.当程序执行到一个【框架】图标时，会先执行_____。

　　A.所定义的页图标

　　B.第一个页图标

　　C.入口部分的内容

　　D.出口部分的内容

三、简答题

1.【导航】图标的查找方式都有哪几种？

2.【分支】图标有哪几种分支结构分类？

3.如何使用【框架】图标实现超链接？

4.【分支】图标、【导航】图标、【框架】图标之间的区别是什么？

四、上机练习

1.随机分支实例

利用判断图标，制作一个随机显示不同数字

Authorware 多媒体制作标准教程（2013—2015版）

内容的实例。例如，使 1～9 之间的数字随机显示。

首先，新建一个文件，保存【文件名】为"随机分支结构"。在流程线上，拖入一个【判断】图标，命名为"随机数"。

然后，在【判断】图标右侧拖入 10 个【群组】图标，并分别命名为 1、2、3、4、5、6、7、8、9 和 0 数字名称，此时的流程线如图 8-91 所示。

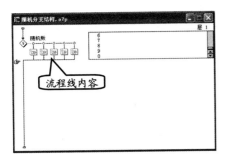

图 8-91　创建的流程线内容

其次，双击【分支】图标，在【属性】检查器中设置【重复】为【直到单击鼠标或按任意键】选项。并设置【分支】为【随机分支路径】选项，如图 8-92 所示。

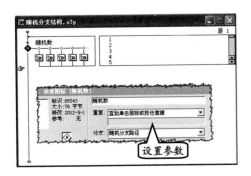

图 8-92　设置【判断】图标属性

双击 1 群组图标，在分支流程线上添加一个【显示】图标与【等待】图标，设置【等待】图标【时限】为 1 秒，而在【显示】图标的【演示窗口】中，输入 1 文字，设置【字体】和【大小】样式，如图 8-93 所示。

通过上述操作，在其他 9 个群组图标的分支中，依次输入 2～9 和 0，共计 9 个数字。

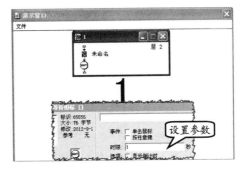

图 8-93　添加交互的分支内容

最后，单击【运行】 ▶ 按钮，可以看到在播放过程中，程序随机地显示 0～9 之间的数字，直到单击鼠标或按键盘上的任意键结束，如图 8-94 所示。

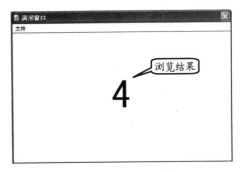

图 8-94　运行效果图

2. 利用框架图标设计判断题

利用框架图标设计一个程序，能够进行判断题的测试。在判断过程中，单击正确的按钮时，显示正确提示信息。当单击按钮为错误时，则显示错误的提示信息。另外，在测试过程中，用户还可以返回上一题和下一题进行答题操作。

首先，在主流程线上，添加一个【框架】图标，命名为"判断题"，并更改内部结构。使内部只有"第一题"、"上一题"、"下一题"和"最后一题" 4 个【导航】图标，如图 8-95 所示。

其次，在【判断】图标的右侧添加 3 个【群组】图标，在第 1 个【群组】图标的分支流程线上，添加【显示】图标，显示判断题内容。再添加【交互】图标，设置【交互类型】为【按钮】选项，如图 8-96 所示。

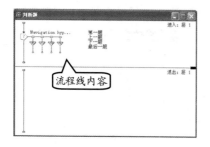

图 8-95 更改【框架】图标内部结构

然后，在另外 2 个群组图标的分支中，设置与第 1 个群组图标相同的内容与参数，只需要更改答题内容即可。

最后，单击【保存】按钮即可对该课件进行保存操作。再单击【运行】按钮，即可浏览答题效果，如图 8-97 所示。

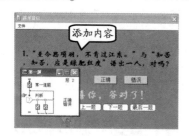

图 8-96 添加答题内容

图 8-97 进行判断后的效果图

第 9 章

库、模块和知识对象

 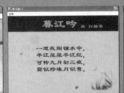  

在 Authorware 应用程序开发过程时，用户可以按照相同的原理将这些多次使用的图标建立为一个库。库可以是一个或多个图标的集合。而模块是指主流程线上的某一段逻辑结构，可以包含多种图标及其相互间的交互作用，同时模块还可以保存每个图标的内容。

知识对象是由 Authorware 官方或第三方提供的、能够实现某一完整功能的程序模块。每个知识对象都为用户提供了一个设置向导界面，用户可以通过该界面完成对知识对象的设置，从而实现特定的功能。

本章将着重介绍库、模块和知识对象 3 方面的内容，这也是 Authorware 的高级应用知识。了解库、模块和知识对象之间的区别，以及应用这些内容的方法，以快速、高效地创建应用程序。

本章学习要点：

➢ 库
➢ 模块
➢ 知识对象

9.1 库

库是一个外部文件，独立于所创建的文件之外，在库文件中可以保存各类图标。当在同一程序中重复使用库中的某个图标时，可以减少程序的存储空间。

另外，当更新库中图标的内容后，与该图标相链接的所有在程序中使用的图标都将自动修改，这样也大大节省了修改时间。

9.1.1 创建库

在 Authorware 中，创建库是将一个或多个图标内容打包，将其存放在一个文件中的过程。

用户可以在开发多媒体应用程序之前先创建库，以供调用。或者，用户也可以在开发多媒体应用程序过程中，随时将程序中的一个或多个图标打包到库中。用户还可以在开发完成程序以后，将程序中多次使用的图标打包，降低程序的体积。

为应用程序建立库文件，主要有以下几种优点。

❏ **提高程序开发效率**

在为多媒体应用程序应用库之后，可以大量地重用库中的内容，使用户免于不断制作重复性的内容，减少程序开发的时间。

❏ **减少程序占用磁盘空间**

为多媒体应用程序应用库之后，可以将大量重复的内容打包存放，供用户灵活地调用。原本需要存放多次的内容只需要保存 1 次即可应用，降低了程序占用的磁盘空间和网络传输带宽。这点对于一些需要通过互联网传播的程序尤为重要。

❏ **提高程序修改效率**

当用户需要对包含库的应用程序进行修改时，只需要修改库中的内容，即可自动为应用程序进行更新，无需对重复内容进行逐项修改，提高程序的修改效率。

在创建库时，首先应执行【新建】|【库】命令或按 Ctrl+Alt+N 键，然后将打开【设计】窗口和一个【库】窗口。

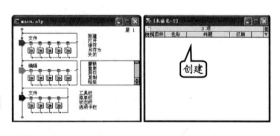

图 9-1 【设计】窗口和【库】窗口

在【设计】窗口中，用户可以像制作多媒体应用程序一样插入各种图标，如图 9-1 所示。

在流程线窗口中，选择各种图标。然后，将这些图标拖曳到【库】窗口中，建立图标列表。此时，主流程线中所有被拖曳到【库】窗口的图标，其名称都变为斜体，如图 9-2 所示。

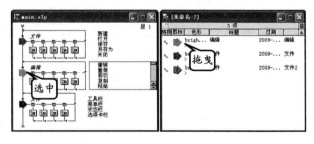

图 9-2 将图标添加到【库】窗口

在将图标拖曳到【库】窗口之后，就意味着为【设计】窗口和【库】窗口之间的图标建立了链接关系。此时，【设计】窗口中并不包含图标，所有显示为斜体的图标实际上都是【库】窗口中图标的映像。

在保存这种包含库映像的多媒体应用程序时，Authorware 会先提示用户是否要保存库文件，在单击【是】按钮，保存了库文件之后，才会对已经更改的多媒体应用程序进行保存，如图 9-3 所示。

在 Authorware 7.0 中，独立的库文件扩展名为".a7l"。当保存库文件后，才是真正完成了应用程序与库内容的链接。在每次使用 Authorware 打开应用程序时，都会提示用户先查找程序所关联的库。

9.1.2 库窗口的界面

当打开一个库文件，并且在库中添加了链接图标后，就可以利用【库】窗口中提供的几个功能按钮来有效地使用库。【库】窗口中的功能按钮如图 9-4 所示。

在【库】窗口的界面中，主要包括以下几个部分。

1.【读/写】按钮

【读/写】按钮用于定义库文件的只读/读写编辑状态。在 Authorware 中打开一个库文件后，其文件默认的状态就是读写状态，即既允许用户读取库文件中的内容，又允许用户向库文件中添加新的图标。

在单击【读/写】按钮后，将弹出询问对话框，询问用户是否将库文件定义为只读状态，禁止任何修改，如图 9-5 所示。

在用户单击【确定】按钮后，即可将库文件转换为只读状态。此时，用户可以再次单击【读/写】按钮，重新将库文件设置为读写状态，如图 9-6 所示。

图 9-3 提示保存库文件

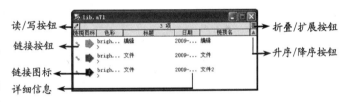

图 9-4 【库】窗口

图 9-5 询问是否修改为只读状态

图 9-6 设置读写状态

提 示

【读/写】按钮只对已经保存过的库文件有效。当将某个库文件设置成只读状态时，可以防止库文件的意外修改，这时可以将库文件提供给多个人进行使用，从而控制使用者不能随意修改该库文件。

当关闭一个只读库文件或将一个库文件从“只读”状态改为“读/写”状态时，则对于该库的所有操作都会被取消，恢复到初始状态。如果一个只读库文件经过修改并且需要保存，可以执行【文件】|【另存为】命令。

2.【折叠】/【扩展】按钮

单击该按钮，可以让库窗口以折叠视图和伸展视图的方式进行切换。当【库】窗口处于扩展状态时，每个图标名称后都会出现一个附加行，在该行中可以输入该图标的说明，从而加强了库的可维护性和通用性，如图 9-7 所示。

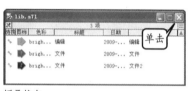

折叠状态　　伸展状态

图 9-7　折叠/伸展列表图标

3.【链接】按钮

当库中的图标被链接到当前正在编辑的程序上时，则在列表框中的左上角出现一个链接标记。

单击【链接】按钮会使所有【链接】图标出现在列表的前面，并按图标标题排列。如果某个图标前面没有该标志，则表示程序中没有与该图标存在链接的关系，如图 9-8 所示。

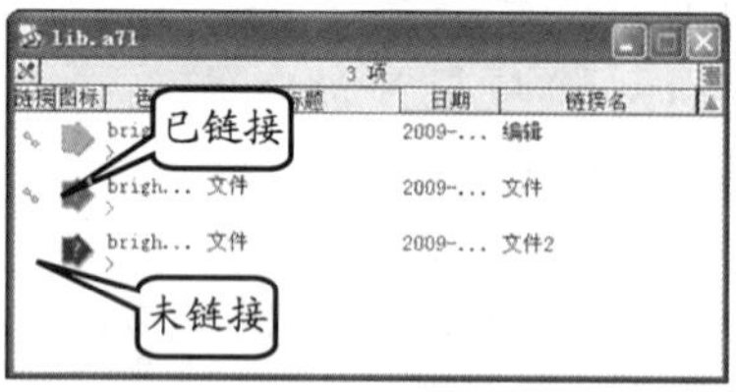

图 9-8　库中图标的链接和未链接状态

4.【图标】按钮

在库文件中允许用户添加【显示】图标、【交互】图标、【计算】图标、【声音】图标及【数字电影】图标 5 种图标。

在【图标】按钮下方，可以显示当前库文件中包含的图标类型。单击【图标】按钮，可以对各种图标进行分类排列。

提 示

在排列图标类型时，升序为：【显示】图标、【交互】图标、【计算】图标、【数字电影】图标和【声音】图标。降序的顺序与升序完全相反。

5.【标题】按钮

该区域内显示的是图标的名称。单击标题按钮后，Authorware 将根据【升序/降序】

按钮的状态和图标名称的字母顺序排列图标。

6.【日期】按钮

在【库】窗口中的日期栏中，会列出图标最后一次被修改的日期。单击日期标题按钮，在【库】窗口中将按照时间来组织图标的升序或降序排列状态。

7.【链接名】按钮

单击该按钮，Authorware 将根据【升序/降序】按钮的状态和链接名称的字母顺序排列库中的所有图标。

8.【升序/降序】按钮 ≜

单击该按钮，可以使【库】窗口中的图标根据选定的方式以升序或降序进行排列。

9.1.3 库文件的操作

在创建库文件后，用户即可通过在【库】窗口中进行的各种操作对库文件进行修改和更新，对库中的内容进行维护和编辑。

1. 打开库文件

在已打开应用程序文件的 Authorware 中，执行【文件】|【打开】|【库】命令，即可在弹出的【打开库】对话框中，选择路径以及相应的库文件。

2. 为库添加图标内容

在 Authorware 中，允许用户通过多种方式为库添加图标，除了从已经建立的程序流程中直接拖曳以外，还有如下几种方法。

❑ 从【图标】工具栏直接建立

在 Authorware 中，允许用户直接从【图标】工具栏中，向【库】窗口内添加图标。

例如，使用鼠标选择【图标】工具栏中的图标，然后将其拖动到【库】窗口中，如图 9-9 所示。

使用此方法时，添加的图标默认名称为"未命名"。用户可像操作流程线中的图标一样对其进行命名、添加内容和设置属性等操作。

❑ 从流程线剪切和复制

用户除了从【图标】工具栏直接拖曳图标，添加到【库】窗口之外。用户还可以从任意的应用程序的流程线中，将图标剪切或者复制，如图 9-10 所示。

然后，在【库】窗口中，单击工具栏中的【粘贴】按钮，即可将复制的图标，粘贴到【库】窗口中，如图 9-11 所示。

图 9-9 从【图标】工具栏添加图标

❑ **从另一个库文件中拖曳**

与应用程序文件不同，一个 Authorware 窗口可以
打开多个库文件。在选择库文件中的图标后，即可对其
进行拖曳操作，如图 9-12 所示。

当将一个【库】窗口中的图标，拖至另外一个【库】
窗口时，则原来【库】窗口中的图标将消失，如图 9-13
所示。

而这个过程的操作，相当于将一个【库】窗口的图
标，剪切到另外一个【库】窗口中。

如果某个应用程序中的图标已经与库文件中的图标
发生了关联，则该图标将不能再被粘贴到这个库文件中。

3．编辑库中的图标

库文件最重要的作用就是提高程序修改的效率。当
用户修改了库文件中图标的内容时，所有与该库中图标
建立的应用程序都将紧随其后发生相同的变化，与库文
件中的图标同步更新。

编辑库中的图标通常可以通过两种方式：

❑ 通过单击选择该图标，然后执行【窗口】|【面
板】|【属性】命令，打开【属性】检查器，修
改图标的各种属性。

❑ 针对【显示】图标、【交互】图标和【计算】图
标，允许用户双击这些图标，直接在【演示窗
口】或【代码窗口】中对其进行编辑。

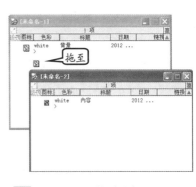

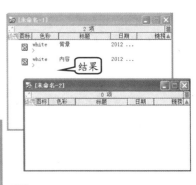

4．删除【库】窗口中的图标

Authorware 除了允许用户创建和编辑库外，还允许删除库中的图标内容。选中【库】

窗口中的相应图标，然后按 Delete 键，将该图标删除。

在删除图标时，Authorware 会根据该图标被引用的情况进行判断，分为以下两种情况。

❑ **图标未被引用**

如果需要删除的图标未被任何应用程序引用过（即未与其他应用程序中的图标建立关联），则 Authorware 会直接将该图标从库文件中删除。

图 9-14　删除图标提示对话框

❑ **图标已被引用**

如果需要删除的图标已经与其他的应用程序中的图标建立了关联关系，则 Authorware 会弹出一个对话框，询问是否终止该图标与应用程序之间的链接，如图 9-14 所示。

当用户单击【继续】按钮时，即可删除图标。此时，引用该图标的应用程序中，图标的名称前将显示一个断开链接的标志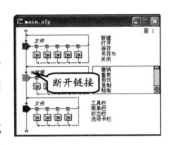

图 9-15　断开链接的图标

一个断开链接的标志，如图 9-15 所示。

9.1.4　库的链接操作

如果应用程序与【库】窗口中的图标已经链接，则在更新一些【库】中的文件内容时，库中的文件在未重新打开之前，是无法自行更新的。因此，需要用户手动打开这些应用程序，对这些多媒体应用程序进行更新。

1．更新链接

更新链接是指当库文件中的图标发生改变后，打开应用程序时对应用程序中引用的库文件图标，进行的手动更新操作。

例如，在修改库文件中的图标后，用户即可打开查看的程序，执行【其他】|【库链接】命令。在弹出的【库链接】对话框中，查看当前应用程序中的链接，如图 9-16 所示。

在【库链接】对话框中，选择【完整链接】单选按钮，将列出当前文件中保持链接的图标名称。用户也可以选中【无效链接】单选按钮，则显示当前文件中断开链接的图标名称。

在选中【完整链接】单选按钮时，单击【更新】按钮，对这个图标的链接进行更新。如果要对该列表中的所有图标进行更新，则可以单击【全选】按钮，然后再单击【更新】按钮，就可以对全部图标进行更新。

图 9-16　查看当前库链接

2．跟踪链接

Authorware 中提供了强大的功能来管理和识别复杂、庞大的库与应用程序之间的关系、定位库与应用程序设计图标之间的位置，同时修复被破坏的链接。

在【库】窗口中，选择带有链接标记的图标。然后，执行【修改】|【图标】|【库链接】命令，打开相应文件的库对话框，如图 9-17 所示。

在弹出库文件的对话框中，用户可以查看库中的图标与当前打开的应用程序中哪些图标建立了链接。用鼠标单击要查看的图标，再单击【显示图标】按钮，就可以在程序的设计窗口中迅速定位设计图标，并将其高亮显示。

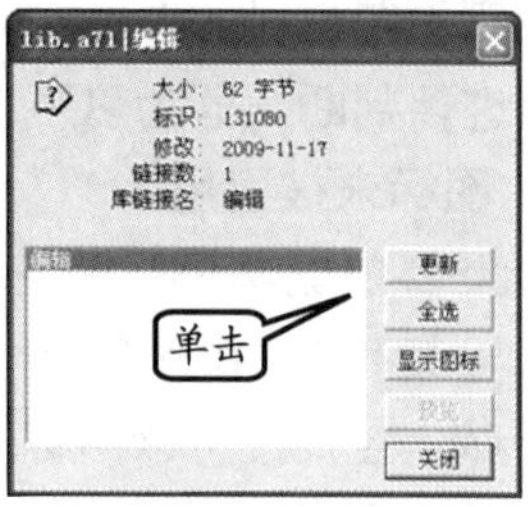

3. 修复链接

在编辑 Authorware 应用程序时，难免会因操作失误而导致应用程序中的图标与库失去链接或因改变应用程序或库文件的位置，导致链接的图标不可用。

此时，使用 Authorware 中的修复链接功能，可以修复丢失的链接，重新建立程序与库文件之间的关联。

在修复程序与库文件之间的链接时，需要用户先打开应用程序，再打开包含原链接图标的库文件。

然后，从【设计】窗口中将断开链接的设计图标拖曳到源库文件中相应的图标上，或选中库文件中的源图标，将其拖曳到设计视图中断开链接的图标上。

当被覆盖的图标以高亮显示时，用户即可发现表示断开链接的图标已然消失，而保持链接的图标将会出现，如图 9-18 所示。

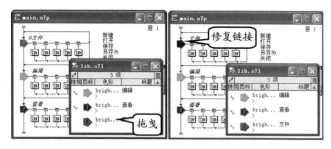
图 9-17 库文件的对话框

图 9-18 链接图标前和链接图标后的对比

如果用户已经将库文件中的图标删除，则可以在【库】窗口中重新建立一个同类的图标，然后以同样的方法进行修复。

9.1.5 库的打包操作

库可以单独进行打包，也可以打包在可执行文件中。库单独打包可以减小可执行文件的大小，但发行时必须附带打包库文件。

打包是计算机软件开发中的一个专有名词，其含义是将各种软件运行所需的资源进行组合和整理，将这些资源存放于一个或多个可供程序调用的文件中。

提 示

单独对库文件进行打包以及发布在可执行程序中这两种方式各有各的优点。单独对库文件进行打包，可以减小可执行程序的体积。而将库文件发布在可执行程序中则有利于减少程序的文件数，防止因库文件丢失而造成程序无法执行的现象发生。

在对库文件进行打包操作时，首先打开与库文件相关联的应用程序。然后，再执行

Authorware 多媒体制作标准教程（2013—2015 版）

【文件】|【打开】|【库】命令。在弹出的【打开库】对话框中，选择相应的库文件，将其打开，如图9-19所示。

单击【库】窗口，执行【文件】|【发布】|【打包】命令，打开【打包库】对话框，如图9-20所示。

在【打包库】的对话框中，包含了3个主要的选项，其作用如下所示。

❑ **仅参考图标**

在打包时只会将与应用程序建立关联关系的图标打包在内。

❑ **使用默认文件名**

将会以库文件的文件名作为打包文件的文件名，其扩展名为".a7e"。同时，还会将打包文件保存在库文件所在的文件夹中。如果不选择该选项，将要求用户输入打包后库文件的名称、存盘路径。

图 9-19　打开程序所包含的库文件

图 9-20　打包库

❑ **包含外部媒体在内**

在建立库文件时，用户既可选择将各种媒体文件存放到库文件内，也可选择将这些媒体文件存放在库文件的外部，然后以链接的方式引入。

选择该选项后，将会把在外部存放且以链接方式引入的文件一同打包在库文件中。不选择该选项，则仍然会保持外部文件的独立性。

在进行以上3种选项设置后，即可单击【保存文件并打包】按钮，开始对库文件进行打包。

9.2　模块

利用库可以重复使用一个单独的设计图标和该图标所包含的内容。其实模块也可以实现重复使用程序中某一部分的功能。

模块是Authorware中另一种用于提高程序可重用性的技术。与库类似，模块同样是一种可以存放各种图标的数据集合。除了存放各种图标数据外，模块还可以存放多个图标的流程关系，以及各种代码等。

9.2.1　了解模块的概念

模块是流程线上若干相邻图标的集合。具体的使用过程是，在流程线上选择相邻的几个图标，以模块文件的形式（扩展名为".a7d"）存盘，然后在制作其他程序时就能把这个模块引用进来，减少了工作量，同时也有利于程序的优化。

在模块中，只能存放【显示】、【交互】、【计算】、【声音】及【数字电影】等5种图标，只能存放单个图标，无法存放多个图标，也无法保持图标之间的逻辑或流程关系等。

在程序设计过程中，当在程序线上创建了一段程序后，如果觉得这个程序中的某一段很有用，可以经常使用，或者在其他的程序中可能用到，此时就可以将它定义为模块。

使用模块不是建立一种链接，而是直接把模块的内容复制到流程线上来。可见使用模块不能节省存储空间，但使用模块能减少编程工作量，避免编程中的重复劳动，提高效率。

为了能让模块有更大的通用性，编制模块程序时对于一些可能修改的参数最好不要使用直接常量，而要用变量来表示，并且加上适当的注解，以便将来使用模块。当然，插入到流程线上的模块内容，允许编程人员任意修改，使之符合要求。

从某种意义而言，模块是一种更强大的库。与库相比，使用模块可以重复使用流程线上的某一段流程结构，存放多个设计图标和这些图标之间的逻辑关系体系。

注　意

虽然模块可以完全替代库的功能，但基于规范化、模块化开发应用程序的理念，在存放各种媒体素材资源时通常使用库而不使用模块。这样做的好处是使程序中各种部件之间井然有序，提高程序的可读性。

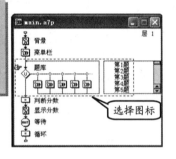

图 9-21　选择要创建模块的图标

9.2.2　创建模块

在创建模块时，首先应该在已经编写的程序中选择可能需要重复使用的流程部分或多个图标的集合，如图9-21所示。

执行【文件】|【存为模板】命令，在弹出的【保存在模板】对话框中，选择保存模块的路径位置为"Knowledge Objects"文件夹下的"新建"文件夹中。

然后，即可将这些图标保存在指定的模块文件中，如图9-22所示。

执行【窗口】|【面板】|【知识对象】命令，在弹出的【知识对象】面板中，单击【刷新】按钮，即可更新【知识对象】面板。

图 9-22　保存模块

在【分类】的下拉列表中选择【新建】的项目，即可浏览到刚才保存的名为"test"的模块，如图9-23所示。

如果要给模块添加描述信息，可以先在程序流程线上，选择已经建立了模块的图标，并执行【修改】|【群组】命令。此时，这些图标将会被整合到一个【群组】图标中，如图9-24所示。

选中该【群组】图标，执行【修改】|【图标】|【描述】命令，即可在弹出的【描述】对话框中，输入描述的文本内容，并单击【确定】按钮，如图9-25所示。

按照上述方法将该图标存储为模块文件，存放到相同的目录下并覆盖之前的模块，再次刷新【知识对象】面板后，即可浏览到带有描述文本的新模块，如图9-26所示。

图 9-23　查看保存的模块

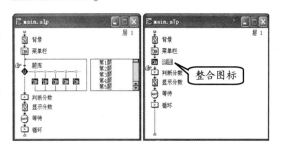

图 9-24　将图标整合为群组

● 9.2.3　使用模块

如果模块在知识对象文件夹（Knowledge Object文件夹）中，那么就可以直接使用。但如果模块文件不在知识对象文件夹中，就将该模块文件移到知识对象文件夹中，或者在知识对象文件夹中建立该模块文件的快捷键。

首先，在Authorware中打开或建立应用程序，执行【窗口】|【面板】|【知识对象】命令，打开【知识对象】面板。

在【知识对象】面板的【分类】下拉列表中，选择相应的分类，并选择需要导入的模块，然后即可将其拖曳至应用程序的主流程线中，如图9-27所示。

通常在开发应用程序时，遇到以下几种情况后需要使用模块功能。

❑ **多次使用或重复使用**

一个功能被多次或被多个作品使用时，对于这些重复的内容，可以建立一个独立的模块。例如，在制作选择题时，这样在以后进行同样工作时，就可以使用模块快速完成。

图 9-25　添加【群组】图标的描述

图 9-26　带有描述文本的模块

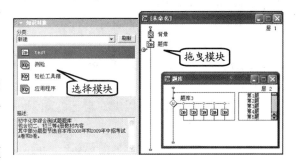

图 9-27　从【知识对象】面板中拖曳模块

❑ **复杂的交互和分支**

在多媒体交互式教学软件中，出题测验是一个复杂的交互和分支结构相结合的过程，因此就可以将一个作品中的出题测验的交互和分支结构创建为一个模块，方便以后使用。

注　意

使用模块比使用库要占用更多的磁盘空间。由于使用库中的图标，Authorware 在库中的图标和编写的交互式程序之间建立了一种链接关系，因此能够大大节省磁盘空间。而使用模块，Authorware 要将该模块中保存的所有内容复制一份到编写的交互应用程序中，因此要耗费大量的磁盘空间。

9.2.4　转换模块文件

在早期的 Authorware 版本中，也具有模块功能，其扩展名为".a6d"。而这些旧版本的模块文件是无法直接在 Authorware 7.0 版本中使用的。

因此，Authorware 7.0 提供了转换模块的功能，允许用户将这些老版本的模块转换为 Authorware 7.0 的可以识别的扩展名为".a7d"的模块文件。

图 9-28　选择旧模块文件

在 Authorware 中，执行【文件】|【转换模板】命令。然后，在弹出的【转换模板】对话框中，选择需要转换的旧模块文件，单击【打开】按钮，打开旧版本模块，如图 9-28 所示。

此时，在弹出的【保存模块为】对话框中选择保存新版本模块的路径位置，将其保存为扩展名为".a7d"的模块文件。

9.3　知识对象

知识对象专门设计了使用向导，其作用是引导编程人员一步一步地设置模块所需的参数，而不用自行编程。另外，知识对象把模块进行了封装，防止用户擅自打开模块结构进行修改。

在 Authorware 中，事先定义了 8 类共 45 种知识对象，并且允许用户自己设计知识对象。本节介绍自行设计知识对象的方法，还涉及到知识对象图标的使用。

9.3.1　认识知识对象

与模块相同，用户可以编写自己的知识对象，并把它们加入到 Knowledge Objects 目录下，方便以后使用。

每个知识对象都具有一个图标和一个向导。双击图标可以启动相应的向导，通过向导可以设置知识对象的性质。

在 Authorware 中，执行【窗口】|【面板】|【知识对象】命令，即可弹出【知识

对象】对话框，并显示所提供的知识对象列表，如图 9-29 所示。

在【知识对象】面板中，对 Authorware 所有的知识对象进行了分类存放，以便用户查找和使用。

❑ **Internet 类**

是与互联网和局域网有关的各种知识对象。在开发基于网络的应用程序时使用。例如，Authorware Web 播放器安全性、发送 Email 和运行默认浏览器等。

❑ **LMS 类**

图 9-29 【知识对象】面板中的列表

LMS（Learning Management System，学习管理系统）。LMS 类型的知识对象主要用于编写各种与教学有关的管理系统，例如 LMS（初始化）和 LMS（发送数据）等。

❑ **RTF 对象类**

RTF（Rich Text Format，富文本格式）是由微软公司开发的跨平台文档格式，主要用于文字处理和排版。

RTF 对象类别的知识对象主要用于查看、编辑和保存 RTF 格式的文档。例如，保存 RTF 对象、插入 RTF 对象热文本交互等。

❑ **界面构成类**

界面构成类别的知识对象主要用于显示和控制各种软件的窗体，包括保存文件时对话框、窗口控制等知识对象。

❑ **评估类**

评估类别的知识对象主要用于提供各种测验、判断和检测过程中使用的知识对象，其中包括单选问题、多重选择问题、得分等类型。

❑ **轻松工具箱类**

轻松工具箱类型提供了 4 种知识对象，用户可将这 4 种知识对象与新建 Authorware 应用程序的向导中轻松工具箱进行结合，创建一些复杂的多媒体应用程序。其中，包含轻松窗口控制、轻松反馈、轻松框架模型和轻松屏幕等类型。

❑ **文件类**

文件类型的知识对象主要用于编写各种与磁盘文件操作相关的应用程序，其与操作系统的结合往往比较紧密。例如，其中包括查找 CD 驱动器、读取 INI 值、复制文件等类型。

❑ **新建类**

新建类型的知识对象主要用于打开 Authorware 软件时，提供各种创建示范程序的向导。其中包括测验、轻松工具箱和应用程序等。

❑ **指南类**

在指南类型的知识对象中，提供了一些由 Authorware 编写的知识对象示范程序。在这些示范程序中，用户可以方便地查看程序内部的流程，并对其进行调试，了解 Authorware 应用程序的原理，如图 9-30 所示。

9.3.2 知识对象的属性

先从图标板上拖动一个【知识对象】图标 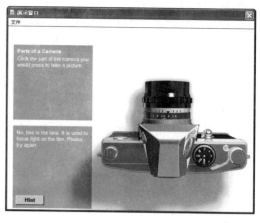到流程线上，打开【知识对象】图标的【属性】检查器的方法有以下几种。

❏ 如果在主流程线窗口中，已经添加图标，并且已经打开【属性】检查器。这时只要单击【知识对象】图标，即打开【知识对象】图标的【属性】检查器。

❏ 右击流程线上的【知识对象】图标，执行【属性】命令。

○ 图 9-30　指南类中的相机部件知识对象

❏ 按住 Ctrl 键双击【知识对象】图标。

❏ 先选择【知识对象】图标，执行【修改】|【图标】|【属性】命令。

在 Authorware 中，允许用户创建自定义的知识对象。首先，从【图标栏】中拖曳一个【知识对象】图标 ，将其放置到流程线上。然后即可执行【窗口】|【面板】|【属性】命令，打开知识对象的【属性】面板，如图 9-31 所示。

在【知识对象】图标的【属性】检查器中包含的各个参数含义如下。

○ 图 9-31　【知识对象】图标的【属性】检查器

❏ 【打开】按钮

单击【打开】按钮，在弹出的【设计】窗口中，显示知识对象的内部结构。

❏ 【知识对象名称】文本域

该文本域的作用是定义用户自定义知识对象的名称。

❏ 【向导】文本域

用于定义向导程序的路径和文件名，文件的扩展名为 ".a7r"。

❏ 【向导】按钮

单击该按钮，可以打开选择文件的对话框，允许用户选择一个向导程序。选定程序的路径和文件名将被显示在【向导】的文本域中。

❏ 【知识对象标识】文本域

指定知识对象在应用程序中唯一的一个标记，由减号 "-" 分隔的 5 段编码组成。开发人员可以在此插入版权信息、版本信息和开发时间等内容。

❏ 【锁定图标】复选框

选定该项目，在将知识对象保存为模块后，会将模块定义为只读模块，用户将只能使用知识对象，而不能打开该模块进行修改。

❏ 【运行向导】复选框

选定该项目，则在流程线上出现【知识对象】图标时，或双击已经在流程线上的知识对象图标时，将运行知识对象向导程序。

❑ 【空属性】复选框

选定该项目，则当程序运行到【知识对象】图标时，将自动运行知识对象的向导程序。

通常在开发知识对象阶段，视情况可以选择或不选择该项目。而在调试并完成知识对象后应取消该项目，以防止向导程序影响程序运行的效率。

❑ 【状态】标签

该标签用于显示【知识对象】图标是否处于锁定状态。

图 9-32　【新建】对话框

9.3.3　创建测验程序

在 Authorware 中，可用于新建程序的知识对象主要包括 3 种，即测验、轻松工具箱和应用程序。本小节将简要介绍测验知识对象的使用方法。

1．基本设置

基本设置主要包括向导中设置测验程序的窗体、样式等属性的各种设置。

例如，执行【文件】|【新建】|【文件】命令（或按 Ctrl+N 键），然后在弹出的【新建】对话框中选择【测验】类型，单击【确定】按钮，如图 9-32 所示。

在弹出的 Quiz Knowledge Object 对话框中单击 Next 按钮，并在更新的对话框中，设置测验的影片窗口大小以及存放路径，并单击 Next 按钮，如图 9-33 所示。

在弹出的对话框中查看各种预览图像。根据图像选择需要设置的应用程序样式（如名为 simple 的样式），单击 Next 按钮，如图 9-34 所示。

2．设置测验的性质

在更新的对话框中，用户可以设置测验的各种性质，如图 9-35 所示。

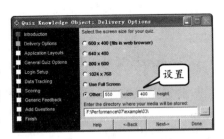

图 9-33　设置窗口大小和路径

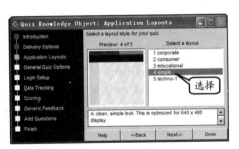

图 9-34　选择程序的样式

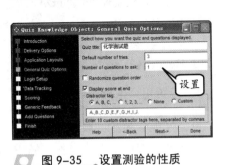

图 9-35　设置测验的性质

在上面的对话框中，用户可设置的性质主要包括以下几种。

❑ **Quiz title 文本域**　该文本域的作用是定义测验知识对象的标题文本。

❑ **Default number of tries 文本域**　该文本域的作用是定义测验知识对象中，允许用户输入答案的次数。

- **Number of questions to ask 文本域**　该文本域的作用是定义测验知识对象中包含的题目数量。
- **Randomize question order 复选框**　该复选按钮允许用户自定义测试题目的数量。
- **Display score at end 复选框**　该复选按钮的作用是定义是否再测试最后显示用户获得的分数。
- **Distractor tag 单选按钮**　定义答案的类型。其中包括4种选项，如下所示。
- **Didtractor tag 选项**　在该选项中，包含有4个选项，如"A,B,C,…"表示答案为以大写英文字母为标签的选项；"1,2,3,…"表示答案为以阿拉伯数字为标签的选项；None 表示答案为无标签的项目；Custom 表示自定义答案类型。
- **Distractor tag 文本域**　该文本域将根据用户在 Distractor tag 单选按钮中选择的类型，显示答案的标签。如用户选择了 Custom 选项，则可在此文本域中自定义答案的标签。

3. 设置用户登录的方式

在设置完成测验的性质后，用户即可单击 Next 按钮，在更新的对话框中设置用户登录的各种属性，如图 9-36 所示。

在上面的对话框中，主要包括以下几种属性设置。

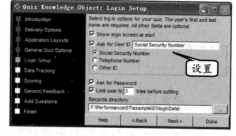

图 9-36　用户登录的属性

- **Show login screen at start 复选框**　定义是否在测验开始时要求用户进行登录。
- **Ask for User ID 复选框**　如用户选择要求登录，则可在此复选框中设置登录所需账号的类型，并在右侧的文本域中输入账号类型的名称。其中，Social Security Number 选项表示社会服务号码，是美国等西方国家的个人身份标识方式，类似我国的身份证号码；Telephone Number 选项表示电话号码；Other ID 表示其他账号类型。
- **Ask for Password 复选框**　用于定义是否要求用户输入密码。
- **Limit user to many tries before quitting 复选框**　用于定义是否限制用户输入账户及密码，以及限制输入账户及密码的次数。
- **Records Directory 文本域**　定义建立记录文件的路径。

4. 设置用户信息存储方式

设置完成登录的各项属性后，即可单击 Next 按钮，在弹出的对话框中设置存储用户数据和报告信息的文件方式，如图 9-37 所示。

在上面的对话框中，主要包括 Track user progress and report to 复选按钮，其作用即定义是否存储用户程序和报告等信息。

在选中该选项后，即可在其 3 个子选项中做

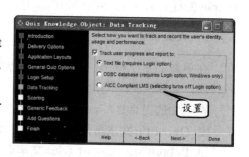

图 9-37　设置数据和报告的存储方式

出选择，如下所示。

❑ **Text file（requires Login option）文本文件**

选中该选项之前，应确保在上一对话框中已经选中 Show login screen at start 选项。然后，即可将用户登录的信息和程序报告信息存储在文本文件中。

❑ **ODBC database（requires Login option,Windows only）ODBC 标准数据库**

选中该选项之前，同样应确保在上一对话框中已经选中 Show login screen at start 选项。然后，Authorware 将把用户登录的信息与程序报告的信息存储在ODBC标准数据库中。

> **注 意**
>
> ODBC（Open Database Connectivity，开放数据库互连）是微软公司在 Windows 操作系统中提供的一种标准应用程序接口，用于直接对数据库管理系统进行访问。因此本功能在且只在 Windows 操作系统中有效。

❑ **AICC Compliant LMS（selecting turns off Login option）符合 AICC 标准的学习管理系统**

在选择该选项之前，首先应确保在上一对话框中未选中 Show login screen at start 选项。

> **提 示**
>
> AICC（The Aviation Industry CBT Committee，航空工业计算机辅助培训委员会），是一个国际性的培训技术专业性组织。AICC 为航空业的发展、传送和 CBT 评价及相关的培训技术制定指导方针。

5. 设置分数属性

在进行测验时，难免需要记录用户的分数。此时，还需要设置用户的分数属性，如图 9-38 所示。

在进行上述设置分数的属性时，用户可设置如下选项。

❑ **Judging 选项**

用于定义判断用户响应的方式。其中，Judge user response immediately 单选按钮表示立即对用户的响应进行判断。

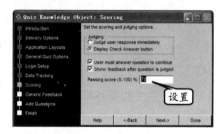

图 9-38 设置分数属性

Display Check Answer button 单选按钮表示显示检查答案的按钮，通过用户单击按钮进行判断。

❑ **User must answer question to continue 复选框**

选中该选项后，用户将无法跳过某个选题，必须回答完当前的选题才能继续。

❑ **Show feedback after question is judged 复选框**

选中该选项后，将在判断答案正误之后立刻显示反馈的结果。

❑ **Passing score（0-100）%文本域**

设置通过测试的得分比率。当用户得分超过设置的值即视为通过测试。否则视为未通过。

6. 设置反馈信息文本

在设置完成分数的属性后，用户即可单击 Next 按钮。在弹出的对话框中为测试设置反馈信息文本，如图 9-39 所示。

在反馈信息文本的设置对话框中，主要包括以下几种选项。

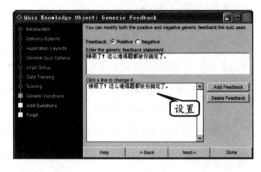

❑ **Feedback 单选按钮组**　用于供用户选择当前设置的类型，包括如下两个单选按钮。其中，Positive 单选按钮可以设置当用户回答正确时显示的反馈信息；选择 Negative 单选按钮可以设置当用户回答错误时显示的反馈信息。

❑ **Enter the generic feedback statement 文本域**　用于根据当前用户选择的 Feedback 单选按钮组的选项，输入响应的反馈信息。

❑ **Click a line to change it 文本域**　显示当前已经添加的某个类型反馈信息。

❑ **Add Feedback 按钮**　将 Enter the generic feedback statement 文本域中输入的反馈信息添加到 Click a line to change it 文本域中。

❑ **Delete Feedback 按钮**　从 Click a line to change it 文本域中，将已经添加的反馈信息条目删除。

提　示

在选中 Positive 单选按钮后，可设置用户回答正确时显示的反馈信息。在设置完成后，即可选中 Negative 单选按钮，再设置用户回答错误时显示的反馈信息。Enter the generic feedback statement 文本域和 Click a line to change it 文本域中的内容会根据用户选择的 Positive 单选按钮和 Negative 单选按钮而更新。

7．完成并保存程序

在设置完成各种选项后，用户即可单击向导中的 Done 按钮，完成整个测试知识对象的设置，并执行【文件】|【保存】命令，保存建立的应用程序，如图 9-40 所示。

9.3.4　为测试添加题目

在 Authorware 中，用户无须输入代码，即可通过可视化的向导为测试程序添加各种题目。在添加题目时，用户可以自由地定义题目的属性和内容。

1．打开测试的知识对象向导

在之前已经介绍通过 Quiz Knowledge Object 向导建立一个测试程序的方法。Authorware 允许用户在完成测试程序的创建工作后，再次打开向导，对程序进行重新定义。

打开创建的测试程序，在主流程线中双击【知识对象】图标，即可重新打开测试的知识对象向导，如图 9-41 所示。

2．添加题目设置

在弹出的 Quiz Knowledge Object 向导对话框中，单击左侧的 Add Questions 项目。在 Quiz Knowledge Object 向导对话框中，即可添加题目，如图 9-42 所示。

而在上述的对话框中，用户可以设置如下参数。其含义如下。

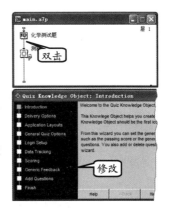

- ❑ **Enter or modify question title 文本域** 定义添加的题目内容。

- ❑ **Click a item in the list to modify it 文本域** 显示添加的题目列表，并供用户单击修改。

- ❑ **Run Wizard 按钮** 根据用户选中的 Click a item in the list to modify it 文本域中的项目，打开相应的设置向导，以定义题目的具体属性。

图 9-41　　打开测试的知识对象向导

- ❑ **Delete Question 按钮** 删除用户在 Click a item in the list to modify it 文本域中选定的题目。

- ❑ **Add a question 按钮组** 单击该按钮组中不同的按钮，可以创建各种类型的题目。其中，Drag/Drop 按钮表示添加一个可拖曳的题目；Hot Object 按钮表示添加一个热对象选择题目；Hot Spot 按钮表示添加一个热区域选择题目；Multiple Choice 按钮表示添加一个多项选择题目；Short Answer 按钮表示添加一个问答题题目；Single Choice 按钮表示添加一个单项选择题题目；True/False 按钮表示添加一个判断题题目。

图 9-42　　添加题目的对话框

- ❑ **Move Question 按钮组** 单击该按钮组中的不同按钮，可以更改 Click a item in the list to modify it 文本域中题目的顺序。其中，【向上】按钮表示将在 Click a item in the list to modify it 文本域中选中的项目向上移动一个位置；【向下】按钮表示将在 Click a item in the list to modify it 文本域中选中的项目向下移动一个位置。

3．添加题目

通过上述内容，可以了解到在 Authorware 的测验知识对象中，可以添加 7 种题目类型。这些题目的设置大同小异，下面将以拖曳题目为例，介绍添加题目的方式。

在 Quiz Knowledge Object 向导对话框中，单击 Drag/Drop 按钮。

然后，选中 Click a item in the list to modify it 文本域中新添加的"Drag-Drop Question"项目，在 Enter or modify question title 文本域中为题目设置标题，单击 Click a item in the list to modify it 文本域中的题目，修改题目的标题，如图 9-43 所示。

4．设置题目内容

在为测试添加了拖曳题目后，即可通过向导的方式设置题目内容。

例如，单击 Run Wizard 按钮，在弹出的 Drag-Drop Knowledge Object 对话框中，单击 Override Global Settings 项目。在弹出的对话框中，设置题目的基本属性，如图 9-44 所示。

在上述的对话框中，主要包括以下几种设置项目。

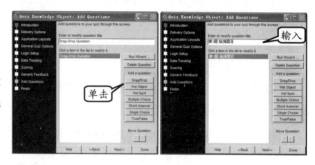

图 9-43　添加拖曳题并重命名

- **Override Number of Tries 文本域**　在该文本域中，用户可以设置允许回答题目的次数。只有回答错误的次数超过该文本域中的数字时，题目才会被判断为错误。

- **Override Judgement 复选框**　启用该复选框，可定义判断正

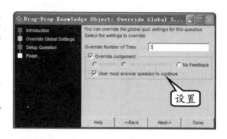

图 9-44　拖曳题的基本属性

误的一些属性。其中，选择 Immediate 单选按钮，则应用程序将在用户输入答案的同时返回判断的信息；选择 Check Answer Button 单选按钮，将提供一个可单击的检测答案按钮；选择 No Feedback 单选按钮，将不返回任何信息。启用 User must answer question to continue 复选框，即只有用户回答完毕该问题后才能进入下一题目。

注　意

如果用户选择了 No Feedback 的项目，将无法再为题目设置答题的次数。Override Number of Tries 文本域将会被自动转换为 1。

在设置完成上面的项目后，即可单击对话框左侧的 Setup Question 项目，进入下面的设置。例如，在弹出的对话框中，用户可以用图形界面的方式设置拖曳的题目，如图 9-45 所示。

在上述的对话框中，主要包括以下几种设置。

- **Edit Window 文本域**　在该文本域中，用户可以编辑在 Preview Window 文本域中选择的文本内容。

- **Use generic feedback 复选按钮**　选中该复选按钮后，当前编辑的题目将不使用之

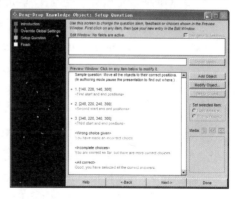

图 9-45　设置拖曳题目的对话框

Authorware 多媒体制作标准教程（2013—2015 版）

前为当前题目设置的响应方式，而是使用整个测试题中统一的响应方式。

❑ **InnerMediaURL 文本域**　用于编辑和显示导入的媒体文件 URL 地址。

❑ **Import Media 按钮**　单击该按钮后，用户可在弹出的对话框中从本地计算机选择导入的各种媒体文件，例如图像、图形、视频等。

❑ **Preview Window 文本域**　显示当前拖曳题目中，已经添加的项目（包括题目的内容、选项、选项中的内容、响应的内容等），以及项目的内容和部分属性。

> 在 Preview Window 文本域中，文本的颜色分为黑色和蓝色两种。其中，黑色的文本为直接向用户显示的内容。而蓝色的文本则是用户对显示的内容进行交互之后才显示的响应文本。

❑ **Add Object 按钮**　单击该按钮后，可根据用户在 Preview Window 文本域中选择的项目，添加一个同类的项目。

❑ **Modify Object 按钮**　单击该按钮后，可编辑当前用户在 Preview Window 文本域中选择的项目。

❑ **Delete Object 按钮**　单击该按钮后，可删除当前用户在 Preview Window 文本域中选择的项目。

❑ **Set selected item 单选按钮组**　在该单选按钮组中，包含两个选项。用户在选择当前题目的答案后，即可在该单选按钮组中设置答案的正确和错误。

提 示

> 如果用户将答案设置为正确答案，则在 Preview Window 文本域中该项答案之前将会有加号 "+" 作为标识，如果用户将答案设置为错误答案，则在 Preview Window 文本域中该项答案之前将会有减号 "-" 作为标识。

❑ **Media 按钮组**　在为某个答案选项导入媒体后，即可在【Media】按钮组中选择导入的媒体应使用的图标类型，如【显示】图标、【声音】图标和【数字电影】图标。

提 示

> 在设置题目的内容时，用户可以随时单击 Back 键和 Next 键，控制向导前进和后退，不断更正之前进行的各项设置，以使题目的内容符合测验的要求。如果设置已经完成，则可直接单击 Done 按钮结束设置。

9.4 实验指导：音量控制程序

在 Authorware 中导入声音后，如果声音音量太大，想减小音量，而【声音】图标是不支持对音量的调节的。

此时，最简单的方法，即可以利用 DirectMediaXtra 插件来导入音频文件，并通过 CallSprite 函数进行声音音量的动态控制。

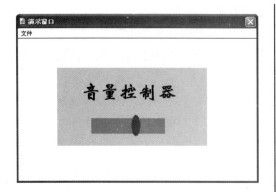

1. 实验目的

❏ 使用 DirectMediaXtra 插件
❏ 调用 CallSprite 函数

2. 实验步骤

1 新建一个文件，保存【文件名】为"音量控制.a7p"。然后，执行【插入】| Tabuleiro Xtras | DirectMediaXtra 命令，弹出【Direct MediaXtra 属性】对话框，单击【浏览文件】按钮，打开所需要的音频文件，如图 9-46 所示。

图 9-46　导入音频文件

2 在主流程线中将默认的 DirectMediaXtra 图标名称更改为"声音"。再拖入一个【显示】图标，命名为"面板"，此时的流程线如图 9-47 所示。

3 打开【绘图】工具箱，选择【矩形】工具，绘制两个矩形，分别填充颜色。再选择【文本】工具，输入"音量控制器"文本，并设置【字体】、【大小】和【颜色】等参数。然后，调整图形和文字的位置，如图 9-48 所示。

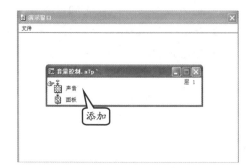

图 9-47　创建图标

图 9-48　制作控制面板

4 再拖入一个【显示】图标，命名为"音量大小按钮"。选择【椭圆】工具，绘制一个椭圆，并改变填充颜色为"红色"。

5 打开【属性】检查器，设置【位置】为【在路径上】选项；设置【活动】为【在路径上】选项。

6 再单击刚才绘制的椭圆图形，进行拖动操作创建移动路径。例如，在【基点】文本框中输入 0；【初始】文本框中输入"-15"；【终点】文本框中输入为"-55"，如图 9-49 所示。

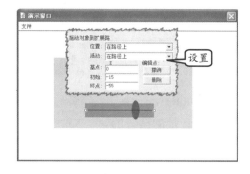

图 9-49　制作音量控制按钮

在设置路径的过程中，应打开"面板"显示图标，以便于调整音量大小按钮在绿色矩形上滑动时位置的控制。

7 再拖入一个【计算】图标，命名为"音量初始化"。双击该图标，在【代码】编辑器中，输入下面的代码，如图 9-50 所示。

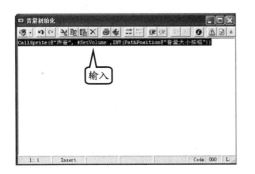

代码编辑器

```
CallSprite(@"声音", #SetVolume ,
INT(PathPosition@"音量大小按钮"))
```

8 再拖入一个【交互】图标，命名为"音量控制"。在【交互】图标的右侧拖入一个【群组】图标，选择【交互类型】为【条件】选项。

9 单击"条件"交互分支，在【属性】检查器中选择【条件】选项卡，并在【条件】文本框中输入"MouseDown"；再选择【响应】选项卡，启用【范围】右边的【永久】复选框，如图 9-51 所示。

属性检查器

函数的解释：音量大小按钮显示图标的初始位置设置为"-10"，这里通过系统变量 PathPosition@"biao"就可以获得这个值。因为这个值默认有两位小数，所以再用 INT 函数将它进行取整。

10 双击 MouseDown 群组图标，在分支流程线上拖入一个【决策】图标，命名为"判断"。打开【决策】图标的【属性】检查器，设置【重复】为【直到判断值为真】选项，在文本框中输入"~MouseDown"内容，如图 9-52 所示。

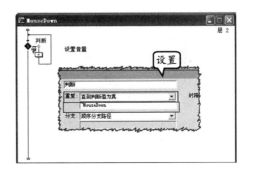

设置【决策】图标的属性

11 在【决策】图标右侧拖入一个【计算】图标，命名为"设置音量"。然后，双击该图标，并在【代码】编辑器中，输入下面的代码，如图 9-53 所示。

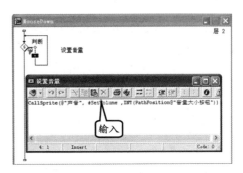

输入代码

```
CallSprite(@"声音", #SetVolume ,
INT(PathPosition@"音量大小按钮"))
```

⑫ 用户可以通过主流程线和分支流程线，来查看所创建的图标内容，如图 9-54 所示。

⑬ 单击【运行】程序，向左端拖动红色椭圆，音量就会变小，向右端拖动红色椭圆，音量就会变大。

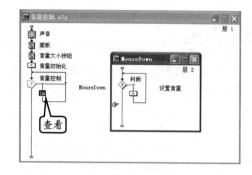

图 9-54　查看流程线上添加的图标

9.5　实验指导：进度滑块程序

在许多音乐播放软件中，都可以看到一个播放进度条。而通过对进度条的操作，可以控制文件播放音频的位置。

在 Authorware 也可以制作播放音频文件进度程序，随着声音的播放一个滑块在滑道上移动，移动的位置与声音播放的位置保持一致。在制作过程中，用户需要使用两个系统变量。通过获取媒体播放的位置，并把其值用在窗口中。

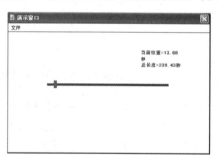

1．实验目的

❏ 使用 MediaPosition@"IconTitle" 系统变量

❏ 使用 MediaLength@"IconTitle" 系统变量

2．实验步骤

① 新建一个文件，保存【文件名】为"进度滑块程序.a7p"。在主流程线上，拖入一个【声音】图标，并导入音频文件。

② 打开【属性】检查器，选择【计时】选项卡，设置【执行方式】为【永久】选项，如图 9-55 所示。

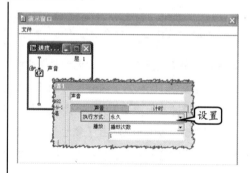

图 9-55　导入声音

③ 再拖入一个【显示】图标，为其命名为"参数和滑道"。然后，双击该图标，打开【演示窗口】，并选择【绘图】工具箱中的【矩形】工具，绘制一条水平的进度条的滑道，填充的颜色为"蓝色"，并移动到合适位置，如图 9-56 所示。

④ 选择【绘图】工具栏中的【文本】按钮，在【演示窗口】中输入以下文本内容，设置【字体】为【黑体】；【大小】为 9，【风格】为【加粗】。此时，滑道和文本对象在【演示窗口】中的位置，如图 9-57 所示。

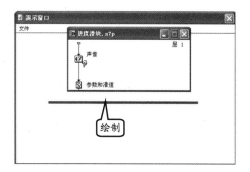

图 9-56　绘制水平滑道

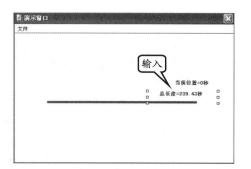

图 9-57　设置文本属性

当前位置={MediaPosition@"声音"/
1000}秒
总长度={MediaLength@"声音"/1000}秒

5　打开"参数和滑道"显示图标的【属性】检
　查器，启用【选项】后面的【更新显示变量】
　复选框，如图 9-58 所示。

6　在流程线上再拖入一个【显示】图标，为其
　命名为"滑块"。双击该图标，在【演示窗口】
　中绘制一个小矩形作为滑块。

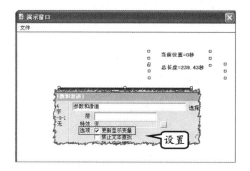

图 9-58　设置图标属性

7　选择"滑块"图标，在【属性】检查器中设
　置【位置】为【在路径上】选项；设置【活
　动】为【在路径上】选项。然后，调整拖动
　路径使之对齐滑道，并在【终点】文本框中，
　输入"MediaLength@"声音""变量，如图
　9-59 所示。

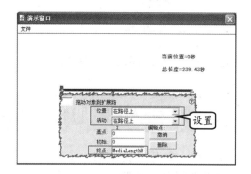

图 9-59　设置"滑块"图标的路径

8　在"滑块"显示图标的下面，再拖入一个【移
　动】图标，命名为"移动滑块"，如图 9-60
　所示。

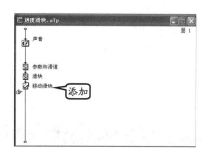

图 9-60　添加"移动"图标

9　双击【移动】图标，在【属性】检查器中设
　置【定时】为"1"秒选项；设置【执行方式】
　为【永久】选项；设置【类型】为【指定固
　定路径上的任意点】选项；在【目标】文本
　框中，输入"MediaPosition@"声音""变量；
　在【终点】文本框中，输入"MediaLength@"
　声音""变量，最后调整移动路径使之与滑道
　对齐，如图 9-61 所示。

10　单击【保存】按钮后，再单击【运行】按钮，
　即可在弹出的【演示窗口】中播放音频文件，
　并显示播放进度。随着声音播放，滑块向右移

动，并显示出当前位置和总长度提示。

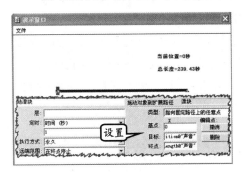

图 9-61 设置【移动】图标属性

9.6 实验指导：制作化学测验程序

Authorware 中较特殊的一个知识对象，能够单独提供一次完整的测验过程。该测验过程可以包括多种题型，并支持多种素材。下面就利用测验知识对象来制作一个化学测验程序。

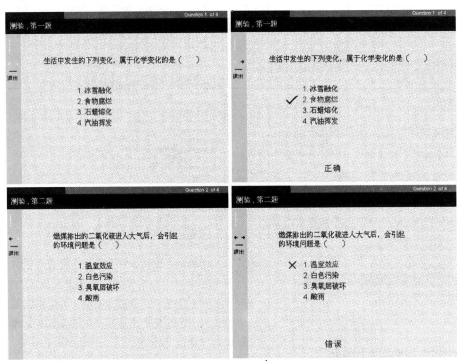

1. 实验目的

- 选择"测绘"知识对象类型
- 设置窗口
- 输入题内容
- 选择答题数量

2. 实验步骤

1 打开软件，在弹出的【新建】对话框中选择"测验"选项，单击【确定】按钮，如图 9-62

所示。

图 9-62　新建"测验"知识对象

2 在弹出的 Quiz Knowledge Object:Introdu-
ction 对话框中,单击 Next 按钮,如图 9-63
所示。

图 9-63　单击 Next 按钮

3 在弹出的对话框中,选择 Other 选项,并在
右侧输入 width 为 512 和 height 为 384。再
单击下面文本框右侧的【浏览】按钮(省略
号),设置存放测验程序的位置,如图 9-64
所示。

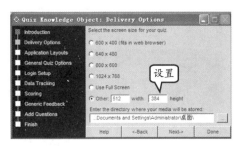

图 9-64　设置测验窗口

4 单击 Next 按钮,在 Select a layout 列表框中
选择 4.simple 选项,然后,再单击 Next 按
钮,如图 9-65 所示。

图 9-65　设置程序布局

5 弹出 General Quiz Options 对话框的 Quiz
Title 文本框中,输入"化学测验程序"名字;
在 Default number of tries 文本框中输入 1,
单击 Next 按钮,如图 9-66 所示。

图 9-66　程序总体设置

6 在弹出的 Login Setup 对话框中禁用 Show
login screen at start 复选框,不设置登录对
话框,如图 9-67 所示。

图 9-67　登录对话框

7 因为上一个对话框中没有设置登录相关内
容,所以在弹出的对话框中,直接单击 Next
按钮,如图 9-68 所示。

8 在 Sceoring 对话框中,启用 Show feedback
after question is judged 复选框,其含义即
希望在做出题后,程序能够给出反馈信息。
在 Passing score 文本框中输入 60,单击
Next 按钮,如图 9-69 所示。

图 9-68 数据跟踪

图 9-69 成绩设置

⑨ 在弹出的对话框中，选中 Positive 单选按钮后，可以在列表框中设置正确的反馈信息。如果想要添加或删除反馈信息，则可以单击该对话框右侧的 Add Feedback 按钮或 Delete Feedback 按钮，如图 9-70 所示。

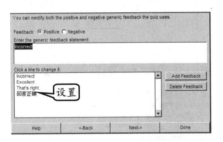

图 9-70 设置反馈信息

⑩ 单击 Next 按钮，进入题型设置对话框。单击 Add a question 下面的 Single Choice Question 选项；再在上面的文本框中，输入"第一题"对题目的描述；单击 Run Wizard 按钮来启动问题设置程序，如图 9-71 所示的对话框。

⑪ 在弹出的 Setup Question 对话框中，单击题干部分，并在该对话框上方的文本框内输入问题。单击 Add Choice 按钮，可以再添加答案选项。在设置答案选项时，可以选择右侧的 Right Answer 按钮或 Wrong Answer

单选按钮来设置该选项的对错属性。设置完成后，单击 Done 按钮，如图 9-72 所示。

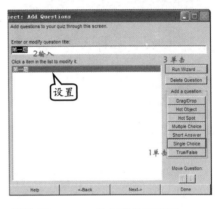

图 9-71 选择单选题题型

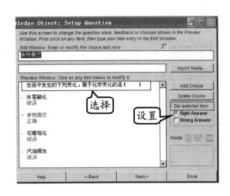

图 9-72 添加"第一题"单选题

⑫ 这时将返回题型设置对话框。再添加 3 个单选题，更名为"第二题"、"第三题"、"第四题"，然后在 Setup Question 对话框中，用同样的方法添加其他三道问题和答案。如图 9-73 所示为添加"第二题"的相关内容。

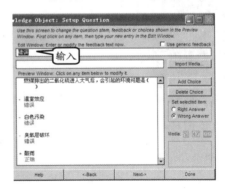

图 9-73 添加"第二题"单选题

13 当设置完成后单击 Done 按钮，弹出结束对话框。然后，单击【运行】按钮，即可浏览试题内容，并进行答题操作。

9.7 思考与练习

一、填空题

1. 如果模块文件不在知识对象文件夹中，就将该模块文件移到_____中，或者在知识对象文件夹中建立该模块文件的_____。

2. 当关闭一个只读库文件或将一个库文件从只读状态改为读/写状态时，对于该库的所有操作都会被_____，该库恢复到_____。

3. 当流程线上的某个图标被添加到库设计窗口后，该图标右侧的文字将变为_____。

4. 在使用知识模块时，读者可以通过_____完成对知识对象的设置。

5. 库与模块都是一个_____文件，其中可以包括声音、图标等媒体资源。

6. 知识对象是一些由 Authorware 提供的，能够实现某一完整功能的_____。

二、选择题

1. 下面关于使用库说法不正确的是_____。
   A. 使用库可以节省创建相同程序的时间
   B. 程序重复使用库中的同一图标可以节省空间
   C. 当库中的图标内容改变时，在程序中与该图标相链接的图标内容也将发生改变
   D. 改变程序中与库相链接图标的内容，则库中该图标的内容也将发生改变

2. 下列不能向库中添加图标的操作是_____。
   A. 直接将图标从流程线上拖入库窗口
   B. 直接从图标栏内将图标拖放到库窗口中
   C. 使用当前库中的图标复制另一个相同名称的图标
   D. 使用剪切、复制和粘贴的方法，将流程线上的图标添加到库窗口中

3. 在创建应用程序知识对象时，如果需要用户在登录时需要输入口令才能进入应用系统，则可以选择_____选项。
   A. Limit user to tries before quitting
   B. Ask for User ID
   C. Ask for Password

4. 下面不会使链接断开的是_____。
   A. 库文件被删除、改变位置
   B. 库文件被复制
   C. 库文件中的图标被编辑修改
   D. 库文件被重命名

5. 选择一段流程后，可以使用_____键快速地保存模块。
   A. Ctrl+M
   B. Alt+M
   C. Ctrl+Alt+M
   D. Ctrl+Shift

6. 以下不适合创建模块的是_____。
   A. 当重复使用某个图标时
   B. 程序中包含复杂的交互和分支时，例如测验题部分
   C. 当一个小组协同工作时，为了使软件界面达到一致，可以使用模块
   D. 一个功能被多次或被多个作品使用时，例如登录过程

三、简答题

1. 简述向库中添加图标的方法。
2. 简述库与模块有什么区别。
3. 简述测验知识对象的功能。
4. 简述模块的概念以及使用之前应注意的问题。

四、上机练习

1. 使用库创建图片欣赏

在多媒体作品中，素材的容量往往占据了整个作品的绝大部分容量。合理地组织素材，尽量

地减小可执行程序的容量，是多媒体制作的一个关键问题。

首先，新建文件，设置【大小】为【根据变量】选项。拖入一个【计算】图标，并在【代码】编辑器中，输入"ResizeWindow(488, 330)"函数，如图 9-74 所示。

图 9-74 设置演示窗口大小

再执行【文件】|【新建】|【库】命令，单击【导入】按钮，向库中引入一个音频文件作为背景音乐，如图 9-75 所示。

图 9-75 新建库并导入声音

把库中的【声音】图标拖放到当前流程线上。激活当前库，并执行【文件】|【保存】命令，在弹出的对话框中输入当前库的名称，并单击【保存】按钮。

其次，执行【文件】|【新建】|【库】命令，再向库中导入几幅图片。在当前流程线上，拖入一个【框架】图标。并从库中依次将导入的图片拖至【框架】图标的右侧。执行【文件】|【保存】命令，将当前图片库保存，如图 9-76 所示。

最后，单击【运行】按钮即执行该程序，通过【导航】按钮来实现控制，如图 9-77 所示的效果图。

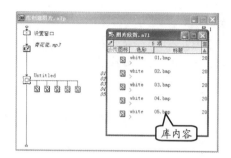

图 9-76 引用图片库

图 9-77 效果图

2．登录窗口

使用知识对象还可以制作登录窗口，如创建一个新文件，执行【窗口】|【面板】|【知识对象】命令，在【分类】下拉列表框中，选择【评估】选项，并在其下的列表框中，双击【登录】图标。

其次，在弹出的对话框中，单击 Next 按钮。再在弹出的对话框中选择记录文件的保存类型，选择 Text File 单选按钮，单击 Next 按钮，如图 9-78 所示。

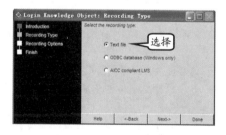

图 9-78 选择记录文件保存类型

在弹出的对话框中，设置文件的保存路径，以及设置一些其他属性参数，如图 9-79 所示。

Authorware 多媒体制作标准教程（2013—2015 版）

图 9-79 设置文件保存路径

然后，单击 Next 按钮，在弹出的对话框中显示了一些提示信息，直接单击 Done 按钮，如图 9-80 所示。

图 9-80 完成向导对话框设置

再在流程线上拖入一个【显示】图标，并命名为"欢迎"，并在该图标中输入一些文本信息，如图 9-81 所示。

最后，单击【运行】按钮，并浏览该课件执行程序。然后，在弹出的【演示窗口】中输入用户名、密码等信息，单击 Submit 按钮，如图 9-82 所示。如果用户名和密码与档案相同，则进入执行下一个图标，如图 9-83 所示。

图 9-81 添加图标

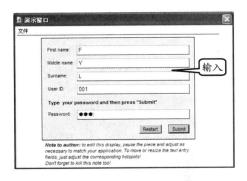

图 9-82 输入用户名和密码

图 9-83 进入主界面

第10章

脚本语言编程

　　Authorware 采用的是图标在流程线上编程的方式，这种编程方式使初学者非常容易上手。同时，Authorware 提供了大量的系统变量和系统函数，而且还允许用户使用自定义的变量和函数，这无疑为 Authorware 的多媒体创作开拓了广阔的空间。

　　在【计算】图标中，使用变量、函数、脚本语言进行编程，除了可以使用 Authorware 中自带的系统变量和函数，还可以使用自定义的变量和函数。

　　脚本语言编程极大拓宽了 Authorware 的编程空间，可以实现在 Authorware 中很难实现或无法实现的功能。

本章学习要点：

➤ 添加【计算】图标
➤ 变量
➤ 函数
➤ 运算符
➤ 表达式
➤ 语句

10.1　添加【计算】图标

当用户需要设计比较复杂的多媒体课件时，可以使用变量、函数、表达式或脚本语言来解决某些功能。

例如，获取某个显示对象的坐标，就要使用位置变量；实现程序从任意点到另一任意点的跳转，就要使用转向函数；获取几个常量、变量或函数的计算值，就要使用表达式；构建用户自定义的判断结构，就要使用条件语句。

10.1.1　认识【计算】图标

【计算】图标是 Authorware 中最常用的图标之一。在计算图标中，用户可以定义变量或者调用函数，也可以存放一段程序代码。

形象地说，【计算】图标就是一段程序代码的缩写。用【计算】图标可以代表一段程序，在程序流程中插入一个【计算】图标就相当于插入了一段程序。

如果用户能够合理地将【计算】图标和其他图标配合使用，可以更好地发挥出 Authorware 的强大功能。

1．独立的【计算】图标

从工具箱中拖入一个【计算】图标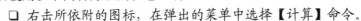到流程线上，就创建了一个独立的【计算】图标，与其他图标功能一样，如图 10-1 所示。双击该图标可以打开编辑窗口对其内容进行编辑。

2．附加【计算】图标

附加【计算】图标是附加在其他图标上的【计算】图标，它没有自己的图标标题，与所依附的图标使用同一个标题，也可以认为某图标和附加在其上的【计算】图标是同一个图标。

因而如果附加【计算】图标的代码引用本图标就可以省略图标标题，如常写的 IconID@"IconTitle"就能简写成 IconID。

创建附加【计算】图标时要先选择所依附的图标，然后使用以下两种方法的任意一种。

❑　右击所依附的图标，在弹出的菜单中选择【计算】命令。

❑　选择所依附的图标，执行【修改】|【图标】|【计算】命令。

执行了上述命令之一都会弹出【计算】图标的代码窗口，如图 10-2 所示。在该窗口中编程与独立的【计算】图标完全相同。

关闭代码窗口后，将会在所依附的图标的左上角显示一个小等号，表示有附加【计

图 10-1　独立的【计算】图标

图 10-2　代码窗口

算】图标。例如，在【显示】图标上附加一个【计算】图标，【显示】图标就变为 的样子，如图 10-3 所示。

删除附加【计算】图标的方法是先打开其代码窗口，清除掉代码窗口中所有代码。保存并关闭代码窗口后，所依附图标左上角的小等号消失，附加【计算】图标被删除。

提 示

所有的图标(除了工具箱上的图标还包括从【插入】菜单插入的 ActiveX 图标，Animated GIF 图标，Flash Movie 图标、QuickTime 图标以及知识对象图标和模块图标）都能附加【计算】图标，甚至【计算】图标自己还能附加【计算】图标，尽管这并没有实际意义。

图 10-3　　附加图标

当程序执行到含有附加【计算】图标的图标时，总是先执行附加【计算】图标中的程序，然后再执行依附的图标。因此，附加在能形成循环的图标（如【交互】图标、【决策】图标等）上的附加【计算】图标有特殊的意义，程序的每一次循环都会执行其附加【计算】图标中的程序。

3.【脚本函数】图标

独立的【计算】图标可以转换为自定义函数【计算】图标，简称【脚本函数】图标。在该图标中的程序是用户自定义的函数。

【脚本函数】图标一般放在程序的开头，但是程序沿流程线执行经过【脚本函数】图标时并不执行其中的程序，而是直接跳过【脚本函数】图标执行后面的图标。只有在【计算】图标中使用 CallScriptIcon 系统函数调用该【脚本函数】图标，其中程序才得以执行，并在执行完【脚本函数】图标中的程序以后自动返回到调用处。

创建【脚本函数】图标时，先在流程线上拖入一个【计算】图标，在该图标的【属性】检查器中启用【包含编写的函数】复选框，其【计算】图标 就变为【脚本函数】图标 ，如图 10-4 所示。

图 10-4　　【脚本函数】图标

提 示

不能直接双击【计算】图标，这样打开的是【计算】图标的代码窗口。右击【计算】图标，在弹出的菜单中执行【属性】命令，或者选择【计算】图标，执行【修改】|【图标】|【属性】命令可以打开【属性】检查器。

把【脚本函数】图标转换为【计算】图标的过程与此相反，先打开【脚本函数】图标的【属性】检查器，禁用【包含编写的函数】复选框，如图 10-5 所示。

图 10-5　　恢复【计算】图标

10.1.2 使用【计算】图标编程

一般来说，变量和函数都要在【计算】图标的代码窗口中进行编辑才能起到作用。【计算】图标的代码窗口由4部分组成，即工具栏、编辑区、状态栏和提示窗口，如图10-6所示。

工具栏主要包括常用的编辑按钮，如取消、重做、剪切、复制、粘贴、删除等，以及一些可以对脚本进行辅助编辑的功能按钮，其详细介绍见表10-1。

图 10-6　代码窗口

表10-1　工具栏中工具按钮介绍

图标	名　称	说　明
🖐▼	语言	这是 Authorware 7.0 中的新增按钮，支持 Authorware 和 JavaScript 两种语言
↺	撤消	取消上一次操作，与 Authorware 工作界面工具栏中的 ↺ 按钮功能相同
↻	恢复撤消	恢复取消的操作
✂	剪切	剪切选择的文本到剪贴板，与 Authorware 工作界面工具栏中的 ✂ 按钮功能相同
📋	复制	复制选择的文本到剪贴板，与 Authorware 工作界面工具栏中的 📋 按钮功能相同
📋	粘贴	把剪贴板中的文本粘贴到光标处，与 Authorware 工作界面工具栏中的 📋 按钮功能相同
✕	删除	删除选择的文本
🖨	打印	打印当前【计算】图标代码窗口中的程序
🔍	查找	打开【查找】对话框，在【计算】图标中查找字符串
⇉或77	注释	将当前行或选择的多行程序改为注解，Authorware 语言用 ⇉，JavaScript 语言用 77
⇇或77	取消注释	将当前行或选择的多行注解改为程序，Authorware 语言用 ⇇，JavaScript 语言用 77
⇥	增加缩进	当前行或选择的多行增加缩进
⇤	减少缩进	当前行或选择的多行减少缩进
(	匹配左括号	当光标位于右括号之前或选择右括号时可用，查找配对的左括号
)	匹配右括号	当光标位于左括号之前或选择左括号时可用，查找配对的右括号
❶	属性	打开【计算】图标代码窗口属性对话框
⚠	插入信息	打开【插入信息框】对话框，选择插入一个信息框的代码
📄	插入片段	打开【插入程序片段】对话框，对于 Authorware 语言或 JavaScript 语言对话框的内容不同
é	插入符号	打开【插入符号】对话框插入一个符号

状态栏位于代码窗口的下方，可以显示7种状态，如图10-7所示。

【提示】列表框是根据输入的上下文找出相关的系统变量或系统函数列表。它是一种输入变量或函数的快捷

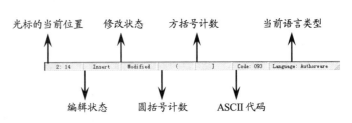

图 10-7　状态栏

方法。

在输入语句的过程中，按 Ctrl+H 键，可以打开【提示】列表框。从列表框中，选择变量或者函数，按 Enter 键，就可以将选择的函数或变量插入到当前光标所在的位置，如图 10-8 所示。

10.1.3 使用【显示】图标编程

在【显示】图标中可以将一个变量用"{}"大括号括起来以显示变量的值。首先在流程线上拖入一个【显示】图标，双击该图标，在打开的【演示窗口】中输入"{FullTime}"代码，如图 10-9 所示。

按住 Ctrl 键，同时双击流程线上的【显示】图标，打开【属性】检查器，并启用【更新显示变量】复选框，如图 10-10 所示。

运行该程序，在【演示窗口】中将实时显示当前的系统时间，如图 10-11 所示。

10.2 变量

变量是指没有固定的值，可以改变的数。Authorware 自身带有很多的变量，并根据程序的运行过程自动地更新这些变量的值。

10.2.1 系统变量概述

系统变量是 Authorware 内置的变量。程序执行过程中，Authorware 会根据情况来自动调整这些变量的值，用户也可以根据需要调用这些变量。

例如，执行【窗口】|【面板】|【变量】命令，或者按 Ctrl+Shift+V 键，打开【变量】面板。单击【分类】列表框，在弹出的下拉列表中，显示了各类系统变量，如图 10-12 所示。

下面按照【变量】面板中的分类顺序，对 11 种类别的系统变量做简单的介绍。

1．CMI

这一类变量共有 23 个，是 Authorware 新增加的一类变量，主要用于计算机管理教学课件的开发。

图 10-8　【提示】列表框

图 10-9　输入变量

图 10-10　【显示】图标的【属性】
检查器

图 10-11　显示当前系统时间

Authorware 多媒体制作标准教程（2013—2015 版）

2．决策

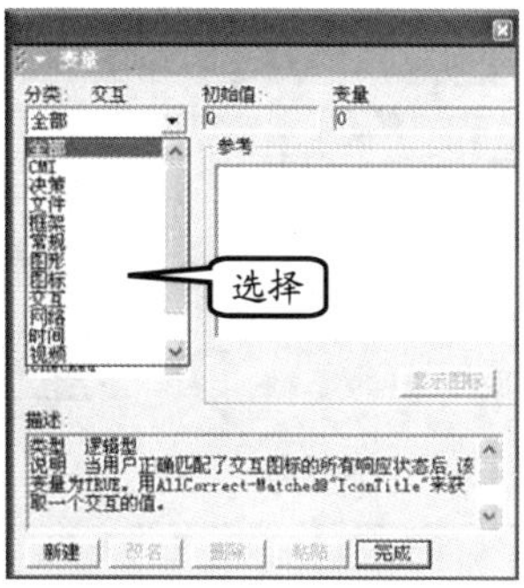

这些变量反映和跟踪分支结构中的一些信息。例如，PathCount 反映分支结构中的分支总数，RepCount 跟踪分支结构中当前执行分支的总次数，AllSelected 跟踪并反映当前分支结构中的分支是否都已被执行过。

利用这些变更所提供的信息，可以对分支结构进行更加细致的设计和更加灵活的控制。

例如，在流程线上拖放一个【判断】图标，再依次拖放 4 个【群组】图标，并命名为 1～4，如图 10-13 所示。双击【判断】图标，并在【属性】检查器中设置其属性参数，如图 10-14 所示。

图 10-12　系统变量分类

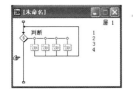

图 10-13　程序的流程设计

图 10-14　【决策】图标的【属性】检查器

单击【群组】图标"1"上方的交互按钮，并设置其属性参数，如图 10-15 所示。同样，对其他 3 个群组图标进行同样的属性设置。

接着，在 4 个群组图标中，分别添加 4 个【显示】图标，并分别输入名称，如各图标命名为 1～4，如图 10-16 所示。

图 10-15　【群组图标】属性检查器

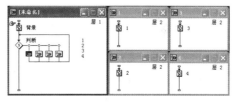

图 10-16　添加分支

在【判断】图标的上方添加一个【显示】图标，并在其中输入如图 10-17 所示的文本内容。

再按住 Ctrl 键，双击【背景】图标，并在【属性】检查器中，启用【更新显示变量】复选框，表示窗口动态显示变量。

运行程序，从中可以看出，【显示】图标中的内容将随着判断分支的变化而变换，可以单击【演示窗口】中的【继续】按钮执行程序，如图 10-18 所示。

图 10-17　输入变量内容

图 10-18 运行程序

3. 文件

这些变量反映和跟踪与文件的管理有关的一些信息，如 FileName 反映当前文件的名称；FileSize 反映当前文件的大小；FileLocation 反映当前文件的路径等。

图 10-19 输入文本与变量内容

例如，创建一个新文件，并在流程线上拖放一个【显示】图标。然后，在【演示窗口】输入文本和变量内容，如图 10-19 所示。

接着，单击工具栏中的【运行】按钮，即可在【演示窗口】中，查看文本所显示的内容，如图 10-20 所示。

图 10-20 运行效果

4. 框架

这些变量反映和跟踪框架结构中的一些信息。例如，CurrentPageID 反映和跟踪当前页面中的图标的 ID 编号；PageCount 反映当前框架结构中页面的总数。

利用这些变量所提供的信息，可以对框架结构进行更加细致的设计以及灵活的控制。

5. 常规

这一类变量多达 65 个，是数量最多的一类变量。系统变量另外 10 个类别的划分都有比较明确的范围。Authorware 把这 10 个类别以外的系统变量都划在常规类别中。因此，这类变量有着比较丰富的内容和广泛的用途。

例如，ClickX 和 ClickY 反映和跟踪用户最后一次按下鼠标时的位置；CursorX 和 CursorY 反映和跟踪用户光标的当前位置；MediaLength、MediaPlaying、MediaPosition、MediaRate 反映和跟踪动画、声音和视频以及它们在播放时的一些信息。其中，MediaLength 反映动画、声音和视频的长度，MediaPosition 反映和跟踪动画、声音和视频的当前播放位置，MediaRate 反映和跟踪动画、声音和视频的播放速度，MediaPlaying 反映和跟踪动画、声音和视频是否在播放。

以上仅列举了几个变量，并不能反映这一类变量的全貌。在这个类别中，有两个比较特殊的变量，称为常数变量，就是 e 和 Pi，它们分别反映自然对数的底数和圆周率，实际上，它们的值是不可改变的常量。

6．图形

DirectToScreen 反映指定图标的显示方式是否为 Direct To Screen 方式；LastX 和 LastY 反映由任意的绘图函数（Authorware 的系统函数中有 14 种绘图函数）所绘图形的最后一点的坐标；Layer 反映和跟踪当前【演示窗口】中的显示对象的层数。

7．图标

这些变量反映和跟踪当前图标或指定图标的有关信息，如图标的 ID 编号，图标中显示对象的位置信息和移动信息等。

例如，IconID 反映当前显示的图标的 ID 编号；DisplayHeight 和 DisplayWidth 反映和跟踪当前图标或指定图标的显示对象的高度和宽度；DisplayX、DisplayY、DisplayLeft、DisplayTop 反映和跟踪当前图标或指定图标的显示对象的位置；Animating、Dragging 和 Moving 反映指定图标的显示对象是否正在被动画图标移动或正在被用户拖动。

在【计算】图标的代码窗口中使用或嵌入文字对象时，可以返回该图标的 ID，如图 10-21 所示。

图 10-21　获取系统变量的值

技 巧

在与"@"符号共同使用时，如 IconID@"IconTitle"，则可以返回指定设计图标 IconTitle 的 ID 号。

有一部分系统变量是允许被赋值的，称为可读写的系统变量。例如可以设置 Movable@"IconTitle"的值为 TRUE 或 FALSE（也可以用 1 和 0 表示），以便对一个设计图标内容的移动进行设置，如图 10-22 所示。

另一部分系统变量则只返回信息而不能对它进行赋值，称为只读的系统变量。例如，可以通过使用系统

图 10-22　可读写的系统变量

变量 DisplayHeight 和 DisplayWidth 来获取图标中显示对象的高度和宽度，而不能对其进行修改，如图 10-23 所示。

图 10-23　只读的系统变量

8．交互

在 Authorware 的图标中，【交互】图标是功能最强的图标之一。在 Authorware 的系统变量中，交互结构类变量也是内容最丰富的变量类别之一。这一类变量反映和跟踪交互结构中的一些信息。

例如，ChoiceCount 反映当前交互结构或指定交互结构中交互分支的总数；ChoiceMatched 反映当前交互结构或指定交互结构中用户已匹配的不同交互分支的数量；EntryText 反映当前交互结构或指定交互结构中用户最近一次在文本响应中输入的文本内容；MatchedEver 反映和跟踪当前交互结构或指定交互结构中，用户当前匹配的响应，是否曾经匹配过；PercentCorrect 和 PercentWrong 分别反映设置了正确属性（Correct）和错误属性（Wrong）的交互分支，在所有的交互分支中所占的比例；Tries 反映和跟踪当前交互结构或指定交互结构中，用户匹配响应的次数。

9．网络

这一类变量共有 7 个，是 Authorware 新增的一类变量，主要用于在网络上播放 Authorware 应用程序。

例如，NetBrowserName 反映当前播放 Authorware 应用程序的浏览器的名称；NetbrowserVendor 反映当前播放 Authorware 应用程序的浏览器的开发商名；NetBrowserVersion 反映当前播放 Authorware 应用程序的浏览器的版本号；NetConnected 反映和跟踪当前是否正在使用 Authorware Web Player 播放 Authorware 应用程序；GlobalOveroll 用来设置开始播放声音之前，需要从网络下载多少字节的声音数据。

10．时间

这一类变量共有 21 个，用来反映和跟踪与时间有关的一些信息。例如，Year、Month、

Day、DayName、Hour、Minute 和 Sec 分别反映当前的年份、月份、日期、周日、小时数、分数和秒数；FirstDate 反映用户第一次使用该 Authorware 应用程序的日期；ElapsedDays 反映和跟踪用户从上一次使用该 Authorware 应用程序之后，到当日为止所经过的总天数；StartTime 反映用户何时开始运行该 Authorware 应用程序；SessionTime 反映和跟踪用户从开始运行该 Authorware 应用程序起，到当前时刻所经过的时间；TotalTime 反映用户使用该 Authorware 应用程序所消耗的总时间；SystemSeconds 反映和跟踪计算机从启动或重新启动到目前为止的运行时间。

11．视频

这一类变量共有 5 个。这 5 个变量用来反映和跟踪使用 DVD 图标播放视频信号时的一些信息。

DVDState 用来描述 DVD 的回放状态；DVDWindowHeight 用于定义 DVD 窗口的高度；DVDWindowWidth 用于定义 DVD 窗口的宽度。

10.2.2　查找系统变量

【变量】面板是 Authorware 用来管理程序中所有系统变量和自定义变量的窗口。使用该面板可以添加、查看、修改和删除程序中的变量。

例如，执行【窗口】|【面板】|【变量】命令，或者按 Ctrl+Shift+V 键，即可打开【变量】面板，如图 10-24 所示。

Authorware 中共有 200 个系统变量，为了使用方便，分为 11 种类别。通过【变量】面板查找某一个变量，有两种方法。下面以查找系统变量 Layer 为例，介绍这两种方法。

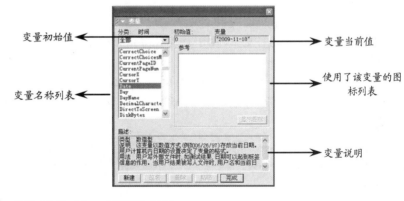

变量初始值　变量当前值
变量名称列表　使用了该变量的图标列表
变量说明

图 10-24　【变量】面板

1．全面查找

当不知道所要查找的变量属于哪种类别时，可以采用以下这种方法：打开【变量】面板，在【分类】下拉列表中选择【全部】选项。

此时，在其下方的【变量】列表框中，列出了以字母顺序排列的全部系统变量。然后根据字母的顺序，拖动列表框的垂直滚动条进行查找，当找到变量时单击即可列出变量的初始值、当前值以及相关的文字说明，如图 10-25 所示。

当选择要查找的变量时，在【分类】列表框的后面，会出现一个"图形"文字，这就是系统变量Layer所属的类别。

2．分类查找

如果已经明确所要查找的变量属于哪种类别，那么使用这种方法就更加快捷。在【分类】下拉列表中选择【图形】选项，在其下方的【变量】列表中将列出以字母顺序排列的图形变量。

然后，根据字母的顺序，找到并单击所需要的变量，如图10-26 所示。

图 10-25　全面查找

通过以上两种方法之一找到指定的系统变量后，如果【粘贴】按钮呈灰色不可用状态，说明在打开【变量】面板之前，并没有在程序中确定引用变量的位置，此时将不可以粘贴变量，以上操作只起到查看变量的作用。

如果在此之前确定引用变量的位置，按下【粘贴】按钮，即可将该系统变量粘贴到程序中需要引用的地方。如果确切地知道系统变量的名称，也可以用手工输入的方法引用系统变量。输入时可以忽略大小写的区别。

图 10-26　分类查找

10.2.3　使用自定义变量

Authorware 允许用户使用自定义变量。自定义变量是用户在程序编辑中自行定义的变量，用于存储计算结果或系统变量无法存储的信息。

自定义变量名的第一个字符必须是英文字母或下划线，其余字符可以是英文字母、数字、下划线，还允许在变量名中使用空格，最多可以含有 40 个字符。

Authorware 对变量名是不区分大小写的，但习惯上为了与系统变量相区别，采用首字母小写、其余每一个单词首字母大写的样式。需要注意的是不应采用 Authorware 的保留字作为自定义变量名，以免引起混乱。

用户自定义变量可以随着使用定义，即新变量名第一次在【计算】图标的【代码】窗口或图标的【属性】检查器等处出现时，就意味着定义一个新变量，并弹出【新建变量】对话框，如图10-27 所示。

在【新建变量】对话框中，各个选项的介绍如下。

❑ **名字**　此处显示新变量名。

❑ **初始值**　在该文本框中输入新变量的初始值。也可保持为空白，由定义该变量的程序赋值。

图 10-27　【新建变量】对话框

❑ **描述** 该文本域输入对新变量的描述文字，例如该变量代表的意义等，描述文字对变量的使用没有任何影响。

首先，单击工具拦中的【变量】按钮 ，打开【变量】对话框。在【分类】下拉列表中，选择位于最后一项的当前文件名，如图 10-28 所示。

然后，单击【新建】按钮，打开【新建变量】对话框。先在【名字】文本框中输入要定义的变量名；在【初始值】文本框中，输入该变量的初始值；还可以在【描述】文本域中，输入对该变量的描述，单击【确定】按钮，如图 10-29 所示。

图 10-28 选择文件名

变量定义完毕将会返回到【变量】对话框，并显示新定义的变量名、初始值和描述文字，如图 10-30 所示。

提 示

在【变量】列表中选择一个变量，单击对话框底部的【改名】按钮，可以在弹出的对话框中更改变量的名称。

图 10-29 新建变量

10.2.4 使用全局变量和图标变量

Authorware 的系统变量可以分为全局变量与图标变量。全局变量针对的是整个 Authorware 程序，例如系统变量 ClickX、ClickY 等。图标变量与一个具体的图标相关联，常常是与图标属性有关的。图标变量的引用方法是在变量名的右边使用"@"符号指定所关联的图标名，当省略了"@"符号和所关联的图标名时就是指当前图标。

图 10-30 返回【变量】对话框

例如，系统变量 Movable 的值决定了显示对象的可移动性。如果想要让标题为 still 的【显示】图标中的内容不能被用户移动，就应该设置该图标的 Movable 值为 False。

```
Movable@"still":=FALSE
```

如果省略了"@"符号和指定的关联图标名，则该系统变量将与当前图标相关联。如果以上语句是写在附加【计算】图标中的，则该系统变量将与附加【计算】图标所依附的图标相关联。

```
Movable := FALSE
```

用户自定义变量也可以是图标变量，例如在图标 a 中定义了两个图标变量，如下所示。

```
a@"a":=10
```

```
b@"a":=20
```

在图标 b 中定义了一个图标变量，如下所示。

```
a@"b":=30
```

此时，会在【变量】窗口的【分类】下拉列表中出现两个新的分类。当在设计窗口的流程线上选择 a 图标时出现 a@"a"和 b@"a"；在设计窗口的流程线上选择 b 图标时出现 a@"b"。相对于自定义图标变量而言，不使用@字符与一个图标相关联的自定义变量可称为全局自定义变量。

10.3 函数

函数通常指能够实现某种指定功能的程序语句段，并由一个函数名表示。当程序设计过程中需要实现某一功能时，只需调用事先编写好的具有实现该功能的函数，而无须重新编写，这非常有利于程序的结构化与模块化。

和变量一样，函数同样分为两种类型，即系统函数和自定义函数，Authorware 还允许加载外部函数到当前的程序中。绝大部分系统函数都具有返回值，但是也有个别系统函数不返回任何值。

10.3.1 使用系统函数

Authorware 提供的系统函数有 300 多个，按其函数功能可以分为 18 个类别。执行【窗口】|【面板】|【函数】命令，或者按 Ctrl+Shift+F 键，可以打开如图 10-31 所示的【函数】面板。

使用系统函数的方法与使用系统变量的方法相似，同样具有全面查找、分类查找和手工输入 3 种方法。如果对函数的名称和参数设置熟悉，可以使用手工输入的方法输入系统函数。输入函数时，可以忽略大小写。

下面以使用 GoTo 函数为例，说明使用系统函数的方法。首先建立并打

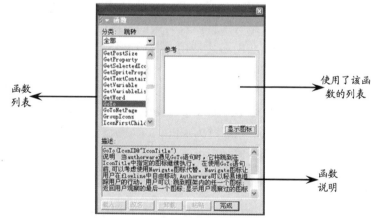

图 10-31　【函数】面板

开一个【计算】图标，然后单击工具栏中的【函数】按钮，打开【函数】面板。

❑ **全面查找**

在【分类】列表中选择【全部】选项，然后按字母顺序找到 GoTo 函数，如图 10-32 所示。

❑ **分类查找**

在【分类】列表中选择【跳转】选项，然后按字母顺序找到 GoTo 函数，如图 10-33 所示。

找到 GoTo 函数后单击【粘贴】按钮，将函数粘贴到【代码】窗口中，如图 10-34 所示。然后，将双引号内的参数 IconTitle 改为具体的图标名。最后，关闭【计算】图标的【代码】窗口。

使用系统函数的另一个重要问题是正确地设置函数的参数。在 Authorware 中，系统函数的参数分为两种类型：必选参数和可选参数。

❑ 图 10-32 全面查找

例如，DrawBox（pensize[,x1,y1,x2,y2]）中，pensize 是必选参数，在使用函数时必须进行设置；x1、y1、x2、y2 是可选参数，使用函数时可以不进行设置。

在函数的描述中，如果参数被"方括号"（[ ]）括起来，说明此参数是可选参数。可选参数可以根据函数功能的需要进行适当的设置。

使用可选参数可以让函数完成额外的功能，这些不同的功能会在函数说明中给出。如上面提到的 DrawBox（pensize[,x1,y1,x2,y2]）函数，不设置可选参数时，其功能是允许用户在【演示窗口】中按住鼠标左键拖拉出一个矩形；如果设置了可选参数，则用户必须在 x1、y1、x2、y2 规定的区域内部绘图。

❑ 图 10-33 分类查找

10.3.2 使用自定义函数

自定义函数是由用户自行设置函数名称和运算方式的，这样可以实现 Authorware 中系统函数无法提供的功能。

Authorware 支持把【计算】图标内的程序代码或者是存储于外部文本文件的程序代码定义为函数形式，以增强程序代码的结构化和重用性。如图 10-35 所示，其中"自定义函数"图标的程序代码如下。

❑ 图 10-34 粘贴代码

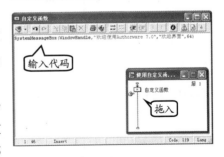

❑ 图 10-35 编写自定义函数

```
SystemMessageBox(WindowHandle,"欢迎使用
Authorware 7.0","欢迎界面",64)
```

如果把"自定义函数"图标的程序代码定义为函数形式，只要按 Ctrl+I 键，在打开的【属性】检查器中启用【包含编写的函数】复选框。此时，【设计】窗口中的【计算】图标将发生改变，如图 10-36 所示。

其调用函数名为"自定义函数"，调用函数时使用以下语句即可调用。

```
CallScriptIcon(@"自定义函数")
```

至于文本文件或一段字符串函数自定义方式和上述方法基本相同，唯一不同的是调用时分别使用 CallScriptFile 和 CallScriptString 系统函数进行调用。

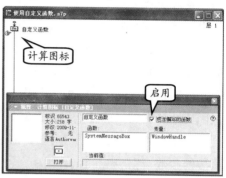

图 10-36 【计算】图标

10.3.3 使用外部扩展函数

外部扩展函数一般指第三方扩展开发商利用编程语言和开发工具开发的外部扩展文件，如 U32（UCD）、DLL（动态链接库）、Xtras，可以供 Authorware 载入使用。

外部扩展函数通常都是实现一些系统控制功能，从而弥补 Authorware 在某些方面的不足。

图 10-37 【函数】面板

在 Authorware 中使用系统函数和自定义函数不需要载入，直接在【计算】图标等函数使用场所内按格式粘贴使用即可。而外部扩展函数则需要载入。

例如，执行【窗口】|【面板】|【函数】命令，打开【函数】面板。在【分类】下拉列表中选择当前程序文件的名称，此时面板底部的【载入】按钮变为可用状态，如图 10-37 所示。

单击【载入】按钮，弹出【加载函数】对话框。然后，在该对话框中选择要载入的函数库，如 U32(UCD)或者 DLL 文件，如图 10-38 所示。

图 10-38 选择外部函数库

如果是转入 U32(UCD)内封装的函数，则会弹出【自定义函数在 ftp.u32】对话框，选择要载入的函数后，单击【载入】按钮即可，如图 10-39 所示。

如果在【函数】列表中，想要同时载入多个函数，可以按住 Ctrl 键，并用鼠标选择多个文件，如图 10-40 所示。

图 10-39 选择要载入的函数

载入函数后将会返回【函数】面板。在【函数】列表中,可以选择刚才载入的函数,如图 10-41 所示。

如果载入 DLL 内封装的函数,则打开【非-Authorware DLL】对话框,输入相关的函数名和参数类型后,单击【载入】按钮,如图 10-42 所示。

成功载入后,在窗口的左下角有一个提示消息。如果重复载入其他的 DLL 函数,载入完毕后,单击【完成】即可。

图 10-40　选择多个函数

图 10-41　载入的函数

10.4　运算符与表达式

运算符是执行某种操作的功能符号,如加法运算符(+)是将两个数值相加;连接运算符(^)是将两个字符串连接成一个字符串。

用运算符将常量、变量或函数连接起来的式子叫表达式。表达式可以使用在【属性】检查器中,也可以嵌入在文本中。

10.4.1　运算符

Authorware 共有 6 种类型的运算符,即赋值运算符、关系运算符、逻辑运算符、算术运算符、连接运算符和注释符,这些运算符的作用见表 10-2 所示。

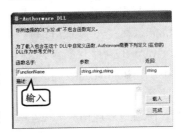

图 10-42　【非-Authorware DLL】
对话框

表 10-2　Authorware 运算符的作用及运算结果

类　型	运算符	作　　用	运算结果
赋值运算符	:=	将运算符右边的值赋给运算符左边的变量	运算符右边的值
关系运算符	=	等于,表示运算符两端的值相等。若相等则该表达式的值为 True;不相等则为 False	True 或 False
	<>	不等于,表示运算符两端的值不相等	
	<	小于,表示运算符左边的值小于右边的值	
	>	大于,表示运算符左边的值大于右边的值	
	<=	小于或等于,表示运算符左边的值小于等于右边的值	
	>=	大于或等于,表示运算符左边的值大于等于右边的值	
逻辑运算符	~	非运算,例如:若 A 的值为 True,则~A 表示 A 的反,即为 False	True 或 False
	&	与运算	
	|	或运算	
算术运算符	+	加,将运算符左右两边的值相加	数值

类　型	运算符	作　　用	运算结果
算术运算符	-	减，将运算符左右两边的值相减	
	*	乘，将运算符左右两边的值相乘	
	/	除，将运算符左边的值除以右边的值	
	**	乘方，将运算符右边的值作为左边的值的指数来进行运算	
连接运算符	^	将^左右两边的字符串连接成一个新的字符串，例如：变量 content1:="hello"，变量 content2:="How are you？"，content3:=content1^"亲爱的读者朋友"^content2，经过连接运算符的连接，content3 变量的内容为："hello 亲爱的读者朋友 How are you？"	字符串
注释符	--	注释其后面的内容，运算时注释内容将被 Authorware 忽略	空

10.4.2　运算符的优先级

当一个表达式中有多个运算符时，Authorware 不一定按照从左到右的顺序进行运算，而是根据系统内定的一套规则进行运算，这套规则就是运算符的优先级。

例如，执行表达式 NUM1=NUM2+NUM3*NUM4 时，系统会先执行 NUM3*NUM4，将所得的值与 NUM2 相加，最后通过赋值运算符将计算结果赋给 NUM1，这是因为"*"运算符的优先级比"+"运算符高。

Authorware 在执行一个含有多个运算符的表达式时，根据运算符的优先级决定运算进行的顺序：先执行优先级高的运算，再执行优先级低的运算，对于优先级相同的运算符，则按照运算符的结合性决定运算进行的顺序。"+"运算符的结合性是从左到右，Authorware 在遇到一连串"+"运算符时，会按照从左到右的顺序进行运算。

另外，括号也能改变运算进行的顺序，处于括号中的运算优先进行，嵌套在最内层括号中的运算最先进行。表 10-3 列出了 Authorware 中所有运算符的优先级。

表 10-3　Authorware 运算符的优先级

优　先　级	运　算　符
1	( )
2	~
3	**
4	*，/
5	+，-
6	^
7	<，=，>，<>，>=，<=
8	&，|
9	:>

其中，1 级表示最高级，9 级表示最低级。等级高的运算优先于等级低的运算；同级的运算，先左后右。

10.4.3　表达式

表达式是由常量、变量、函数和运算符所组成的语句，表达式可以用于执行某个运算过程、执行某种特殊操作或显示某个表达式的值。

表达式可以在【计算】图标的【代码】窗口、图标的【属性】检查器，以及文本对象中使用，方法与变量和函数的使用方法基本类似。

在使用表达式的过程中，应该注意以下几点。

❏ **给表达式添加注释**

为了说明该表达式的具体含义，可以在表达式的后面添加一个简单的注释。要将一段文字定义为注释文字，需要在这段文字前面添加两个连字符（"--"），例如：

```
Score:=0 --//将变量 Score 的初始值置为 0
```

在【计算】图标的【代码】窗口中，如果要将某语句设置为注释语句，可以在该语句前添加两个连字符。

❏ **字符串的使用**

与变量和函数中使用字符串一样，在表达式中使用字符串必须使用双引号，以区别于变量和函数名。如果需要在字符串中使用双引号，必须在双引号前面添加一个反斜杠，例如表达式：

```
"He said, \"I am a boy.\""
```

如果在表达式中需要使用反斜杠，Authorware 要求在反斜杠前再添加一个反斜杠，例如表达式：

```
Path:= "c:\\windows\\system"
```

❏ **数字的使用**

在表达式中，可以使用数字，但必须遵守一定的规则。在数字中不准使用千位符（","）；在数字中不准使用货币符号（如￥、$等）；不准使用科学计数法，例如表达式中不能出现"$1.21 \times 10^6$"数字。

10.5　语句

Authorware 将许多程序设计的方法都包含在图标、变量和函数中，其保留下来供用户直接编写的语句只有两种：条件语句和循环语句。前者用来建立判断结构，后者用来建立循环结构。

10.5.1　条件语句

条件语句由条件、任务和一些关键字组成。根据条件和任务的多少，可以分为单任务条件语句、双任务条件语句和多任务条件语句。

1. 单任务条件语句

单任务条件语句的格式如下：

```
if 条件 then
任务
end if
```

在执行单任务条件语句的过程中，如果条件成立，就执行任务；否则不执行任务。按以上两种情况之一执行后，再执行条件语句之后的内容。

在如图 10-43 所示的程序设计窗口中，【计算】图标的条件语句有如下几点特征。

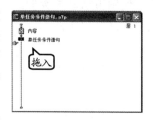

图 10-43　单任务条件语句

- 语句中的条件是一个关系表达式。运算符左边的随机函数可提供 1~10 之间的随机整数。当随机数为 1~5 时，该条件成立；为 6~10 时，条件不成立。
- 语句中的任务是一个绘制直线的函数。执行该函数可以从点（20，300）到点（500，300）绘制一条线宽为 10 的直线。
- 该语句的执行过程是：条件成立，就绘制直线，否则就不绘制直线。

反复运行该程序可以看到，在【演示窗口】中有时会出现直线，有时不会出现直线，这两种情况的概率相等。图 10-44 所示为出现直线时的窗口。

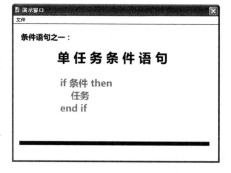

图 10-44　出现直线的窗口

2. 双任务条件语句

双任务条件语句的格式如下：

```
if 条件 then
    任务 1
else
    任务 2
end if
```

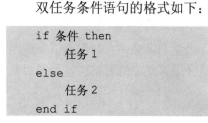

图 10-45　双任务条件语句

在执行双任务条件语句的过程中，如果条件成立，就执行任务 1；否则就执行任务 2。按以上两种情况之一执行后，再执行条件语句之后的内容。

在如图 10-45 所示的程序设计窗口中，【计算】图标的条件语句有如下几点特征。

Authorware 多媒体制作标准教程（2013—2015 版）

❑ 语句中的条件与单任务条件语句中的条件相同。

❑ 语句中的任务1与单任务条件语句中的任务相同。任务2是一个绘制椭圆的函数，执行该函数可以在点（20，100）到点（500，350）的矩形范围内绘制一个线宽为10的椭圆。

❑ 该语句的执行过程是：条件成立，就绘制直线，否则就绘制椭圆。

反复运行该程序可以看到，窗口中有时会出现直线，有时会出现椭圆，这两种情况的概率相等。图10-46所示分别为出现直线和椭圆时的窗口。

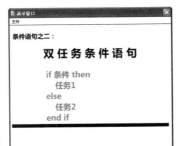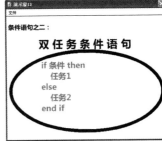

3.多任务条件语句

多任务条件语句的格式如下：

```
if 条件 1 then
任务 1
else if 条件 2 then
任务 2
else
任务 3
end if
```

图 10-46 随机出现的两个图形

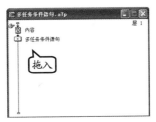

图 10-47 多任务条件语句

在执行多任务条件语句的过程中，如果条件1成立，就执行任务1；如果条件2成立，就执行任务2；否则就执行任务3。按照以上三种情况之一执行后，再执行条件语句后面的内容。

如图10-47所示程序设计窗口中，【计算】图标的条件语句有如下几点特征。

❑ 在条件语句之前有一个赋值表达式。表达式左边的 RandomNumber 是一个用来存储随机整数的自定义变量，右边是提供一个1~15的随机整数的函数。

❑ 当 RandomNumber 的值为1~5时，条件1成立。

❑ 当 RandomNumber 的值为11~15时，条件2成立。

❑ 当 RandomNumber 的值为6~10时，两个条件都不成立。

❑ 任务1和任务2与双任务条件语句中的两个任务相同。任务3是一个绘制矩形的函数，执行该函数可以从点（50，120）到点（500，400）画一个线宽为10的矩形。

❑ 该语句的执行过程是：条件1成立，绘制直线；条件2成立，绘制椭圆；否则就绘制矩形。

反复运行该程序可以看到，窗口有时会出现直线，有时会出现椭圆，有时则会出现矩形，三种情况的概率相等。图10-48所示分别为出现直线、椭圆和矩形时的窗口。

图 10-48 随机出现的 3 个图形

以上列举的多任务条件语句，是一种具有两个条件和三个任务的语句结构。如果需要，还可以构建具有 n 个条件和 n+1 个任务的语句结构。这种语句的格式如下所示。

```
if 条件 1 then
    任务 1
else if 条件 2 then
    任务 2
……
else if 条件 n then
    任务 n
else
    任务 n+1
end if
```

10.5.2 循环语句

循环语句可以在条件仍然满足的情况下重复执行指定的程序代码，而被重复执行的这段程序代码通常被称为循环体。Authorware 支持的循环语句结构都以 repeat 开头，以 end repeat 结束。循环语句的格式多种多样，常见的格式如下。

```
repeat with 循环变量:=初值[down] to 终值
    循环体
end repeat
```

在此循环语句中，程序将执行循环体的次数＝终值－初值＋1 次。如果此次数小于 0，程序将不执行循环体。循环语句中的 down 为可选参数，如果初值大于终值，则需要添加这个参数，并且执行次数＝初值－终值＋1 次。

除此之外，Authorware 支持的循环语句还有以下几种格式：

```
repeat with 变量 in 列表
    循环体
end repeat
```

这种循环结构通常被应用在数组上，如果变量元素在指定的列表中，将重复执行循

Authorware 多媒体制作标准教程（2013—2015 版）

环体的程序语句；每执行完一次循环后，就会自动指定列表中的下一个变量元素，直到该变量元素超出列表索引范围才执行 end repeat 结束循环。

```
repeat while 条件
    循环体
end repeat
```

这种循环结构相对简单，即在条件满足的情况下循环执行循环体的程序语句，直到条件不满足时才执行 end repeat 结束循环。

如果对 Authorware 的条件或循环语句结构还不熟悉，可以通过单击【计算】图标代码窗口工具栏中的【插入语句块】按钮，在打开的对话框中插入条件或循环语句结构，这也是 Authorware 新增的辅助设计工具之一，如图 10-49 所示。

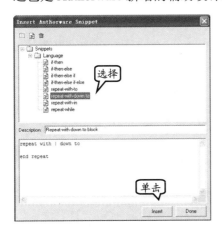

图 10-49　插入 Authorware 语句

例如，在代码窗口中继续输入如图 10-50 所示的变量及循环体，然后运行该程序，可以看到在背景图像上出现了一系列的水平线。

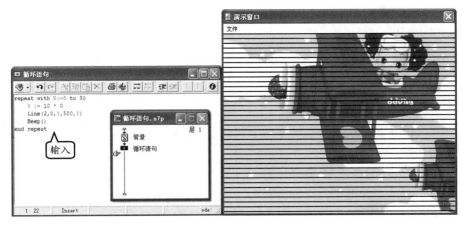

图 10-50　补充循环语句

该程序在【计算】图标中，循环语句的分析和说明如下所示。

❑ 程序中设置了两个自定义变量，N 是循环变量，Y 是纵坐标变量。

□ 循环变量的初值为 0，终值为 50，步长为 1，循环次数为 51 次。

□ 该循环的循环体共有 3 行内容。第一行为纵坐标赋值，第 2 行绘制一条水平线，第 3 行发出一声铃响。

□ 纵坐标 Y 的值在循环过程中分别为 0，10，20，…，500。

□ Line 函数每次绘制出一条横穿画面的水平线，线条的高度取决于纵坐标变量 Y 的值。

□ 循环执行 51 次，从窗口上方到下方绘制出 51 条水平线后，循环语句执行结束。

10.6　实验指导：鼠标绘图

在 Authorware 中，用户可以利用【绘图】工具箱中的【直线】工具或者【矩形】工具来绘制直线、矩形等图形。

那么，如何通过鼠标来实现一个绘图程序？在 Authorware 软件中，可通过“条件”响应，以及“条件”响应分支等内容实现在窗口中通过鼠标绘制图形的内容。

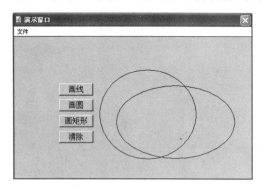

1．实验目的

□ 创建【交互】图标
□ 使用 Line()函数
□ 使用 Circle()函数
□ 使用 Box()函数

2．实验步骤

1 新建一个文件，保存【文件名】为“鼠标绘图.a7p”。在主流程线上，添加 2 个【交互】图标，为其命名为“选择绘图工具”和“鼠标绘图”。

2 在第 1 个【交互】图标的右侧拖入 3 个【计算】图标，【交互类型】为【按钮】选项，分别命名为“画线”、“画圆”和“画矩形”。再拖入一个【擦除】图标，命名为“清除”。

3 在第 2 个【交互】图标的右侧拖入 2 个【计算】图标，【交互类型】为【条件】选项，分别命名为“MouseDown”和“~MouseDown”。此时，在流程线上所添加的图标效果如图10-51 所示。

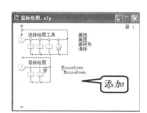

图 10-51　添加图标至流程线

4 设置第 1 个【交互】图标右边的 4 个按钮图标，如在【属性】检查器的【响应】选项卡中，启用【范围】右边的【永久】复选框；设置【分支】为【返回】选项，如图 10-52 所示。

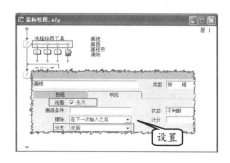

图 10-52　设置“按钮”响应参数

Authorware 多媒体制作标准教程（2013—2015 版）

5 选择第2个【交互】图标，单击第1个【计算】图标分支，在【属性】检查器中，打开【响应】选项卡，并设置【擦除】为【在下一次输入之后】选项；选择【条件】选项卡，在【条件】文本框中输入 MouseDown 变量；设置【自动】为【为真】选项。然后，单击第2个【条件】图标分支，在【属性】检查器的【条件】文本框中，输入 "~MouseDown" 变量，而其他参数设置与第1个【条件】图标分支参数设置相同，如图10-53所示。

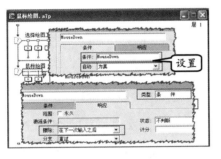

图 10-53 设置条件响应图标

6 双击 "画线" 的【计算】图标，在【代码】编辑器中输入 "a:=1" 代码；双击 "画圆" 的【计算】图标，在【代码】编辑器中，输入 "a:=2" 代码；双击 "画矩形" 的【计算】图标，在【代码】编辑器中，输入 "a:=3" 代码。

7 分别双击 "MouseDown" 和 "~MouseDown" 【计算】图标，在【代码】编辑器中，输入以下代码，如图10-54所示。

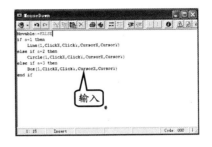

图 10-54 输入代码

```
Movable:=FALSE
if a=1 then
    Line(1,ClickX,ClickY,CursorX,
    CursorY)
else if a=2 then
    Circle(1,ClickX,ClickY,
    CursorX,CursorY)
else if a=3 then
    Box(1,ClickX,ClickY,CursorX,
    CursorY)
end if
```

8 程序至此就制作完成了，单击工具栏中的【运行】按钮，程序界面如图10-55所示。

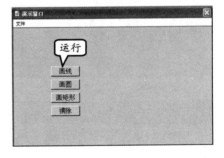

图 10-55 运行程序

10.7 实验指导：判断闰年

闰年的判断算法虽然简单，却是计算机编程里的一个经典问题，常被程序员编制为通用函数进行各种场合的调用。

而在 Authorware 软件中，也可通过程序来完成闰年的判断。用户可以在 Authorware 中自定义判断闰年函数。

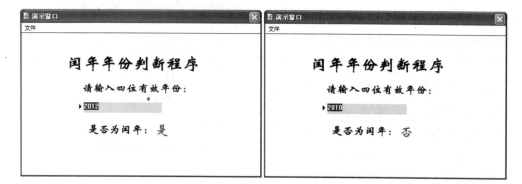

1．实验目的

❑ 自定义函数
❑ 使用 CallScriptIcon 函数

2．实验步骤

1 新建一个文件，在流程线上拖入一个【显示】图标，并设置【演示窗口】的背景颜色，并输入文本内容，如图 10-56 所示。

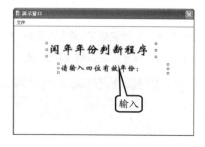

图 10-56　添加文本内容

2 再拖入一个【计算】图标，并重命名为 Leap Year。这个名字将成为自定义函数的名称。

提 示

函数命名需要具有唯一性，不能和其他图标或者函数同名，否则将不能正常调用执行。

提 示

目前公认的闰年判断算法需要满足下列二者之一，即能被 4 整除，但不能被 100 整除；能被 4 整除，且能被 400 整除。根据这个算法，可以在程序中实现闰年的逻辑判断。

3 打开 LeapYear【计算】图标，在【代码】编辑器中输入以下代码，如图 10-57 所示。

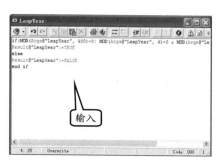

图 10-57　定义 LeapYear 函数

```
if(MOD(Args@"LeapYear", 400)=0|
MOD(Args@"LeapYear", 4)=0 & MOD
(Args@"LeapYear", 100)<>0)
then
Result@"LeapYear":=TRUE
else
Result@"LeapYear":=FALSE
end if
```

4 打开【计算】图标 LeapYear 的属性检查器，勾选【包含编写的函数】复选框，如图 10-58 所示，这意味着告诉系统把 LeapYear 封装为自定义函数。

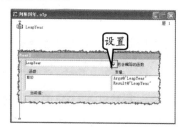

图 10-58　设置 LeapYear 的属性

5 确定后返回流程，发现 LeapYear【计算】图标发生变化了，这样自定义函数 LeapYear

就定义好了，如图 10-59 所示。

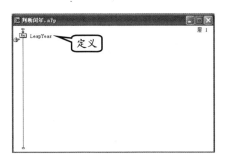

图 10-59　创建 LeapYear 函数

6　执行【修改】|【图标】|【描述】命令，
　　打开【描述】对话框。然后，在【图标描述】
　　文本框中，输入函数说明信息，如图 10-60
　　所示。

图 10-60　添加描述内容

提　示

调用自定义 LeapYear 函数。Authorware 中是通
过系统函数 CallScriptIcon 来调用内部计算图标
脚本方式定义函数的。编写的闰年判断函数
LeapYear 为一返回型函数，返回值为 True（1）
或者 False（0），True 表示为闰年，False 则相反。

7　在 LeapYear【计算】图标下面，添加一个【交
　　互】图标，重命名为 ShowYear。再拖动一
　　个【计算】图标到【交互】图标右侧，命名
　　为 "*"（即接受任何文本输入）。双击【计算】
　　图标，打开【代码】编辑器并输入以下代码，
　　如图 10-61 所示。

```
if CallScriptIcon (@"LeapYear",
EntryText) =TRUE then
IfLeapYear:="是"
```

```
Else
IfLeapYear:="否"
end if
```

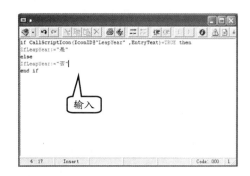

图 10-61　计算判断结果

8　双击 ShowYear【交互】图标，用【文本】
　　工具，输入 "{IfLeapYear}" 内容。然后，双
　　击交互分支，并在【属性】检查器中，启用
　　【更新显示变量】复选框，如图 10-62 所示。

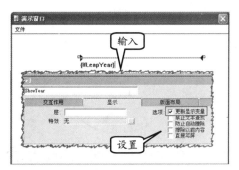

图 10-62　设置分支属性

9　调整【演示窗口】中文本框与文本相应的位
　　置。调整后，【设计】窗口流程线和【演示窗
　　口】中的内容如图 10-63 所示。

图 10-63　【设计】窗口和【演示窗口】

10 单击【保存】按钮，保存该文件。然后，再单击【运行】按钮，即可查看程序执行效果，在文本框中输入 2012 内容，按 Enter 键，让程序进行判断，结果如图 10-64 所示。

图 10-64　程序运行结果图

10.8　实验指导：制作雷达扫描动画

在 Authorware 中，用户也可以制作像雷达一样进行动态扫描的效果。用户可以设计一个圆形，并在圆形内部添加刻度。

然后，再制作多个扇形的类似波频的图形，并由小到大进行变化，即可实现扫描的状态。

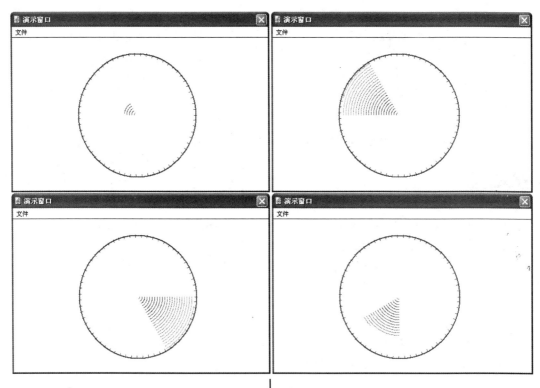

1. 实验目的

❏ 运用变量
❏ 表达式
❏ 调用函数

2. 实验步骤

1 新建一个文件，保存【文件名】为"雷达扫描.a7p"。设置文件的【背景色】为【黄色】。

2 在主流程线上添加一个【计算】图标，为其命名为"初始化"。双击【计算】图标，在【代

码】编辑器中,输入下面的代码,如图 10-65
所示。

图 10-65 添加代码内容

```
bigc:=120
smallc:=115
x:=250
y:=150
SetFrame(1,RGB(200,0,0))
Circle(2,x-bigr,y-bigr,x+bigr,y
+bigr)
angle:=0
repeat while angle<=2*Pi
xbig:=x+bigr*COS(angle)
ybig:=y-bigr*SIN(angle)
xsmall:=x+smallr*COS(angle)
ysmall:=y-smallr*SIN(angle)
Line(1,xbig,ybig,xsmall,ysmall)
angle:=angle+0.1
end repeat
angle:=0
```

3. 再在工具栏中单击【运行】按钮 ▶,通过【演
示窗口】可以看到已经制作的圆形,如图
10-66 所示。

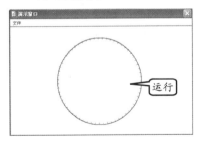

图 10-66 在【演示窗口】显示圆形

提 示

变量 bigc 控制【演示窗口】中圆的大小;变量
x、y 控制圆心的位置;repeat 语句控制在圆的
边界上线段的长短和线段间的间距。

4. 拖入一个【判断】图标到主流程线上,为其
命名为"扫描"。双击该图标,在【属性】检
查器中,设置【重复】为【直到单击鼠标或
按任意键】选项,如图 10-67 所示。

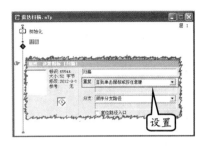

图 10-67 【属性】检查器

5. 在【判断】图标的右侧,拖入 2 个【计算】
图标,分别命名为"波"和"频率",流程线
上的内容如图 10-68 所示。

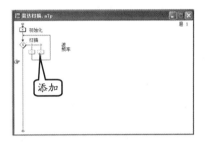

图 10-68 流程线上的图标

6. 双击"波"【计算】图标,在【代码】编辑器
中输入以下代码,如图 10-69 所示。

```
r:=5
repeat while r<bigr
angle2:=angle-Pi/3
repeat while angle2<=angle
x1:=r*COS(angle2)+x
y1:=y-r*SIN(angle2)
Line(1,x1,y1,x1,y1)
angle2:=angle2+0.02
end repeat
r:=r+5
end repeat
```

7. 双击"频率"【计算】图标,在【代码】编辑
器中,输入"angle:=angle+Pi/2"代码,如
图 10-70 所示。

图 10-69 添加代码

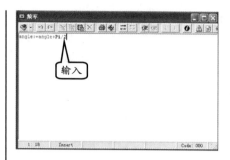

图 10-70 代码编辑器

提 示

通过代码可以看出，波由扇形构成，而扇形由许多弧组成。所以可以通过变量 r 的初始值和 r:=r+5 语句来调整弧之间的间隔；通过 angle2:=angle-Pi/3，可以改变扇形的大小。

8 单击工具栏中的【保存】按钮保存程序，再单击【运行】按钮，就可以看到雷达扫描效果。

10.9 思考与练习

一、填空题

1. 在_____中，用户可以定义变量或者调用函数，也可以存放一段程序代码。

2. 对于附着在其他图标上的【计算】图标，编辑的方法是：选中【计算】图标所附着的图标，然后按下_____键。

3. 一般地，可以在【显示】图标中将一个变量用_____符号括起来，进行变量显示。

4. Authorware 的函数功能无论大小，归纳起来共有_____、_____、_____三大类。

5. 变量的加入，可以使 Authorware 的交互编程更加灵活多变。选出 Authorware 中的变量属于_____类型。

6. 使用 Authorware 7.0 的内部系统函数和用户自定义函数不需要调入，直接在【计算】图标等函数使用场所内直接按格式_____使用即可。而外部扩展函数则需要_____，否则无法正常工作。

二、选择题

1. 如果想知道某个显示对象的坐标，就需要使用_____。

    A．变量

    B．函数

    C．表达式

    D．语句

2. 在程序中使用变量、函数、表达式或语句，主要通过_____途径来实现。

    A．在图标的属性检查器中，使用变量、函数或表达式

    B．在文本中嵌入变量、函数或表达式

    C．在计算图标中使用变量、函数、表达式或语句

    D．附属于图标的计算窗口

3. 下列引用变量的格式，正确的一项是_____。

    A．图标@"Title"

    B．图标 ID"Title"

    C．图标 ID@Title

    D．图标 ID@"Title"

4. 选出属于 Authorware 运算符的类型_____。

    A．关系运算符

    B．逻辑运算符

    C．注释符

    D．连接运算符

5. 在表达式 a+b-c*d/e**f 中，设 a、b、c、d、e、f 的值均为 1，按照运算符的优先级，其结果为_____。

    A．0

B．1

C．True

D．Flase

6．下列说法，不正确的一项是_____。

A．条件语句由条件、任务和一些操作组成

B．根据条件和任务的多少，条件语句分为单任务、双任务以及多任务条件语句

C．循环判断语句在条件满足的情况下，重复执行的代码程序被称为循环体

D．Authorware 支持的循环判断语句结构都以 repeat 开头，以 end repeat 结束

三、简答题

1．简述 Authorware 共有哪几种运算符。

2．简述使用系统变量的方法。

3．简述 Authorware 函数都包括哪几种类型。

4．简述 Authorware 语句类型都有哪几种。

四、上机练习

1．自动设置一种输入法

利用 WINAPI.u32 中的 ActivateKeyboardLayout 函数，在 Authorware 中实现切换各种输入法的功能。

首先，创建如图 10-71 所示的程序流程，如在【交互】图标右侧共添加 4 个【按钮】响应分支和 1 个文本输入响应分支。

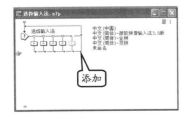

图 10-71　程序流程线

在"中文(中国)"【计算】图标的【代码】编辑器中，输入"ActivateKeyboardLayout(134481924, 0)"代码。

在"中文(简体)-微软拼音输入法 3.0 版"【计算】图标的【代码】编辑器中，输入"ActivateKeyboardLayout(-535951356 , 0)"代码。

在"中文(简体)-全拼"【计算】图标的【代码】编辑器中，输入"ActivateKeyboardLayout(-536803324 , 0)"代码。

在"中文(简体)-双拼"【计算】图标的【代码】编辑器中，输入"ActivateKeyboardLayout(-536737788 , 0)"代码。

再次，打开"选择输入法"【交互】图标的【演示窗口】，通过【文本】工具输入标题内容，并调整文本输入域和各个按钮的位置，然后设置"文本输入域"中文本的【字体】、【大小】和【颜色】，【演示窗口】内容如图 10-72 所示。

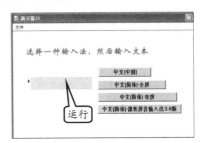

图 10-72　【演示窗口】

最后，单击【保存】按钮，对程序进行保存操作，并单击【运行】按钮，执行该程序。其程序执行效果如图 10-73 所示。

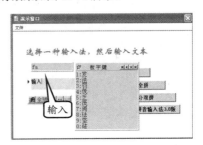

图 10-73　执行程序

2．活动字幕

通过前面内容的学习，相信用户对 Authorware 已经有了较深入的学习。下面用户可以通过制作自动收缩的字幕效果，如可以分别实现"自动向左收缩"、"自动向右收缩"和"自动向中间收缩"等效果。

首先，在主流程线上，分别添加【计算】、【显示】和【等待】等图标内容，如图 10-74 所示。

其次，在 0【计算】图标的【代码】编辑器中，输入"n:=10"代码；在 1【计算】图标的【代码】编辑器中，输入以下代码：

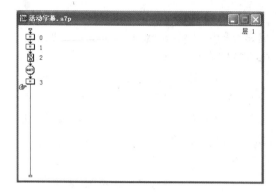

图 10-74　在流程线上添加图标

```
y:=RepeatString(" ", n)
x:="热"^y^"烈"^y^"欢"^y^"迎"^y^"
热"^y^"烈"^y^"欢"^y^"迎"
n:=Test(n=0,10,n-1)
```

在 3【计算】图标的【代码】编辑器中，输入 "GoTo(IconID@"1")" 代码。

然后，双击【显示】图标。在【演示窗口】中，通过【文本】工具，输入 3 个行 "{x}" 文本对象，并执行【文本】|【对齐】命令，将 3 个文本对象的对齐方式分别设置为左对齐、居中和右对齐，如图 10-75 所示。

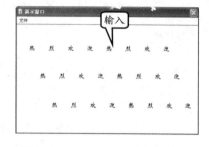

图 10-75　输入文本

打开 2【显示】图标的【属性】检查器，启用【选项】为【更新显示变量】复选框。再选择【等待】图标，在【属性】检查器中，设置【时限】为 "0.2 秒"，禁用其他复选框。

最后，保存该文件，并执行该程序，看到 3 行文字的字距越来越小，分别向中间、左端和右端集中。效果如图 10-76 所示。

图 10-76　程序运行效果图

第 11 章

发布多媒体程序

　　Authoware 制作的其实是可视化的程序。当多媒体作品制作完成后，要真正成为可用的产品，达到出版和发行的要求，这中间还有很多工作要做。调试是这些工作的第一步，也是最重要的一个环节。这些工作的成败，将直接影响作品的质量。当调试完成所有程序后，就可以将源文件和库文件进行打包，并组织所有与发行相关的文件，形成发行版本。

　　本章将主要为读者介绍 Authorware 程序在制作完成后的调试、打包与发布的基本操作。

本章学习要点：

➢ 调试程序

➢ 程序打包

➢ 作品发布

11.1 调试程序

在多媒体应用程序设计过程中或设计完成之后，需要对程序的各个模块和程序的整体进行调试。从而来测试程序的完整性和使用的灵活性。

Authorware 提供了开始标志和停止标志、控制面板、跟踪变量等调试程序的方法。

11.1.1 使用开始和结束标志

Authorware 为用户提供了两个标志旗工具，用来指定需要调试的程序段范围。在工具栏的下面可以看到两个图标，分别是开始旗帜⟨⟩和结束旗帜。开始旗帜用于在流程线上建立一个开始执行点；结束旗帜用于在程序的设计流程线上停止作品的执行。

在当前流程线上标志旗帜时，可以先拖动一个开始旗帜至某个图标的上面，再拖动一个结束旗帜到调试段的结尾，如图 11-1 所示。运行程序时，将从开始旗帜处执行，到结束旗帜处结束运行，如图 11-2 所示。

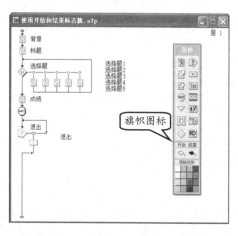

● 图 11-1　拖入开始旗帜

提　示

在使用标志旗时，只能有一个开始旗帜和一个结束旗帜出现在当前程序设计窗口中。

在使用标志旗时，应注意以下用法。

❑ **取消流程线上的开始旗帜和结束旗帜**

将设计窗口中流程线上的开始旗帜或结束旗帜拖入到【图标】工具箱中原来的位置上，或者单击【图标】工具箱上旗帜位置的空缺处，旗帜将会自动从设计窗口流程线上取消。

技　巧

如果用户不能很快找到旗帜在程序流程线上的位置，可以直接单击【图标】工具栏中旗帜的空缺处。

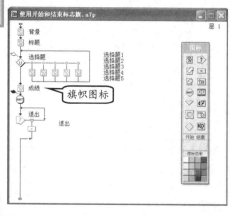

● 图 11-2　结束旗帜

❑ **旗帜在流程线上的位置改变**

用鼠标拖动旗帜到需要的位置后释放。

❑ **使用开始旗帜和结束旗帜进行程序的调试**

首先使用结束旗帜，将程序定位在出现问题的位置。也就是说，使用结束旗帜来定位引起错误的部分，然后使用开始旗帜缩小错误的范围，并通过【控制面板】来观察这一较小范围内程序的执行，从而确定错误的原因以解决问题。

Authorware 多媒体制作标准教程（2013—2015 版）

❑ 在程序的运行过程中修改程序

当使用【等待】图标或结束旗帜使应用程序暂停运行后，用户就可以对程序中的某些内容进行修改。

11.1.2 使用控制面板

当要调试的程序相当复杂或运行太快，以致于很难捕捉的时候，就可以使用【控制面板】来调试程序。【控制面板】的主要作用是显示 Authorware 在执行程序的过程中遇到的图标的相关信息。

在 Authorware 中，执行【窗口】|【控制面板】命令，打开【控制面板】。然后，单击该面板中最右侧的【显示跟踪】 图标 按钮，将会弹出一个跟踪窗口，如图 11-3 所示。

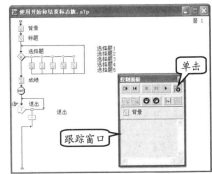

图 11-3 【控制面板】

在【控制面板】中包括了 12 个功能键，其功能见表 11-1。

表 11-1　跟踪窗口中的功能键

按钮	名　称	说　　明
▶	开始运行	从头开始运行程序
I◀	返回开始	程序的运行指针回到程序开始（第一个图标）处
■	停止运行	停止程序的运行
II	暂停运行	暂停程序的运行
▶	继续运行	继续运行暂停的程序
图 或 图	跟踪窗口	展开或折叠跟踪窗口
图	从标志旗开始执行	跟踪窗口将从程序流程线上的开始旗帜所在位置开始跟踪
图	初始化到标志旗处	如果开始旗帜已经放到流程线上，跟踪窗口将从开始旗帜处跟踪
⊖	向后执行一步	如果是一个【分支】或【群组】图标，将执行【分支】结构或【群组】图标中的所有对象
⊘	向前执行一步	如果是一个【分支】或【群组】图标，将进入分支结构或【群组】图标中，一个图标一个图标地执行
⇥	打开跟踪方式	该功能按钮用于控制跟踪信息是否显示
图	显示看不见的对象	在该功能按钮打开状态下，程序【演示窗口】上可以显示不能显示的内容

【跟踪】窗口和【控制面板】连接在一起形成一个浮动的组合窗口。当程序沿流程线来跟踪 Authorware 作品时，将会遇到需要用户输入交互响应图标的情况。

此时该【跟踪】窗口会自动停下来，等候用户与程序的对话，然后从该处继续执行跟踪任务，如图 11-4 所示。

【跟踪】窗口中的图标都使用了简称，其具体含义见表 11-2。

图 11-4 跟踪程序

表11-2　跟踪窗口中的图标简称

图标	中 文 名	英 文 名	简 称
	显示图标	Display	DIS
	移动图标	Motion	MTN
	擦除图标	Erase	ERS
	等待图标	Wait	WAT
	导航图标	Navigate	NAV
	框架图标	Framework	FRM
	决策图标	Decision	DES
	交互图标	Interaction	INT
	计算图标	Calculation	CLC
	组图标	Map	MAP
	电影图标	Digital Movie	MOV
	声音图标	Sound	SND
	DVD 图标	DVD	DVD
	知识对象图标	Knowledeg Object	KO
	GIF 动画图标	Animated GIF	XTR
	Flash 动画图标	Flash Movie	XTR
	QuickTime 影片图标	QuickTime	XTR
	ActiveX 控件图标	ActiveX	XTR

11.1.3　跟踪变量的值

【控制面板】不仅可以跟踪显示流程线上的图标，还可以跟踪程序中变量的值。由于变量值的错误是导致程序错误的主要原因之一，所以在必要时应该跟踪变量的值。

跟踪变量的值需要使用系统函数 Trace，具体的方法是在需要跟踪变量处书写语句：

```
Trace(欲跟踪的变量或表达式)
```

这样当程序运行到该语句时就会在【控制面板】的【跟踪信息】列表框中显示变量或表达式的值，显示的格式是在变量值之前有两个减号。如果需要跟踪多个变量或表达式的值，只须写入多个 Trace 函数即可。例如，在程序的【计算】图标中输入以下程序：

```
repeat with i = 1 to 10
    Trace(i)
    i = i + 1
end repeat
```

当运行程序时就会出现如图 11-5 所示的跟踪信息。

在使用 Trace 函数过程中，应该注意以下缺点。

❑ 不能显示变量名和列表式，因而在跟踪多个变量名和表达式时不能分清所显示的值是哪一个变量名和表达式的值。

图 11-5　跟踪信息

❑ 难以在程序中即时地显示变量名和表达式的值，例如在声音或电影播放时不能即时显示播放的进度，在显示对象正在运动时不能即时显示运动的坐标、速度等，而这些数据对于调试程序是十分重要的。

为了解决以上问题，可以在程序中（通常是程序的开始处）临时添加一个【显示】图标，并启用该图标的【更新显示变量】选项。

在【显示】图标的【演示窗口】中，使用【文本】工具输入变量名和列表式，如下所示。

```
正在执行的图标 ID ={ExecutingIconID}
正在执行的图标标题 = {ExecutingIconTitle}
坐标 = {x}, {y}
速度 = {v}
表达式 I+J 的值 = {i+j}
```

在程序运行的全过程中，能即时显示正在执行的图标的 ID 和标题等信息，只要上述相关变量的值发生改变，立即显示出变量或表达式的值，如图 11-6 就是其中一步的情况。程序调试完毕再删除这个临时添加的【显示】图标。

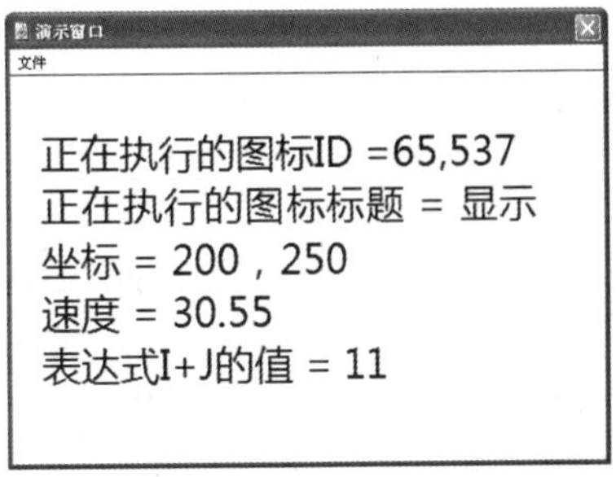

图 11-6　即时显示调试信息

11.1.4　调试技巧

在调试程序时经常会出现如下某个或某些错误，针对不同的错误用户可以采取不同的解决方法。

❑ **库的链接**

这种错误主要是由库中和外界链接的图标内容发生变更之后，没有及时更新造成的。解决这种错误的方法是及时更新库和图标之间的链接。更新库的链接首先打开需要更新的库文件，执行【其他】|【库链接】命令，在弹出的【库链接】对话框中单击【全选】按钮后，再单击【更新】按钮即可更新链接。

❑ **函数调用问题**

这种错误主要是由于应用程序的路径改变造成的。解决方法是执行【窗口】|【面板】|【函数】命令，在弹出的【函数】对话框中单击【加载】按钮即可重新引入函数。

❑ **软件的兼容问题**

这种错误主要是由于某些控件的注册问题造成的，解决方法是重新注册控件。首先要确定哪些控件是没有注册的，然后在 DOS 方式下的 regsvr32 后输入控件文件名即可。

❑ **文本错误**

这种错误是最为隐蔽的错误，前几种错误可能会导致应用程序无法正常工作，而这种错误虽不会导致严重的后果，但也不能轻视。所以用户在录入文字时要多加注意，并随时进行检查。

11.2 程序打包

当作品创作完成时，就可以将其打包发行了。所谓打包就是指把最终作品创建成独立可执行文件。

在对文件进行打包前，首先要对该文件进行备份。因为一个文件被打包后，就无法再对其进行任何编辑工作。在打包前最好使用另外一个文件名将其进行备份，这样当打包后的文件运行不正常时还可以对备份文件进行修改。

11.2.1 打包前的准备工作

在程序打包之前，首先需要做一些准备工作，以保证打包后程序的完整性和可用性。

1. 使用相对路径

如果程序中使用外部媒体（如图片、文本、声音、电影等），在设计源程序时必须注意要把对外部媒体的引用路径设置为相对路径，而不能使用绝对路径。

绝对路径的一般形式是以驱动器字母开头，例如"C:\Path1\Path2\Path3…\文件名"。如果使用绝对路径，当程序安装到其他计算机上时，安装的路径必然发生变化，将会造成找不到相关文件的后果。

有一些初学者认为相对路径是以代表当前目录的"."开头的，例如".\Path1\Path2\Path3…\文件名"。但实际上，当前目录与当前程序所在的目录是完全不同的概念，这里所说的使用相对路径是指相对于当前程序的路径。

使用相对于当前程序的相对路径的正确方法是使用 FileLocation 系统变量，该变量存储着当前程序的路径，利用这个系统函数，相对于当前程序的相对路径的正确写法是：

```
FileLocation^"Path1\Path2\Path3…\文件名"
```

2. 设置查找路径

在没有明确指出文件路径的情况下，Authorware 按照以下默认的顺序查找所需的插件文件和外部媒体文件。

- ❏ 第一次加载文件时的路径。
- ❏ 【文件属性】对话框中【搜索路径】属性规定的路径。
- ❏ 系统变量 SearchPath 指定的文件路径。
- ❏ 当前程序文件所在的路径。
- ❏ Authorware 软件的安装路径。
- ❏ Windows 操作系统的安装路径。
- ❏ Windows 操作系统的 System 文件夹。

在以上的查找路径中，除了第 2、3、4 种以外都是不固定的，都会随程序的安装运行环境而改变。

Authorware 多媒体制作标准教程（2013—2015 版）

为确保程序能够找到插件文件和外部媒体文件，重要而有效的方法是在设计程序时设置好查找文件的路径，而不是依靠 Authorware 程序自己按上述默认的顺序查找文件。为 Authorware 程序设置文件查找路径的方式有以下几种。

- ❑ 在文件属性中设置。通过在【文件属性】对话框中设置【搜索路径】属性来达到目的。这是一种常用的方法。
- ❑ 利用系统变量 SearchPath 设置。只要把代表一个或多个查找路径的字符串赋值给系统变量 SearchPath，就为 Authorware 程序设置了一个或多个查找路径，具体的方法是：

```
SearchPath := "路径1[;路径2[;路径3…]]"
```

各个查找路径之间要用分号隔开。把该语句放在程序开头的一个【计算】图标中，是设置查找路径最好的方法。由于程序从编程调试到用户安装到各自的硬盘绝对路径肯定要变化，所以最好使用相对路径。也就是说使用系统变量 FileLocation。

如果把程序的外部文件、U32 文件等放在主程序文件的子目录"插件"中，把图片等素材放在主程序文件的子目录"素材"中，如图 11-7 所示。这时查找路径应写为：

```
SearchPath := FileLocation^"插件;"^FileLocation^"素材"
```

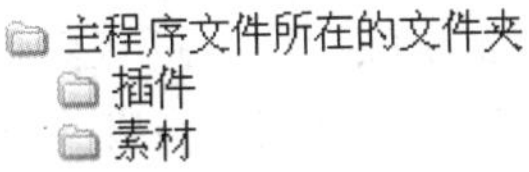

11.2.2 需要打包的文件

在程序发布之前，除了库文件还需要对一些其他文件进行打包，这样才能使程序正常运行。这些文件主要包括以下几种。

📁 主程序文件所在的文件夹
　📁 插件
　📁 素材

图 11-7 使用相对路径

❑ **外部函数**

程序中所使用的数字电影驱动文件（.xmo）、Active 控件（.ocx、.cab）、自定义函数文件（.ucd、.U32、.dll）。

❑ **外部媒体文件**

主要是以链接形式使用的外部媒体，包括外部文本、图片、声音、电影等，而且 Authorware 的一键发布功能不能自动搜索到这些外部媒体，需要在发布设置时由编程人员自行逐个地添加到发布包中。

❑ **字体文件**

如果程序使用了比较特殊的字体，为了在每一台计算机上都能正确运行程序，必须由 Authorware 程序自己把所需的字体安装到计算机上，因而打包发布还要包含此类字体文件。

❑ **安装程序的文件**

如果程序是需要安装的，则安装程序本身及其所需要的文件也要一同发布。例如，当采集压缩方式发布时，需要带上解压的文件。

❑ **外部插件文件**

外部插件文件是一些以".x32"（包括 Scripting Xtras、Sprite Xtras、Transition Xtras 等），".xmo"、".DLL"、".U32"、".ocx"、".exe"为扩展名的文件。

其中，".x32" 和 ".xmo" 文件是 Authorware 自身的插件，进行打包发布设置时，Authorware 会自动查找这两类文件和一部分 DLL 文件，并把这些文件复制到包内，其他不能自动找到的文件，也需要由编程人员像添加外部媒体文件一样逐个地手工添加到发布包中。

11.2.3 打包文件

在对某个文件进行打包之前，首先要将其打开，然后执行【文件】|【发布】|【打包】命令，此时将会打开如图 11-8 所示的对话框。

在该对话框的【打包文件】下拉列表中包括两个选项，这两个选项主要用于决定打包生成的文件类型。各个选项的具体含义如下所示。

❏ **无需 Runtime**

在选择该选项后，打包生成的文件将不包含执行文件，也就是不能生成.exe 文件。以这种方式生成的文件的扩展名为 ".a7r"。

图 11-8　【打包文件】对话框

❏ **应用平台 Windows XP，NT 和 98 不同**

选择该选项，打包生成的同样是可执行文件。但以这种方式生成的可执行文件，只能在 Windows XP，NT 和 98 这些 32 位的操作系统中运行。

该对话框中包含有 4 个复选框，其具体含义如下所示。

❏ **运行时重组无效的连接**

该复选框用于 Authorware 在运行该文件时自动恢复那些断开的链接。当设计图标的 ID 发生变化，并且这些链接被断开时，Authorware 将会自动重新连接被断开的链接。

❏ **打包时包含全部内部库**

该复选框用于将与当前程序的库文件加入到程序文件中，然后再对其进行打包。选择该复选框，那么在发布作品时，除了可执行文件外，还需要将库文件交给用户，并且必须保证程序在运行时能够找到它们；取消该复选框，则库文件将被单独打包成 ".a7e" 文件。

❏ **打包时包含外部媒体**

该复选框主要用于在打包时将外部媒体文件打包在程序中。

> **提　示**
>
> 在导入图像文件、文本文件、声音文件时，可以在【导入哪个文件】对话框中启用【链接到文件】复选框，这时那些包含了多媒体信息的文件就以外部媒体文件的方式存在于程序文件外部。

❏ **打包时使用默认文件名**

该复选框使得打包生成的应用程序的名称与项目文件的名称相同。

在对以上选项进行设置后，单击【保存文件并打包】按钮，将会弹出如图 11-9 所示的对话框。

图 11-9　【打包文件为】对话框

然后，在该对话框中输入保存打包的文件名，并单击【保存】按钮。

这时，Authorware 将对该文件进行打包。最后，将运行该打包文件所需要的所有文件放置在相应的文件夹中，并运行该文件来检查其正确性。

11.3 作品发布

作品在打包之后就可以进行发布了，一个完整的应用系统应该包括可执行文件以及使可执行文件能够正常运行的所有部件。在将应用系统递交到最终用户手中之前，必须对它进行严格的测试，从而保证程序的正确性。

程序的发布把所有与运行源程序有关的文件搜集在一起，并按照一定的目录结构安排各个文件的位置，确保程序安装到其他计算机上能正确运行。

11.3.1 一键发布

在发布文件时，可以使用 Authorware 提供的"一键发布"功能，只需要单击该命令就可以保存项目将其发布到 Web、光盘、本地硬盘中。但在使用一键发布前，必须为本次发布的目标进行发布设置。经过初次设置，所有的选择都会保存下来，供以后的发布使用。

对发布选项进行设置可以执行【文件】|【发布】|【发布设置】命令，弹出【一键发布】对话框，如图 11-10 所示。

在该对话框中包括了以下 5 个选项卡，下面分别对其进行详细介绍。

1.【格式】选项卡

该选项卡用于选择要打包的文件的格式与发布的文件的格式。在该选项卡中可以将当前文件发布目标设置为 CD、局域网、本地硬盘或 Web。

❑ 【打包为】复选框

启用该复选框，则允许文件发布到 CD、局域网和本地硬盘。在该复选框右侧的【发布路径】文本框中，可以选择打包文件的存储路径。默认的打包文件格式为不包含执行部件的扩展名为".a7r"的文件。单击文本框右侧的【浏览】按钮，打开【打包文件为】对话框，如图 11-11 所示。

❑ 【集成为支持 Windows 98，ME，NT，2000，或 XP 的 Runtime】复选框

该复选框用来将打包生成的文件包含带有".exe"扩展名的执行部件，在各种版本的 Windows 系统中独立运行。

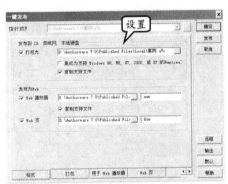

图 11-10 【一键发布】对话框

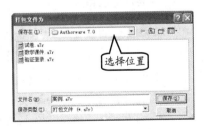

图 11-11 【打包文件为】对话框

❏ 【复制支持文件】复选框

启用该复选框,则Authorware在打包时自动搜索各种支持文件并复制到发布文件夹中。

❏ 【Web 播放器】复选框

启用该复选框，则允许为 Authorware Web Player 进行打包。以这种方式打包形成的".aam"文件，必须由 Authorware 提供的 Web Player 浏览器插件执行。

❏ 【Web 页】复选框

该复选框允许将程序打包为标准的 HTM 网页格式文件。

提 示

【Web 播放器】和【Web 页】复选框右侧的文本框中分别为".amm"文件和 HTM 文件的名称。如果这些文件的名称中包含有中文，那么 Authorware 将会自动滤除掉中文字符。

2. 【打包】选项卡

打开该对话框底部的【打包】选项卡，将会打开如图 11-12 所示的界面。

在该选项卡中可以对打包的各种属性进行设置，其中各个选项的具体含义如下所示。

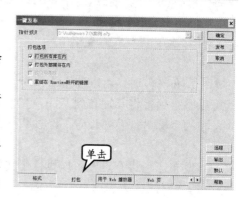

图 11-12　【打包】选项卡

❏ 【打包所有库在内】复选框　启用该复选框，Authorware 可将与当前程序文件有关的库文件的内容加入到程序文件中，然后再进行打包。这样就避免了将库文件单独打包，减少了发布文件的数量，但增加了程序文件的长度。

❏ 【打包外部媒体在内】复选框　该复选框是用于设置在打包时是否将外部媒体文件打包在程序中。

❏ 【仅引用图标】复选框　该复选框只对库文件有效。启用此复选框，则只将与程序文件存在链接关系的库图标打包在 a7e 文件中，否则库文件中所有库图标均被打包在内。

❏ 【重组在 Runtime 断开的链接】复选框　启用该复选框，则 Authorware 在运行此文件时自动恢复那些断开的链接。

3. 用于 Web 播放器

打开对话框底部的【用于 Web 播放器】选项卡，Authorware Web Player 使用流式传输技术支持程序在网上运行，但程序进行网络发布前，必须对其进行网络打包，如图 11-13 所示。

该选项卡可以为程序在互联网上运行进行打包设置，其中各个选项的具体含义如下所示。

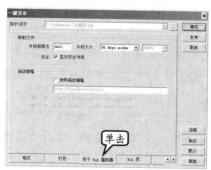

图 11-13　【用于 Web 播放器】对话框

❏ 【片段前缀名】文本框　用于设置分段文件名前缀。默认的分段文件名前缀是程序文件名的前四个字母，并自动为每个分段文件名加入 4 位十六进制数字后缀。例如对程序文件 anli.a7p 打包后，其文件名为 anli0000.aas。

- ❏ 【片段大小】下拉列表　该设置用于根据网络连接设备，设置分段文件的平均大小，以字节为单位。在该下拉列表中包括 8 种网络连接设备。其中前 7 种为固定设置，如果用户对前 7 种不满意，那么就可以选择 custom 选项，并在其后的微调框中设置它的值。
- ❏ 【显示安全对话】复选框　该复选框用于在程序运行过程中，如果发生某些威胁用户系统安全的操作，将会对用户提出警告提示。
- ❏ 【使用高级横幅】复选框　如果程序中使用了知识流，则必须先启用该复选框，以得到增强的流技术支持。

4.【Web 页】选项卡

利用 Authorware 提供的 Web 打包功能，可以将程序添加到 Web 页面中。Authorware Web Player 是一种浏览器插件程序，它本身并不能连接到 Web 页面上，而利用 Web 打包功能将程序文件打包为 HTM 文件，就可以使程序变成网页的一部分。

打开对话框底部的【Web 页】选项卡，将会打开如图 11-14 所示的界面。

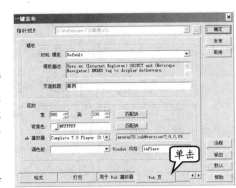

图 11-14　　【Web 页】选项卡

该选项卡主要用于对程序与 Web 浏览器之间通信进行设置，其各个选项的具体含义如下所示。

- ❏ 【HTML 模板】下拉列表

该下拉列表中提供了 7 种 HTML 模板。常用的模板主要包括以下几种，如表 11-3 所示。

表 11-3　　模板类型

名　称	含　义
Bypass active concert dialog	直接在 Internet Explorer 6 显示 Authorware 内容
Data Tracking	为数据跟踪使用 EMBED 标记
Default	允许同时使用 OBJECT 和 EMBED 两种标记，一般使用该选项
Detect Web Player	自动检测 Web 浏览器中是否已经安装了 Authorware Web Player 插件程序
Internet Explorer only	仅使用 OBJECT 标记，该选项仅适用于 Internet Explorer
LMS KO	使用学习管理系统知识对象模板
Netscape Navigator only	仅使用 EMBED 标记，该选项仅适用于 Netscape Navigator

- ❏ 【页面标题】文本框

该文本框主要用于设置网页的标题，默认情况下为未命名文件。

- ❏ 【宽】和【高】

主要用于设置程序窗口的尺寸。单击其右侧的按钮可以使程序窗口的大小自动与【演示窗口】的大小相匹配。

❑ **【背景色颜色】选项**

用于设置程序窗口的背景色。可以单击【颜色】按钮，在弹出的对话框中选择一个颜色，也可以在文本框中直接输入 16 进制的颜色值。

❑ **【匹配块】按钮**

单击该按钮，可以使程序窗口的背景色自动与【演示窗口】的背景色相匹配。

❑ **【Web 播放器】下拉列表**

该下拉列表用于选择使用何种版本的 Authorware Web Player 程序，其中提供了 3 个播放器类型。其中，Complete 7.0 Player(3.5MB)选项表示全部的 Authorware Web Player 播放器；Complete 7.0 Player(1.0MB)选项表示简化的 Authorware Web Player 播放器；Full 7.0 Player(13.6MB)选项表示完全的 Authorware Web Player 播放器，此为默认值。

❑ **【调色板】下拉列表**

在该下拉列表中选择调色板，其中 Background 选项表示使用 Web 浏览器的调色板，但可能会造成 Authorware 程序颜色的改变；Foreground 选项表示使用 Authorware 程序的调色板，但可能会造成网页颜色的改变。

❑ **【Windows 风格】下拉列表**

该下拉列表用于选择程序窗口如何放置，其中 inPlace 选项，表示现场运行，即窗口显示在网页中预先安排的位置。而 onTop 选项表示浏览器窗口显示在最顶端。onTopMinimize 选项表示程序窗口浮动于网页窗口最顶部，同时把浏览器窗口最小化。退出程序，浏览器窗口复原。

5．文件选项卡

单击对话框底部右下角的【向右】▶按钮，然后打开【文件】选项卡，将会打开如图 11-15 所示的界面。

该选项卡用于对将要发布的文件进行管理，其中各个选项的具体含义如下所示。

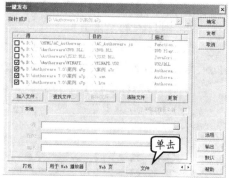

图 11-15　【文件】选项卡

❑ **【发布文件】列表框**

该列表框分为三列，分别是【源】、【目的】和【描述】。单击每列的标题，将对每列进行排序。当【源】前面的箭头朝上时，表示为升序；当该箭头朝下时，表示为降序。带有对号标记的文件名为将要发布的文件。如果要取消某个文件的发布，则取消该标记即可。在该列表框中，蓝色文件链接标记表示源文件能够正确定位，红色的文件链接标记表示缺少相应的源文件，属于断开链接。通过在正式发布文件之前，必须解决文件的断链问题。

❑ **【加入文件】按钮**

用于向发布文件列表中增加文件。

❑ **【查找文件】按钮**

单击该按钮，将弹出如图 11-16 所示的对话框，在该对话框中用户可以选择所要查找的文件类型、被查找文件发布的目标位置等选项。

❏ 【删除文件】按钮

该按钮用于删除在发布文件列表中选择的
文件，但程序打包生成的文件不允许被删除，如
".exe"、".HTML"等。

❏ 【清除文件】按钮

该按钮用于清除发布文件列表中的文件，除
了程序打包生成的".a7r"、".exe"、".aam"和
".HTM"文件。

❏ 【更新】按钮

该按钮用于刷新发布文件列表。

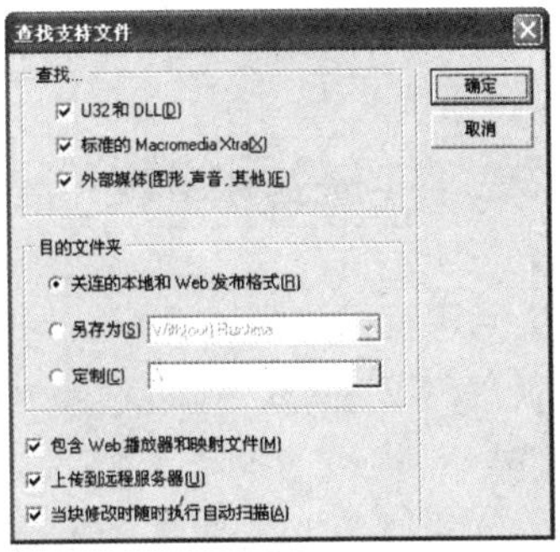

❏ 【上传到远程服务器】复选框

在发布文件列表中选中某文件之后，启用该复选框，则在程序发布时，会将该文件
上传到远程服务器。

❏ 【本地】选项卡

该选项卡可以对发布文件列表中特定文件的发布进行设置和修改。当修改完成后，
对应的文件在发布文件列表中以绿色显示。用户可以在该选项卡中的【源】文本框中修
改源文件的路径信息；在【目的】文本框内修改发布文件的目标路径；在【描述】文本
框内输入对文件的描述。

❏ 【Web】选项卡

该选项卡可以对发布文件列表中的特定文
件的发布设置进行修改，如外部数字电影文件
等。在修改之前，必须在发布文件列表中选择一
个等待发布的文件，如图 11-17 所示。

图 11-17　　【Web】选项卡

在上面提到的【查找支持文件】对话框中，
各个选项的具体含义如下所示。

图 11-16　　【查找支持文件】对话框

❏ 【U32 和 DLL】复选框　启用该复选框，将查找 U32 文件和 DLL 文件。

❏ 【标准的 Macromedia Xtra】复选框　启用该复选框，将查找 Macormedia Xtra
文件。

❏ 【外部媒体】复选框　启用该复选框，将查找外部的媒体，如图片、声音等。

❏ 【关连的本地和 Web 发布格式】单选按钮　启用该单选按钮，将采用和本地发
行、Web 发行同样的设置。

❏ 【另存为】单选按钮　启用该单选按钮，可以从下拉列表中选择发行的目标位置，
其中包括 With(out) Runtin（采用和本地发行同样的设置）、For Web Player（采用
和 Web 发行同样的设置）和 Web Page（采用和网页发行同样的设置）。

❏ 【定制】单选按钮　人工设置发行的目标位置，当启用该单选按钮时，右面的文
本框和⋯按钮是可用的。

❏ 【包含 Web 播放器和映射文件】复选框　启用该复选框，找到的文件将添加到
Authorware Web Player 的映像文件中。

❏ 【上传到远程服务器】复选框　启用该复选框，找到的文件上传至远程服务器上。

❑ 【当块修改时随时执行自动扫描】复选框　启用该复选框，当程序进行了修改以后，打包时自动查找所需的文件。

11.3.2 打包网络发布

在对文件进行网络发布之前，需要执行专门的打包命令和程序。首先打开要进行网上发布的程序，然后执行【文件】|【发布】|【打包】命令，弹出【打包文件】对话框，如图11-18所示。

图 11-18　打包网络发布文件

在该对话框的【打包文件】下拉列表中选择"无需 Runtime"选项，并单击【保存文件并打包】按钮。此时，在弹出的对话框中输入打包文件的名称以及保存路径。

执行【文件】|【发布】|【Web 打包】命令，将会弹出【选择文件打包，使其适用于 Web】对话框，在该对话框中选择刚才保存过的文件，如图11-19所示。

选择打包文件后，单击【打开】按钮，此时将会弹出【选择目的映射文件】对话框，要求将其保存为".aam"文件，如图11-20所示。

单击【保存】按钮后将打开【分片设置】对话框，如图11-21所示。该对话框中的【分片前缀】文本框用来设定文件名的前缀。这个文件名前缀一般不超过4个字符，并且系统将在该前缀后面自动添加数字，从而形成片段文件。

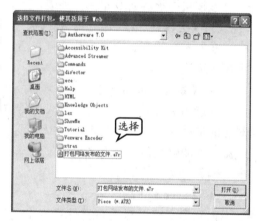

图 11-19　选择打包文件

【分片大小】文本框用来设置片段文件的平均数据量。这里的数值一般根据网络带宽设定，带宽宽时可以设置大些，带宽窄时可以设置小些。完成这些设置后，单击【确定】按钮开始网络打包。打包结束后，Authorware 将自动打开生成的映射文件，也就是 Map 文件，如图11-22所示。

在网上发布时，Authorware 可能通过 MAP 文件来告诉客户端的播放插件，以及 Authorware Web Player 需要运行哪些分段文件和外部文件。在 MAP 文件中可以使用的命令包括 ver、get、put、seg、lib、opt 和 comment，

图 11-20　选择目标映射文件

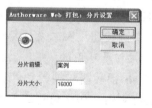

图 11-21　【分片设置】对话框

其具体含义如下所示。

❏ **ver**

双击该命令行，将弹出如图 11-23 所示的对话框，用来说明文件使用什么版本的播放器。该对话框中的主版本号与次版本号用来设置网上发布的客户端程序 Authorware Web Player 的版本号。

图 11-22 打开映射文件

图 11-23 【var 编辑】对话框

❏ **get**

该命令行用来说明 MAP 文件在 HTTP 服务器上的位置，双击该命令行，将弹出如图 11-24 所示的对话框。

❏ **put**

该命令行用于说明将要下载的外置文件的位置。例如，将电影文件等下载到用户计算机的什么位置。双击该命令行，将打开如图 11-25 所示的对话框。

图 11-24 【get 编辑】对话框

图 11-25 【put 编辑】对话框

❏ **seg**

该命令行用于为网络播放器提供对文件进行网络打包的分段情况。双击该命令行，将弹出如图 11-26 所示的对话框。

❏ **lib**

该命令行用于下载运行应用程序所需的文件，如图 11-27 所示。

❑ **opt**

此行设置浏览器的安全属性和网络打包 ID。双击 opt 命令，将弹出如图 11-28 所示的对话框。

❑ **comment**

该命令行是以#开头的注释行，可以提供映射文件和作品的相关信息，其编辑对话框如图 11-29 所示。

图 11-26　【seg 编辑】对话框

因为网上发布的 Authorware 分段应用程序必须嵌入到 Web 页面中才能执行，所以在 MAP 文件中一般包含如下注释行：

```
#HTML PARAMS：WIDTH=640 HEIGHT=480
BGCOLOR=FFFFFF
```

图 11-27　【lib 编辑】对话框

该命令行中显示了应用程序在 Web 页中的设置信息。WIDTH 和 HEIGHT 表示应用程序采用 640×480 的窗口；BGCOLOR=FFFFFF 表示背景颜色为白色。

技　巧

除了可以直接双击命令行打开相应的对话框外，用户还可以在 Web 打包窗口中执行【编辑】|【插入线】命令，在其下拉菜单中执行相应的命令来打开相应的对话框。

图 11-28　【opt 编辑】对话框

当设置完成以上选项后，需要将打包和编辑好的 ".aam" 和 ".ass" 文件、非 Authorware 系统提供的自定义函数和 Xtras 文件、外部媒体文件、网页 HTM 文件等一同上传至服务器，然后对服务器进行设置。

● **11.3.3　批量发布**

执行【文件】|【发布】|【批量发布】命令，将会打开【批量发布】对话框，如图 11-30 所示。该对话框可以一次性对多个程序文件进行成批发布。

在单击【添加】按钮后，即可打开【选择文件】对话框，在该对话框中选择多个用于打包和发布的程序文件。选择所需的程序文件后，单击【打开】按钮，这时所有文件将出现在程序列表

图 11-29　【comment 编辑】对话框

图 11-30　【批量发布】对话框

中，如图 11-31 所示。

【选择文件】对话框

【批量发布】对话框

图 11–31 选择批量发布的程序文件

图 11–32 【批保存为】对话框

然后，单击【确定】按钮，这时在弹出的【批保存为】对话框中输入当前批量发布程序文件的名称，以便日后使用，如图 11-32 所示。

执行【文件】｜【打开】命令，弹出【批打开】对话框，如图 11-33 所示。在其中选择以前保存过的一批发布文件，然后单击【确定】按钮即可使用。

在【批量发布】对话框的右侧单击【发布】按钮，就可以将当前程序文件列表中被选中的程序文件进行打包发布。

图 11–33 【批打开】对话框

11.4 实验指导：打包成 Web 文件

当作品创作完成后，想在网上分享自己的作品，与网友分享自己的创作成果。那么，用户可以将作品进行 Web 打包，即可生成独立的文件。

1. 实验目的

❑ 执行命令
❑ 进行 Web 打包

2. 操作步骤

1️⃣ 找到要进行打包的程序，如打开"随机选择题"文件，执行【文件】｜【发布】｜【打包】命令，弹出【打包文件】对话框，如图 11-34 所示。

2️⃣ 在【打包文件】对话框中，单击【打包文件】下拉列表，选择【无需 Runtime】选项，并单击【保存文件并打包】按钮，如图 11-35 所示。

3️⃣ 弹出【打包文件为】对话框，在【保存在】右边的列表框中选择要保存的路径，在【文

件名】文本框中输入打包文件的名称，单击【保存】按钮，如图 11-36 所示。

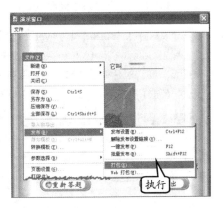

图 11–34 执行打包命令

4️⃣ 在弹出的 Authorware 打包文件进度条中，可以看到文件打包的进度。此时，在打包文件的文件夹中，看到所打开的"随机选择

题.a7r"文件，如图 11-37 所示。

图 11-35 【打包文件】对话框

图 11-36 设置打包保存路径

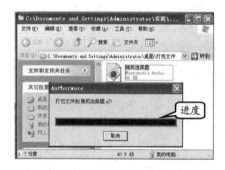

图 11-37 显示打包进度

5 执行【文件】|【发布】|【Web 打包】命令，弹出 Select File To Package For Web 对话框。在该对话框中，选择刚才保存过的文件，单击【打开】按钮，如图 11-38 所示。

图 11-38 选择打包文件

6 在弹出的 Select Destination Map File 对话框中保存扩展名为".aam"的映射文件，单击【保存】按钮，如图 11-39 所示。

7 在弹出的对话框中设置 Segment Prefix 和 Segment Size 内容。例如，在 Segment Prefix 中输入"随机"；而 Segment Size 中，系统自动给出 16000 数量，单击 OK 按钮，如图 11-40 所示。

图 11-39 选择目标映射文件

图 11-40 分片设置

提 示

Segment Prefix 文本框用来设定文件名的前缀。这个文件名前缀一般不超过 4 个字符，并且系统将在该前缀后面自动添加数字，从而形成片段文件。Segment Size 文本框用来设置片段文件的平均数据量。数值一般根据网络带宽设定，这里采用默认的设置。

8 当打包进度条消失后，则打包过程结束。而 Authorware 将自动打开生成的映射文件，如图 11-41 所示。

9 在映射文件中，以 # 开头的命令行为注释行，提供了映射文件和作品的相关信息，双击该命令行，弹出它的编辑对话框，如图 11-42 所示。此时，用户可以改变应用程序窗口的大小和背景颜色。

Authorware 多媒体制作标准教程（2013—2015 版）

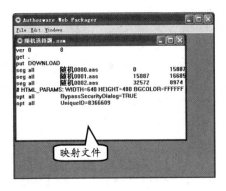

图 11-41 打开映射文件

⑩ 当设置完成以上选项后，需要将打包好的扩展名为 ".aam" 和 ".ass" 的文件，以及非 Authorware 系统提供的自定义函数，或者

Xtras 文件、外部媒体文件、网页 HTML 文件等一同上传至服务器。

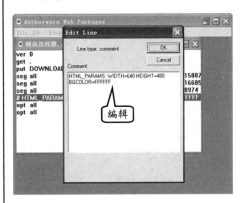

图 11-42 命令行编辑对话框

11.5 实验指导：文件一键发布

在 Authorware 中，为了使自己的作品让用户使用，这就需要生成可执行的独立的扩展名为 ".exe" 的文件。

当然，如果用户没有安装 Authorware 软件，而又希望能够在计算机上使用，可以对作品执行发布操作。

1. 实验目的

学习一键发布

2. 实验步骤

1 在 Authorware 中，执行【文件】|【打开】|【文件】命令，打开一个 ".a7p" 的源文件，如图 11-43 所示。

图 11-43 打开 ".a7p" 源文件

2 执行【文件】|【发布】|【发布设置】命令，

打开【一键发布】对话框。然后，在该对话框中打开【打包】选项卡，如图 11-44 所示。

3 在该选项卡中启用【打包所有库在内】复选框和【打包外部媒体在内】复选框，如图 11-45 所示。

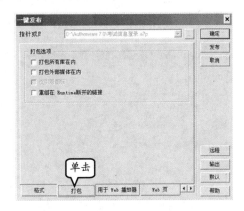

图 11-44 打开【打包】选项卡

4 打开【文件】选项卡，并在该选项卡中单击【查找文件】按钮，如图 11-46 所示。

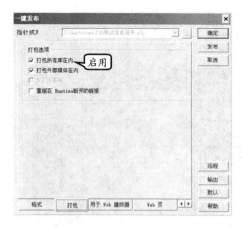

图 11-45　启用复选框

图 11-46　单击【查找文件】按钮

⑤　在弹出对话框的【查找】选项区中启用需要
　　查找的文件类型复选框，如图 11-47 所示。

图 11-47　选择文件类型

【U32 和 DLL】复选框用于查找程序所需的外部函数文件；【标准的 Macromedia Xtra】复选框用于查找程序中所需的 Authorware 标准的 Xtras 文件；【外部媒体】复选框可以查找程序所需的外部多媒体数据。

⑥　在【目的文件夹】选项区中启用【定制】单选按钮，然后单击右侧的【浏览】按钮，选择查找文件发布的目标位置，如图 11-48 所示。

⑦　启用对话框底部的 3 个复选框，设置查找文件的相应设置，如图 11-49 所示。

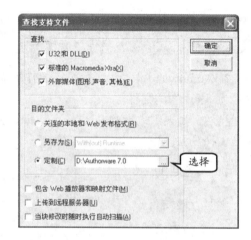

图 11-48　选择目标位置

图 11-49　启用复选框

8 单击【确定】按钮返回【一键发布】对话框，然后单击右上角的【发布】按钮即可，如图11-50所示。

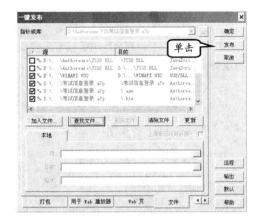

图 11-50　一键发布

11.6　思考与练习

一、填空题

1．在对文件进行打包前，首先要对该文件进行_____。

2．调试完成所有程序后，就可以将_____和_____进行打包，并组织所有与发行相关的_____，形成发行版本。

3．【图标】工具栏的_____用于在流程线上建立一个开始执行点。

4．_____的主要作用是显示 Authorware 在执行程序的过程中遇到的图标的相关信息。

5．_____就是指把最终作品创建成独立可执行文件。

6．一个完整的应用系统应该包括_____以及使_____能够正常运行的所有部件。

二、选择题

1．下面关于标志旗操作不正确的是_____。
 A．在使用标志旗时，只有一个开始旗和一个结束旗出现在当前程序设计窗口中
 B．可以使用鼠标来拖动旗帜到需要的位置后释放
 C．双击【图标】工具栏上旗帜位置的空缺处，旗帜将会自动从设计窗口流程线上取消
 D．使用开始标志旗与结束标志旗可以缩小对程序检测的范围

2．在跟踪窗口中，【显示】图标的简称是_____。
 A．DIS   B．DES
 C．FRM   D．ERS

3．在程序运行过程中按_____键，就可以暂停当前的程序，并对其进行修改。
 A．Ctrl+S   B．Ctrl+O
 C．Ctrl+Q   D．Ctrl+P

4．打包网络发布文件，可以在文件菜单中选择_____。
 A．打包   B．Web 打包
 C．一键发布   D．发布设置

5．将 Authorware 文件进行网络发布时，其映射文件中的 Put 行表示_____
 A．设置浏览器的安全属性和网络打包 ID
 B．表示 Map 文件在 HTTP 服务器上的位置
 C．用于说明将下载的外置文件
 D．用于下载运行应用程序所需的文件

6．打包生成的文件将不包含执行部件，也就是不能生成 ".exe" 文件的选项是_____。
 A．无需 Runtime
 B．打包时包含全部内部库
 C．打包时包含外部媒体
 D．应用平台 Windows XP，NT 和 98 不同

三、简答题

1．简述取消流程线上的开始旗帜和结束旗帜

的方法。

2. 在调试程序时经常会出现哪些常见的差错并介绍解决方法。

3. 简述批量发布的操作步骤。

4. 程序在发布之前，除了库文件之外，还需要哪些文件进行打包，才能保证程序正常运行？

四、上机练习

1. 运用跟踪函数

跟踪函数是Authorware提供的专门用于负责程序调试的函数。根据下面内容来对这个函数进行一些练习操作。

首先，拖动一个【计算】图标到流程线上，并将其命名为"Trace"。双击该图标，并在【代码】编辑器中，输入下面的代码。

```
repeat with i:=1 to 10
    Trace (i)
    i:=i+1
end repeat
```

然后，单击工具栏中的【控制面板】按钮，在弹出的【控制面板】对话框中，单击【运行】按钮。这时，在控制面板中将会显示出跟踪变量的值，如图11-51所示。

图 11-51　显示变量的值

2. 使用开始和结束标志旗调试程序

在多媒体程序设计过程中或设计完成之后，需要对程序的各个模块和程序的整体进行调试，从而来测试程序的性能及完整性。下面根据提示调，试"诗歌欣赏"动画程序。

首先，打开"制作诗歌欣赏动画"程序，需要单独调试【交互】图标右边的第一个【群组】图标，这时应单击【图标】工具栏中的开始旗帜，

拖放至第一个【群组】图标的支流程线中的最上端，如图11-52所示。

为了查看第1个【群组】图标中的动画效果是否令自己满意，所以将结束旗帜放置在【等待】图标的下面，如图11-53所示。

这时，在工具栏上添加了【从标志旗开始执行】按钮 ▷，单击该按钮，就可以观看到从"背景1"【显示】图标到【等待】图标之间的所有动画，若有不满意的地方可以进行更改，如图11-54所示。

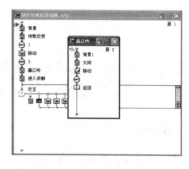

图 11-52　设置开始旗帜

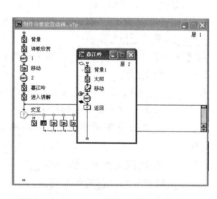

图 11-53　设置结束旗帜

图 11-54　运行标帜旗中间的程序

Authorware 多媒体制作标准教程（2013—2015 版）